分数阶广义线性系统的研究与应用

冯再勇 ◎ 著

西南交通大学出版社
·成 都·

内容简介

本书主要研究了分数阶广义线性系统的系统分析和基本控制问题。首先介绍本书的研究背景、研究意义和技术路线，给出必要的分数阶数学理论作铺垫。其次，分别研究了分数阶广义线性定常系统的运动分析、能控性、能观性和状态观测器设计等问题。最后，将研究成果应用于分数阶电路系统的建模和控制，证实了研究成果的有效性和应用价值。

本书可供研究分数阶系统及其控制的高年级本科生和研究生参考，但读者需具备一定的分数阶微积分、线性系统（现代控制理论）、广义系统等基础。本书也可作为应用数学、运筹学与控制论、控制科学与工程、系统理论等理工类大学生和工程人员的参考书。

图书在版编目（CIP）数据

分数阶广义线性系统的研究与应用 / 冯再勇著. —
成都：西南交通大学出版社，2021.8
ISBN 978-7-5643-8233-9

Ⅰ. ①分… Ⅱ. ①冯… Ⅲ. ①线性系统（自动化）– 研究 Ⅳ. ①TP271

中国版本图书馆 CIP 数据核字（2021）第 175239 号

Fenshujie Guangyi Xianxing Xitong de Yanjiu yu Yingyong

分数阶广义线性系统的研究与应用

冯再勇 著

责任编辑 张宝华
封面设计 GT 工作室

印张 13 字数 260千
成品尺寸 170 mm × 230 mm
版次 2021年8月第1版
印次 2021年8月第1次
印刷 成都蜀通印务有限责任公司
书号 ISBN 978-7-5643-8233-9

出版发行 西南交通大学出版社
网址 http://www.xnjdcbs.com
地址 四川省成都市二环路北一段111号
西南交通大学创新大厦21楼
邮政编码 610031
发行部电话 028-87600564 028-87600533
定价 49.00元

前言

广义系统广泛存在于各类机电、控制系统中。针对广义系统的绝大部分研究也都来自机电、控制等工程领域。近年来，以智能材料、新电池装置和分数阶电路为代表的新型机电系统逐渐涌现。鉴于它们自身固有的特点，在对它们进行系统的数学建模和分析控制时，常常要用分数阶广义系统来刻画，这就需要加强对分数阶广义系统进行研究。本书以最基础的分数阶广义线性定常系统为研究对象，研究其运动分析、能控性、能观性以及观测器设计等基本控制问题，探讨其在分数阶电路中的应用。本书的研究工作主要有以下几方面：

（1）在控制系统的解的存在性和唯一性等基础理论方面，本书创新了研究思路，利用 Lebesgue 数理论，完善了著名学者 Khalil 教授将系统的局部 Lipschitz 性质推广至全局 Lipschitz 性质的方法，给出了推广过程的严密证明。

（2）研究了分数阶广义线性定常系统的解的存在性和唯一性条件以及解的形式。首先，利用受限等价变换，将分数阶广义线性定常系统分解为魏尔斯特拉斯标准型和克罗内克尔标准型。其次，针对标准型中各个矩阵块的特殊结构，分别讨论了相应子系统的解的存在性和唯一性条件。最后综合各子系统的结论，得到整个分数阶广义线性定常系统的解的存在唯一性条件，并得到了系统的经典解，为进一步研究系统的解及应用奠定了基础。

（3）探讨了求解分数阶微分代数方程的 Adomian 分解方法。微分代数方程是广义线性系统的一般形式，为了使求解微分方程的 Adomian 分解方法能用于分数阶微分代数方程的求解，本书首先探讨了解整数阶微分代数方程的 Adomian 分解方法。在此基础上，研究得到了求解分数阶微分代数方程的 Adomian 分解方法，并验证了方法的正确性。

（4）研究了分数阶广义线性定常系统的分布解。首先研究狄拉克函数 $\delta(t)$ 的 Caputo 分数阶导数 ${}_{0}^{C}\mathrm{D}_{t}^{(\alpha)}\delta(t)$ 及其 Laplace 变换。其次，利用 ${}_{0}^{C}\mathrm{D}_{t}^{(\alpha)}\delta(t)$ 的 Laplace 变换，求解并得到了分数阶广义线性定常系统分布解的具体形式。另外，还研究了分数阶广义线性定常系统分布解的结构，指出线性系统的本质特性，即线性叠加原理在分数阶广义线性定常系统中仍然成立。最后给出了相关例子，验证了本书所得到的分布解的正确性。

（5）研究了分数阶广义线性定常系统的能控（观）性以及系统观测器的设计问题。首先，以系统分布解为基础，证明了系统的完全能控（观）性与系统能控（观）性矩阵之间的关系，给出了秩判据，分析了能控性、能观性间的对偶关系。其次，针对分数阶广义线性定常系统观测器的设计问题，先研究系统的稳定性条件，基于此得到系统观测器的存在条件，再给出具体的观测器设计方法及验证举例。

（6）将本书关于分数阶广义线性定常系统的基础理论用于研究分数阶电路系统，分别建立了分数阶 RL 电路系统、分数阶 RC 电路系统及含理想运算放大器的分数阶 LC 电路系统，讨论了三种系统的分数阶广义线性定常系统建模、模型求解以及能控性、能观性等问题。

本书是作者在南京铁道职业技术学院工作期间完成的，之后，又对原稿进行了修改、优化和充实。全书分为三大部分，共七章内容，分别为：第一部分，绪论和必要的分数阶数学理论基础，含第一章至第三章；第二部分，分数阶广义线性系统的运动分析（系统解的基础理论和求解方法）及控制、设计基础研究（包括系统的能控性、能观性和状态观测器设计等），含第四章至第五章；第三部分，第六章，分数阶广义线性系统的工程应用，主要研究前述理论在分数阶电路系统中的应用，以及第七章，结论与展望。

年近不惑，本书之所以能顺利完成，首先要感谢我的导师陈宁教授。感谢陈老师从我的数学专业背景出发，为我选择了分数阶系统分析和控制的研究主题，并对我在分数阶理论方面进行了悉心指导和方向把握。我从陈老师身上学到了一丝不苟的治学态度和严谨求实的科学精神，在这里，向我的导师陈宁教授表示最诚挚的感谢！本书在撰写过程中，还得到了南京理工大学向峥嵘教授、河海大学孙洪广教授以及南京林业大学刘英教授和顾洲教授的指导，南京铁道职业技术学院叶玲华女士在本书成稿过程中做了大量整理及校对工作，在此一并表示感谢！

本书的顺利出版得到了江苏省高等学校自然科学研究面上项目（17KJB120008）、江苏省高校“青蓝工程”项目、江苏省轨道交通控制工程技术研究开发中心开放基金项目（KFJ2010）、南京铁道职业技术学院“青蓝工程”项目以及南京铁道职业技术学院博士科研启动资金的支持。

鉴于作者水平和精力有限，书中难免存在疏漏和不足之处，敬请读者批评指正！

作　者

2021 年 5 月

目录 Contents

第1章 绪论

1.1 研究背景及意义

1.1.1 研究背景

随着现代科学技术的发展，在机械以及机电领域的工程应用、理论研究中，以智能材料、新电池装置以及分数阶电子电路系统等为代表的新型机电装备及系统越来越引起人们的关注。鉴于这些机电系统自身固有的特点，对它们进行建模时用分数阶广义系统来刻画往往能取得更好的效果。具有这种特点的典型机电装备、系统主要包括以下几类：

（1）具有黏弹性特点的智能化机械材料及装置。在机械工程中广泛应用的磁流变材料及其制成的机械装置，如磁流变阻尼器、磁流变减震器等就是这类装置的典型代表。我们知道，传统工程材料的力学性能往往表现出明显的弹性或者黏性，用整数阶导数模型能较好地刻画这些传统材料的本构关系。而磁流变液（MFR）是人工合成的智能材料，在外加磁场的作用下，内部磁性颗粒的规则取向导致磁流变液的流变特性发生急剧变化（见图 1-1），其力学性能介于黏性材料和弹性材料之间，即同时具有黏性流体和弹性固体的力学特性，它实际上是一种黏弹性流体。因磁流变材料的流变特性可以通过外加磁场进行控制，具有智能化特点，所以它在机械减振中应用广泛[1-3]。研究磁流变液体的黏弹性性能，需要采用分数阶导数才能更好地刻画磁流变材料的本构关系[4,5]。一般来讲，可以先建立一个以增量转矩、控制输入——电流为变量的分数阶微分方程，然后再联立一个表达总转矩等于初始转矩加上增量转矩的代数方程[6,7]。从控制工程角度来看，这个既包含变量间分数阶微分关系（含状态变量的分数阶导数项）又包含变量间代数关系（不含导数项）的机电系统实际上就是一个含分数阶导数的微分代数系统，也就是分数阶广义系统。

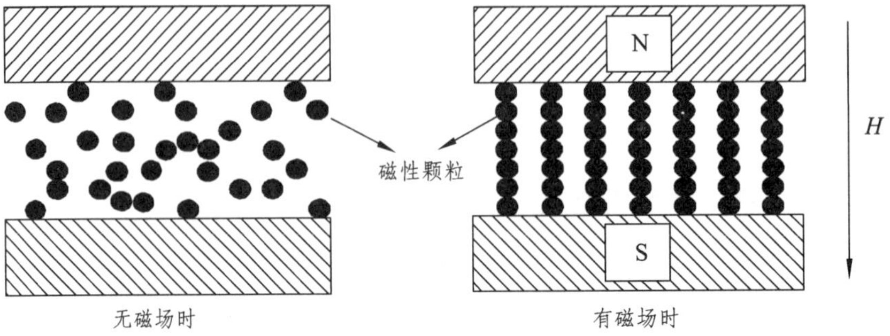

图 1-1　磁流变液在外加磁场下的变化

（2）电动车辆、机电设备的新型电池及其管理系统。在工业化高度发达的现代社会，各国都逐渐察觉到了传统石化能源濒临枯竭及污染严重等问题[8,9]，并日益重视环境保护及可持续发展。而大规模使用清洁高效的新型电池为电动车辆、相关机电设备提供能源动力成为许多国家解决环境污染和资源枯竭等危机的战略选择[10-12]。锂电池和燃料电池是目前车辆和机电工程应用中较为主流的替代能源（见图 1-2）。*Nature* 和 *Science* 中的相关研究表明[13,14]：由于电化学反应过程的特殊性，电池中锂离子的扩散反应、燃料转化过程的本质是分数阶的，对它们使用分数阶理论进行建模更为精确。其中，电池荷电状态（State of Charge，SOC）是研究各类电池的重要参数及实现电池系统均衡管理的主要指标。对 SOC 进行估计时，通常以电压 U、荷电量等为变量，来建立分数阶微分方程[15]、分数阶状态空间系统[16-18]，这些方程和系统表达了状态变量之间的微分关系。除此以外，研究人员还会考虑附加电池中电压、荷电量的整体量与各部分局部量之间线性和的代数关系[16-20]。从机电系统控制角度来说，这时也构成了分数阶广义系统。由于这类系统各部分之间的微分约束和代数关系均是线性的，因此，这类电池系统模型本质上是分数阶广义线性系统。文献[20]建立的电池系统模型则是一个具有不同分数阶导数的分数阶广义线性系统模型。

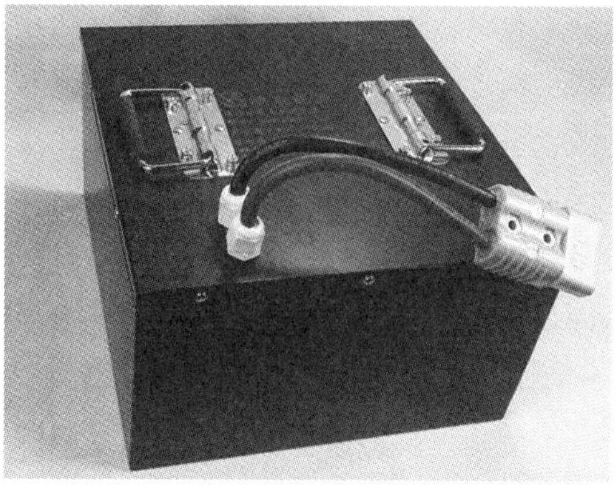

图 1-2　一种电动车辆专用锂电池

（3）分数阶电子电路元件及其构成的电路系统。其中，典型元件有近年来逐渐被人们关注的分数阶电路元件，如分数阶电容器、分数阶电感器等（见图 1-3）。20 世纪 90 年代，在 Westerlund. S 指出电容和电感的分数阶本质后[21,22]，用分数阶理论来研究电容和电感的工作者越来越多。2009 年，Petráš I, Chen Y Q 等提出了分数阶电容器和分数阶电感器概念，并用 Caputo 分数阶导数给出了分数阶电容和分数阶电感的特性方程[23]。同年，Jesus I S 等制造出阶数分别为 0.42 和 0.59 的分数阶电容[24]。在对由分数阶电路元件构成的电路系统进行建模时[25]，一方面要描述分数阶元件的特性方程——分数阶微分方程；另一方面，电路中的电压、电流等状态变量还满足基尔霍夫电路定律，这又表现为刻画状态变量之

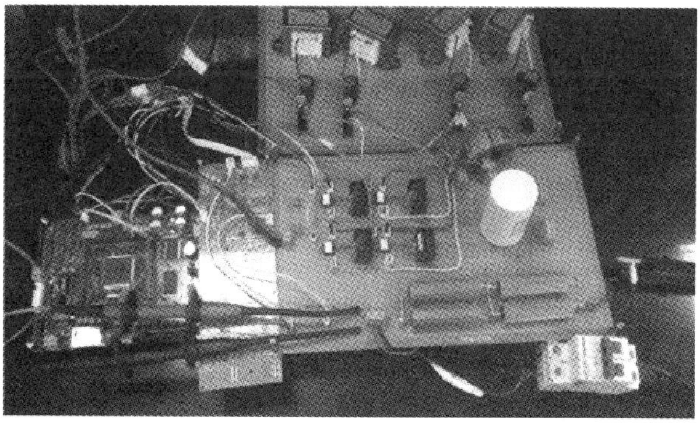

图 1-3　一种大功率分数阶电感电路平台[26]

间线性关系的代数方程[26]。易见，分数阶电路系统的状态空间模型也可以归结为分数阶广义线性系统。此外，由于电路系统的元件参数基本是时不变的，因此，这类分数阶电路系统的数学模型往往是最基本而重要的分数阶广义线性系统——分数阶广义线性定常系统。

总之，上述各种材料、装置、元件等虽然属于不同的机电系统，研究对象也不尽相同，但是从机电控制工程角度来说，都可以用相同的状态空间模型——分数阶广义线性系统模型对它们进行刻画和研究。因此，从这些具有不同背景和表象的机电系统中抽象出它们的共同属性，分析研究分数阶广义线性系统，特别是研究最基础的分数阶广义线性定常系统的运动分析和控制问题，可以更好地理解这类机电系统的内在规律，同时可以更加有效地对系统进行控制。

1.1.2 研究意义

本书以“分数阶广义线性定常系统”为研究主题，重点研究分数阶广义线性定常系统的运动分析，以及系统的能控性、能观性、观测器设计等基础性系统分析和控制问题。从机电控制的角度来说，本书的工作对机电系统研究的基本意义有以下几个方面：

（1）研究分数阶广义线性定常系统的运动分析，可以为上述机电系统的研究提供更为方便实用的系统求解方法。目前，上述机电系统研究工作的绝大部分都限于讨论系统的数值解，所采用的分数阶定义往往是易于数值计算的离散形式的 Grünwald-Letnikov 分数阶导数定义，所给出的求解方法很少涉及系统的解析解。因此，研究分数阶广义线性定常系统的运动分析问题，不仅可以解决系统是否存在唯一解这个基本问题，还可以探讨系统的解析解及其形式，这为理解机电系统的运行，把握其内在规律提供了便捷手段。

（2）研究分数阶广义线性定常系统的分布解（即包含脉冲函数 $\delta(t)$ 的解），可以为研究机电、控制系统的冲激响应提供有效途径。众所周知，在机械振动、自动控制以及信号处理中，脉冲函数（即单位冲激激励 $\delta(t)$ ）响应为研究系统提供了基本而重要的途径。机械振动中，由激振力引起的系统响应等于相应时间段上，单位脉冲响应和激振力的杜哈梅积分。控制系统中，单位冲激函数也是一种基本的典型测试信号。而广义线性系统当其输入与系统初值不相容时，便会产生包括单位冲激激励 $\delta(t)$ 在内的分布解。因此，研究分数阶广义线性定常系统的分布解可以为更好地理解上述机电系统的系统响应提供基础。

（3）研究分数阶广义线性定常系统的运动分析，以及系统的能控性、能观性和观测器设计等控制问题，可以为研究更为一般的分数阶广义系统提供基础。分数阶广义线性时变系统、分数阶广义非线性系统等是更加一般的分数阶广义系统，用它们能够更好地描述和刻画工程中广泛存在的，参数随时间变化或变量之间存在非线性关系的机电、控制系统。显然，针对分数阶广义线性定常系统的控制基础研究是进一步探究时变或非线性分数阶广义系统内在规律的基础。

此外，适合用分数阶广义线性定常系统进行建模的机电系统并不局限于上述几类，分数阶广义线性定常系统模型也不仅仅适用于机电系统。因此，针对最基本的分数阶广义系统，即分数阶广义线性定常系统的运动分析、能控性、能观性等基础性控制问题展开研究，既有理论价值，又有实际的工程应用意义。

1.2 国内外研究基础及现状

本书以分数阶广义线性定常系统（Fractional-Order Descriptor Linear Time-Invariant System）为研究对象，其状态空间方程如下：

$$\begin{cases} \boldsymbol{E}\,{}_a\mathrm{D}_t^{(\alpha)}\boldsymbol{x}(t)=\boldsymbol{A}\boldsymbol{x}+\boldsymbol{B}\boldsymbol{u};\ \ \boldsymbol{x}(t_0)=\boldsymbol{x}_0 \\ \boldsymbol{y}=\boldsymbol{C}\boldsymbol{x}+\boldsymbol{D}\boldsymbol{u} \end{cases} \tag{1.1}$$

式中 $\boldsymbol{x}(t)\in\mathbb{R}^n,\boldsymbol{u}(t)\in\mathbb{R}^r,\boldsymbol{y}(t)\in\mathbb{R}^m$ 分别表示状态变量、控制输入变量和输出变量；系统参数矩阵 $\boldsymbol{E},\boldsymbol{A}\in\mathbb{R}^{\bar{n}\times n},\boldsymbol{B}\in\mathbb{R}^{\bar{n}\times m},\boldsymbol{C}\in\mathbb{R}^{m\times n},\boldsymbol{D}\in\mathbb{R}^{m\times r}$ 均为常数矩阵；系统的分数阶导数阶数 $0<\alpha<1$。需要指出，分数阶广义系统的特点是既包括分数阶的微分关系部分，又包括不含导数项的代数关系部分。因此，只有在矩阵 $\boldsymbol{E}$ 为奇异时，系统（1.1）才构成一个分数阶广

义线性定常系统；而当矩阵 $\boldsymbol{E}$ 非奇异时，系统（1.1）是一个分数阶线性定常系统。

显然，针对分数阶广义线性定常系统的研究需要以分数阶线性系统和广义线性系统的控制理论作为基础。下面对分数阶线性系统和分数阶广义线性系统的研究状况进行回顾。

1.2.1 分数阶线性系统的研究状况

无输入的分数阶线性系统的一般形式为[27]

$$ {}_a\mathrm{D}_0^{\alpha}\boldsymbol{x}(t)=\boldsymbol{A}\boldsymbol{x}(t) $$

在分数阶线性系统的控制基础研究方面，Matignon 对分数阶线性系统的稳定性、能控性、能观性等进行了开创性研究。他给出并证明了当 $0<\alpha<2$ 时，系统稳定性的重要结论[27]，这奠定了分数阶线性系统的研究基础。1998 年，他又对一般分数阶线性系统的稳定性条件给出系统的所有极点具有负实部的猜想[28]。由于这些稳定判据需要求出系统的所有极点，应用上并不便捷，因此，文献[29]利用围道积分进行数值计算，进而判定系统的极点是否位于右半平面。国内学者曾庆山、曹广益等也针对分数阶线性系统的运动分析（系统解的表达式）、能控性、能观性等多方面的基础性控制问题展开过讨论，并取得了有价值的研究成果[30-32]。

关于分数阶系统的数学基础研究，主要围绕分数阶微分方程的解的存在性、唯一性等基本问题以及求解分数阶微分方程的解析方法和数值方法等计算问题这两个中心展开。2008 年，Lakshmikantham V，Vatsala A S 在文献[33]中研究了分数阶微分方程的局部解的存在性、比较原理、极值和全局解的性质，得到了新的 Peano 解的局部存在性定理和全局解的比较原理。2010 年，Dumitru 等研究了非线性的分数阶微分方程，在减弱定理已有条件的基础上，也得到了全局解的存在性定理[34]。关于分数阶微分方程组的研究，Daftardar-Gejji V，Babakhani A 研究了分数阶微分方程组的解的存在性与唯一性问题，得到了解的唯一性定理[35]。

应用分数阶理论的学者们往往更加关心分数阶微分系统的求解问题。目前，求分数阶微分方程的解析解有几类基本方法[36, 37]，比如镜像法、

Fourier 变换法、Laplace 变换法、Mellin 变换法、分离变量法、本特征值法、Green 函数法等。然而能够得到解析解的分数阶微分系统仅仅占很少的一部分，用数值方法解分数阶常微分方程因此受到关注。文献[38]描述的数值解法针对的是有理数阶的微分方程；文献[39]运用单（双）参数 Mittag-Leffler 函数的方法以及 Laplace 变换来求解分数阶微分方程；文献[40]则运用非线性系统动力学定量分析的平均法得到了系统的近似解析解。

1.2.2　分数阶广义线性系统的研究现状

分数阶广义线性系统的一般形式为

$$\begin{cases} \boldsymbol{E}(t)\,{}_a\mathrm{D}_t^{(\alpha)}\boldsymbol{x}(t) = \boldsymbol{A}(t)\boldsymbol{x}(t) + \boldsymbol{B}(t)\boldsymbol{u}(t) \\ \boldsymbol{y}(t) = \boldsymbol{C}(t)\boldsymbol{x}(t) + \boldsymbol{D}(t)\boldsymbol{u}(t) \end{cases} \tag{1.2}$$

式（1.2）中，$\boldsymbol{x}(t) \in \mathbb{R}^n, \boldsymbol{u}(t) \in \mathbb{R}^r, \boldsymbol{y}(t) \in \mathbb{R}^m$ 分别为状态变量、输入变量和输出变量；参数矩阵 $\boldsymbol{A}(t), \boldsymbol{B}(t), \boldsymbol{C}(t), \boldsymbol{D}(t), \boldsymbol{E}(t)$的维数和系统（1.1）相同，而且它们均为时间 t 的函数矩阵。

分数阶广义线性系统同时继承了分数阶系统和广义系统的特点及优势，正引起越来越多的学者的研究兴趣。学术界对分数阶广义系统的研究始于 2010 年左右，到目前为止的主要研究工作集中于以下几个方面：

（1）分数阶广义系统的性能研究。从控制角度研究讨论分数阶广义系统的稳定性、正则性、容许性等系统性能，这也是已有文献中研究最多的主题。2010 年，N'Doye I, Zasadzinski M, Darouach M 等提出了无输入的分数阶广义系统模型，并利用线性矩阵不等式研究了系统的渐近稳定性[41]。其后，关于分数阶广义系统的稳定性[42]和系统镇定[43,44]、正则性[45]、容许性[46,47]等基础控制问题的研究不断出现，构成了分数阶广义系统研究的主要内容。

（2）探讨分数阶广义线性系统的解。分数阶广义线性系统的解与系统的受限等价变换、系统的等价标准型关系密切，Kaczorek T，Feng Z Y，Chen N 等研究了分数阶广义线性系统的等价标准型，并讨论了系统的解（主要是经典解）[48-50]。

（3）关于分数阶广义系统的应用研究，如分数阶电路系统、观测器设计等[48,51]。

综上所述，目前，国内外关于分数阶广义线性系统的研究和应用还处于初期阶段，而绝大部分以“分数阶广义系统”为主题的研究论文也是在近几年集中出现的。这表明，关于分数阶广义系统的研究越来越受到关注。已有的研究工作主要从控制角度研究分数阶广义系统的稳定性等性能，分析系统的镇定方法；从数学角度研究分数阶广义系统的正则性，进而讨论系统解的性质及求解方法；而对分数阶广义系统容许性的研究，则同时要求系统稳定、正则、无脉冲，是对前述两者的综合和优化。

分数阶广义系统的研究和应用走向成熟的基础是对分数阶广义线性定常系统的系统分析以及对控制问题进行的系统而深入的研究。因此，分数阶广义线性定常系统（1.1）的控制基础研究需要拓展和加强，而系统深入地研究分数阶广义线性系统的运动分析，以及系统的能控性、能观性等基础性控制分析问题，不仅具有创新性和研究价值，也是加快分数阶广义系统研究从理论走向应用的现实需要。

1.3 主要研究内容和技术路线

分数阶广义线性定常系统是最基本的分数阶广义系统，关于系统（1.1）的研究是研究一般分数阶广义系统的基础。本书主要研究分数阶广义定常线性系统的运动分析、能控性、能观性、状态观测器设计以及分数阶广义线性定常系统在分数阶电路系统中的工程应用。关于分数阶广义线性定常系统的运动分析部分，首先针对一般控制系统的相关基础问题提出了商榷，然后主要研究讨论系统解的存在唯一性等性质以及解的具体形式。其次，对分数阶广义线性系统的能控性、能观性、状态观测器设计等基础性控制问题进行探讨。最后，是应用研究部分，给出了分数阶广义线性系统在分数阶电路系统中的应用，它能为分数阶广义线性系统的实际应用提供参考。

1.3.1 关于一般控制系统的解的存在唯一性的一点商榷

从工程应用的角度来说，要注重系统的求解方法，而关注控制系统的解的存在性和唯一性则是一个更为基础的问题。如果一个系统的解是否存在不得而知，那么讨论其解的计算方法就没有理论基础；另外，如果系统的解存在，但是不能保证唯一，那么这也会给工程应用带来诸多麻烦，当所得到的解明显偏离实际时，甚至会产生严重的后果。

基于此，我们首先考察整数阶控制系统存在唯一解的基础理论。由基础理论我们知道，控制系统若满足 Lipschitz 性质，就可以保证系统的解是存在且唯一的。因此，是否满足 Lipschitz 性质对整数阶控制系统具有重要意义。

关于这一重要性质的研究，本书工作体现在：针对现有文献中，将控制系统在紧致集合上的局部 Lipschitz 性质推广为全局 Lipschitz 性质的方法提出了一点商榷。Khalil 教授在其著作《非线性系统》中，将控制系统在紧致集合上的局部 Lipschitz 条件推广为全局 Lipschitz 条件。其推广方法是依据有限覆盖定理，利用有限个开集覆盖紧致集合；然后根据全局上任意两点是否同属于一个开覆盖，来判定这两点之间的距离关系。对此，我们举例指出了这一推广方法并不严密，存在漏洞。

我们突破有限覆盖定理的限制，在紧致集合上，利用 Lebesgue 数理论完善了 Khalil 教授的推广工作，给出了推广定理的严密证明过程。

1.3.2　分数阶广义线性定常系统解的基础理论研究

由于分数阶导数和整数阶导数的性质不完全相同，分数阶广义线性系统作为更一般的广义线性系统，其系统运动分析理论值得研究。我们深入研究了分数阶广义线性定常系统的解的性质，包括系统解的存在性和唯一性等基础问题。

从式（1.1）可知，不同的分数阶广义线性定常系统之间的区别在于系数矩阵 $\boldsymbol{E}, \boldsymbol{A}$。因此，该系统解的性质在很大程度上取决于系数矩阵 $\boldsymbol{E}, \boldsymbol{A}$ 以及它们之间的相互联系。矩阵对$(\boldsymbol{E}, \boldsymbol{A})$的具体形式虽然复杂多样，但是它们可以经过受限等价变换，等价地转化为几类标准形式，比如约当标准型、维尔斯特拉斯标准型、克罗内克尔标准型等。矩阵是否适合转化成某种标准型，需要根据研究目的以及系统是否满足相应的特殊要求来决定。矩阵对的上述各种标准型都具有特殊的结构，这为我们研究系统解的性质提供了便利条件。在后续研究中，我们通过选择矩阵对的维尔斯特拉斯标准型和克罗内克尔标准型，来研究系统（1.1）的解的存在性和唯一性问题。

此外，对正常广义线性系统解的研究常常要关注广义线性系统的系数矩阵对$(\boldsymbol{E}, \boldsymbol{A})$，然后借助矩阵对的正则性概念，利用系统正则性和解的关系得到解的存在性、唯一性等基本性质。我们借鉴了正常广义线性系统的这种研究方法，将正则性概念运用到分数阶广义线性系统的研究中，并针对矩阵$\boldsymbol{E}, \boldsymbol{A}$为方阵和一般矩阵这两种情况，利用正则性和受限等价变换，分别研究并解决了分数阶广义线性定常系统解的性质问题。

1.3.3　分数阶广义线性定常系统解的形式及解法研究

由线性系统理论可知，正则广义系统的解和一般线性系统的解有共性但也有很大的不同。广义线性系统含有微分部分，如果仅仅讨论这一部分的解，那么它和一般线性系统的解有相同的形式和性质；然而，除了上述微分部分，广义系统还含有变量之间的代数约束部分，这导致了广义系统和线性系统的解的不同特点。其中，一个重要不同就是正则广义线性系统除了有经典解，还具有分布解，而决定正则广义线性系统的解是经典解还是分布解的关键则是系统的初值相容性。

1. 分数阶广义线性定常系统的经典解

正则广义线性系统具有唯一解，如果正则广义线性系统满足初值的相容性要求，那么系统的唯一解就是经典解。经典解的特点是解的形式由经典的解析函数构成，解中不会出现广义函数等非经典函数。在正则广义线性系统被等价地变换为维尔斯特拉斯标准型后，系统可以分为慢子系统和快子系统两部分。其中，满足相容初值条件的系统经典解既包括系统慢子系统对初值的响应$\boldsymbol{x}_{1i}(t,\boldsymbol{x}_0)$，以及对外界输入的响应$\boldsymbol{x}_{1u}(t,\boldsymbol{u}(t))$，还包括快子系统对系统输入的响应$\boldsymbol{x}_{2u}(t,\boldsymbol{u}(t))$。

我们自然要考虑：分数阶广义线性系统的经典解是什么样的？它包括哪几个部分？每个部分分别具有什么特点？要回答这些问题，并不简单。因为广义线性系统经典解的求解过程基本是建立在整数阶微积分基础上的，而分数阶微积分和整数阶微积分的性质有着许多不同。比如，广义线性系统经典解的求解用到了整数阶导数阶数可加性特点，而分数阶导数并不具有这样的特点，这就给研究分数阶广义线性系统经典解的形式、性质等问题带来了困难。

从形式上看，分数阶广义线性系统也可以分解为快子系统和慢子系统，分数阶广义线性系统也要对这两部分分别求解。其中，分数阶广义线性系统的慢子系统就是一般的分数阶线性系统，它的解目前已经有一些明确的结论。也就是说，分数阶广义线性系统慢子系统的解已有可靠的参考。另外，从理论上说，分数阶广义线性系统快子系统部分的求解可以参考广义线性系统的快子系统求解方法，但分数阶导数和整数阶导数的不同性质导致了快子系统的求解出现困难。针对分数阶导数的特点，我们利用 Sequential 分数阶导数的概念，克服了上述困难，得到了分数阶广义线性系统快子系统的解。综合慢子系统和快子系统的解，最终得到了分数阶广义线性系统的解。

2. 分数阶广义线性系统的分布解

广义线性系统的解和一般线性系统的解的显著区别之一就是在系统的初值相容性不能满足时，它具有分布解。更确切地说就是，其快子系统的解中出现了脉冲函数 $\delta(t)$ 及其导数 $\delta^{(k)}(t)$ 的线性组合[52],由此自然产生了广义线性系统的分布解。此时，快子系统的解由初值、系统结构、系统参数和脉冲函数共同决定。一般广义线性系统是分数阶广义线性系统的特殊形式。从这个意义上说，当分数阶广义线性系统的初值相容性不能满足时，其快子系统部分的解也应该含有脉冲函数 $\delta(t)$ 及其分数阶导数等的线性组合，即也具有分布解。

广义线性系统快子系统的分布解求解建立在 $\delta(t)$ 及其整数阶导数的 Laplace 变换、Laplace 逆变换基础上，即有：

$$\mathscr{L}\left[\delta^{(i)}\right](t)=s^{i},\ \mathscr{L}^{-1}\left[s^{i}\right](t)=\delta^{(i)},\ i=0,1,2,\cdots$$

对于分数阶广义线性系统而言，$\delta(t)$ 的分数阶导数该如何给出合适的定义？$\delta(t)$ 分数阶导数的 Laplace 变换和 Laplace 逆变换是什么？能否得到

$$\mathscr{L}\left[\delta^{(\alpha)}\right](t)=s^{\alpha},\ \mathscr{L}^{-1}\left[s^{\alpha}\right](t)=\delta^{(\alpha)},\ \alpha\in(0,1)$$

这样的良好结果，这些问题对快子系统的求解具有关键意义。

我们从广义线性系统快子系统的求解中得到启发，将 Caputo 分数阶导数概念运用到非经典函数——狄拉克函数 $\delta(t)$ 上，研究了它的 Laplace（逆）变换，以此为基础得到了分数阶广义线性定常系统快子系统的分布解。

本书还利用分数阶广义线性定常系统慢子系统的解和快子系统的分布解得到了整个系统的分布解，并分析了系统分布解的结构（各部分的响应）。研究表明，线性系统的本质特点——叠加原理在分数阶广义线性系统中仍然是成立的。

3. 分数阶微分代数系统的 Adomian 分解方法

分数阶广义线性系统的求解对其应用具有重要意义。除了讨论分数阶广义线性系统经典解的基本性质和解的形式外，我们还研究了分数阶微分代数系统（广义系统是微分代数系统的特殊形式）的经典解的一些其他求解方法，期望找到求解分数阶广义线性系统的便捷高效方法。目前，微分代数系统的解法主要有数值解法[53,54]、微分代数系统的微分变换解法[55]等。此外，自 Adomian G 提出解非线性方程的 Adomian 分解方法[56]以来，Adomian 分解方法在求解微分方程方面取得了很大的成功。用 Adomian 分解方法能够得到级数形式的解析解，而且此解收敛快、具有类似于泰勒级数展开的直观意义等优点。基于 Adomian 分解方法的这些优点，我们探讨了如何将 Adomian 分解方法用于求解分数阶微分代数系统。由于广义线性系统的代数约束是线性的，我们首先研究了求解具有线性代数约束关系的整数阶微分代数系统的 Adomian 分解方法；然后将整数阶微分代数系统的 Adomian 求解方法拓展到分数阶微分代数系统中，得到了分数阶广义线性系统的 Adomian 求解方法。

1.3.4 分数阶广义线性定常系统的能控性、能观性及观测器设计研究

在线性系统的系统分析中，系统的能控性和能观性是刻画系统性能的两个重要方面。它们分别从系统的能控制角度和能观测角度对系统的

结构特征和内部特性进行表征，它们也是系统设计和综合的基础。因此，分数阶广义线性系统的能控性、能观性问题值得我们关注。

众所周知，关于线性系统能控性和能观性的研究思路，一般是首先给出能控性和能观性的定义，然后在得到系统解的基础上，利用格拉姆矩阵 $\boldsymbol{W}_c(0,t_f)$ 建立格拉姆判据（并且是充分必要条件）。此外，格拉姆判据是系统能控性、能观性的秩判据、PBH 判据等判据的基础[57,58]。

对于广义系统而言，状态可达集是研究系统能观性、能控性的几何基础，它的许多重要性质（比如子空间性质等）都来源于系统的经典解可以表示成系统的控制输入及其各阶导数的线性组合。而广义线性系统的能控性、能观性问题则相对复杂。其中，广义系统的能控性、能观性分化出了几种不同的类型，比如 C-能控（观）性、R-能控（观）性、I-能控（观）性和 S-能控（观）性，等等[59,60]。

分数阶广义线性定常系统既是线性系统，又是广义线性系统，同时还具有分数阶系统的特性。然而，分数阶导数和整数阶导数的不同性质决定了不能简单地将线性系统和广义系统理论推广到分数阶广义线性系统中。比如，分数阶广义线性系统的解虽然也具有能表示成系统的控制输入及其分数阶导数线性组合的特点，但是该解并不具有一般线性系统的解的良好性质和形式。因此，分数阶广义线性系统的能控性、能观性研究需要以线性系统和广义系统的能控性、能观性理论为参考，进行深入研究讨论。

分数阶广义线性定常系统的观测设计问题也不同于分数阶线性系统和广义线性系统。首先，系统观测器设计的前提是能保证系统的稳定性，而分数阶广义线性定常系统的稳定性理论和分数阶线性系统以及广义线性系统都有不同，值得加以研究和改进。此外，尽管有了稳定性的理论基础，但是分数阶广义线性定常系统观测器的具体设计方法也值得研究。

关于这部分，我们首先借鉴了线性系统中的（完全）能控性和能观性概念，然后以分数阶广义线性定常系统的分布解为基础，分别研究了慢子系统和快子系统（完全）的能控性、能观性与系统能控性、能观性矩阵的秩之间的关系，并给出了相关判据，最后得到整个系统的能控（观）性判据。关于分数阶广义线性定常系统观测器的设计问题，我们分别针对其慢子系统和快子系统，研究了系统的稳定性条件，基于此得到了系统观测的存在条件，最后给出了形式和结构更加简单的观测器设计方法。

1.3.5 分数阶广义线性系统的应用研究

在本部分，我们主要进行分数阶电路系统的分数阶广义线性系统建模、分析与控制研究。由于分数阶电路系统的构成基础是分数阶电路元件，主要包括动态的分数阶电容和分数阶电感，因此，将它们和静态的电阻元件连接到电路中，便可以构成诸如分数阶 RL 电路、分数阶 RC 电路、分数阶 RLC 电路等分数阶电路系统。显然，分数阶电路需要用分数阶微分方程来描述。分数阶电路元件以及元件连接方式的不同，又对应于不同的电路定律（最主要的是基尔霍夫定律），这时为分数阶电路进行广义线性系统建模就显得尤为必要。

在本部分，我们首先通过适当选取分数阶电容和电感，以及它们与电阻元件、运算放大器等元件的组合方式，建立起分数阶电路的广义线性系统模型，包括分数阶 RC 电路系统、分数阶 RL 电路系统、含有运算放大器的 LC 电路系统。然后利用本书关于分数阶广义线性定常系统的系统求解，以及系统能控性、能观性的理论对分数阶电路的广义线性系统模型进行研究、分析和讨论。目前，关于分数阶电路的研究逐渐增多，进一步的研究可以参考文献[61-68]。

第 2 章 分数阶微积分基础理论

在第 1 章，我们给出了分数阶广义系统的研究背景、研究内容及研究思路。显然，分数阶广义系统既是一种特殊的分数阶控制系统，又是更为一般的广义线性系统。为了更好地深入研究分数阶广义系统的控制基础问题，本章和第 3 章将给出本书研究工作所需要的一些理论基础。这些理论基础主要包括分数阶微积分、控制系统的理论基础以及线性系统的拓展——分数阶线性系统和广义线性系统。其中，本章将介绍分数阶微积分的基本理论，包括几种分数阶导数的基本定义及其联系、分数阶导数的积分变换及其基本性质等。

2.1 分数阶微积分理论渊源

同整数阶微积分一样，分数阶微积分也有着悠久的历史。早在 1695 年，微积分的创立者之一 Leibniz 先生在给 L'Hospital 的一封信中，就提出了“整数阶导数的概念能否自然地推广到非整数阶导数”这个新颖奇特的问题。洛必达在回信中也提到了这个看似“简单”的问题：“如果求导的次数为二分之一，那么其结果将会是怎样的情况呢？”同年 9 月 30 号，Leibniz 在给 L'Hospital 的回信中写到“这会导致悖论，不过总有一天会得到有用的结果。”当时，尽管他们都没有得到圆满的答案，但是这封回信的日期，即 1695 年 9 月 30 日，也因此被学术界公认为分数阶微积分的诞生日[69]。

分数阶微积分理论的研究经历了起起落落的过程。在分数阶微积分诞生后的近三个世纪里，学术界对分数阶微积分的理论研究主要集中在为分数阶微积分建立和完善数学基础理论。关于这方面的工作有：Laplace（1812 年）、Lacroix（1819 年）、Fourier（1822 年）、Liouville（1832 年至 1837 年)、Riemann(1847 年)等研究了分数阶积分和分数阶微分的定义；Abel(1823 年至 1826 年)、Holmgren(1867 年)等则研究了分数阶微(积)分方程的解的理论。在这一阶段，似乎也只有数学家才对分数阶理论表现出浓厚的兴趣，加上分数阶导数难以在现实世界里找到明确的物理意义，导致分数阶理论研究的进展相对缓慢。

分数阶理论研究的转折点出现在 20 世纪 70 年代。当时，许多学者注意到分数阶微积分非常适合于描述具有过程记忆性和历史遗传性的物理现象和工程过程。这些现象和过程在工程应用中广泛存在，而传统的刻画这些现象和过程的模型却不能反映这些重要性质。比如，在研究黏弹性材料时，分数阶导数被成功地用来描述材料的本构方程。此外，分数阶微分方程被越来越多地用来进行光学和热学系统、流变学、材料和力学系统的建模。在信号处理和系统辨识、系统控制及航空航天中的多体系统等领域，分数阶理论也显示出其强大的生命力。分数阶理论在工程中的成功应用又进一步激发了学术界和工程界对分数阶理论的研究兴趣。目前，分数阶理论的应用已经拓展到彩色噪声、电磁波、电解液的极化、分数阶分子动力学、以神经网络为代表的人工智能等多个前沿领域，分数阶理论的研究呈现出方兴未艾的繁荣局面。

2.2 基本特殊函数及其性质

分数阶导数主要有三种不同定义：Riemann-Liouville分数阶导数、Caputo分数阶导数和Grünwald-Letnikov分数阶导数。这些分数阶导数定义都需要以Gamma函数、Beta函数、Mittag-Leffler函数等特殊函数为基础。

2.2.1 Gamma 函数（伽马函数）

Gamma 函数的常见定义用积分给出：

$$\Gamma(z)=\int_0^{\infty} \mathrm{e}^{-t} t^{z-1} \mathrm{d} t \tag{2.1}$$

由数学分析中欧拉函数的知识可知，$\operatorname{Re}(z)>0$ 时积分收敛，Gamma 函数有定义。

而更为一般的 Gamma 函数 $\Gamma(z)$ 的定义可以由极限形式给出：

$$\Gamma(z)=\lim_{n\to\infty}\frac{n!n^z}{z(z+1)\cdots(z+n)} \tag{2.2}$$

这里 $\Gamma(z)$ 不仅在 $\mathrm{Re}(z)>0$ 时是收敛的，而且对于一切 $z\in\mathbb{R}^- -\{0,-1,-2,\cdots\}$，都收敛。因此，$\Gamma(z)$ 的定义域扩充为 $D=\mathbb{R}-\{0,-1,-2,\cdots\}$。由式（2.2）也可以看出，$z=0,-1,-2,\cdots$ 是 $\Gamma(z)$ 的单极点。

在式（2.2）中，令 $z\to -k$，可知 $\Gamma(-k)=\infty, k=0,1,2,\cdots$。于是，对于一切 $z\in\mathbb{R}$，都能得到相应的 $\Gamma(z)$ 的值。

复数域内，Gamma 函数 $\Gamma(z)$（$z\in\mathbb{C}$）的图像如图 2-1 所示。

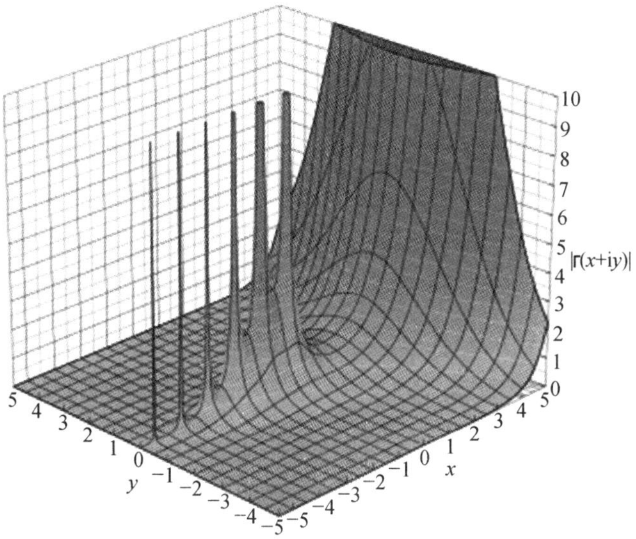

图 2-1　Gamma 函数的图像

Gamma 函数 $\Gamma(z)$ 具有以下性质：

（1）$\Gamma(z+1)=z\Gamma(z)$。

（2）$\Gamma(1)=1,\ \Gamma\left(\dfrac{1}{2}\right)=\sqrt{\pi},\ \Gamma(0)=\infty$。

（3）$\Gamma(n)=(n-1)!,\ n\in\mathbb{N}$。

其中，第一条性质 $\Gamma(z+1)=z\Gamma(z)$ 可以由 $\Gamma(z)$ 的积分定义，并通过分部积分法得到，这里不再赘述（数学分析[84]教材中均有证明）。

上述性质以后会经常用到。

Gamma 函数 $\Gamma(z)$ 还有两个重要公式：

余元公式：

$$\Gamma(z)\Gamma(1-z)=\frac{\pi}{\sin z\pi},\ (0<z<1) \tag{2.3}$$

倍元公式：

$$\Gamma(2\alpha)=\frac{2^{2\alpha-1}}{\sqrt{\pi}}\Gamma(\alpha)\Gamma\left(\alpha+\frac{1}{2}\right),\ (\alpha>0) \tag{2.4}$$

令 $z=\dfrac{1}{2}$，可得 $\Gamma^2\left(\dfrac{1}{2}\right)=\pi$，于是

$$\Gamma\left(\frac{1}{2}\right)=\sqrt{\pi}$$

利用递推公式和余元公式可以得到

$$\Gamma\left(1+\frac{1}{2}\right)=\frac{\sqrt{\pi}}{2},\quad \Gamma\left(2+\frac{1}{2}\right)=\frac{3\sqrt{\pi}}{4},\quad \Gamma\left(3+\frac{1}{2}\right)=\frac{15\sqrt{\pi}}{8}$$

一般地，有

$$\Gamma\left(n+\frac{1}{2}\right)=\frac{(2n-1)!!}{2^n}\sqrt{\pi} \tag{2.5}$$

2.2.2 Beta 函数（贝塔函数）

Beta 函数是一个双参数特殊函数，其定义也是通过积分形式给出的：

$$\mathrm{B}(p,q)=\int_0^1 x^{p-1}(1-x)^{q-1}\,\mathrm{d}x \tag{2.6}$$

其中，当 $\mathrm{Re}(p)>0$ 且 $\mathrm{Re}(q)>0$ 时，该积分收敛，$\mathrm{B}(p,q)$ 有定义。

Beta 函数的重要性质如下：

（1）对称性：

$$\mathrm{B}(p,q)=\mathrm{B}(q,p) \tag{2.7}$$

（2）递推公式：

$$\mathrm{B}(p,q)=\frac{q-1}{p+q-1}\mathrm{B}(p,q-1)\ (p>0,q>1) \tag{2.8}$$

结合对称性，有

$$B(p,q)=\frac{(q-1)(p-1)}{(p+q-1)(p+q-2)}B(p-1,q-1)$$

特别地，当 p, q 取正整数 m, n 时，有

$$B(m,n)=\frac{(n-1)!(m-1)!}{(m+n-1)!}=\frac{\Gamma(n)\Gamma(m)}{\Gamma(m+n)}$$

该式也可推广到一般情形，即性质（3）。

（3）

$$B(p,q)=\frac{\Gamma(p)\Gamma(q)}{\Gamma(p+q)},\quad (p>0,q>0) \tag{2.9}$$

于是，我们可以通过伽马函数值来计算贝塔函数的函数值。例如，

$$\int_0^1\frac{1}{\sqrt{x-x^2}}dx=B\left(\frac{1}{2},\frac{1}{2}\right)=\frac{\sqrt{\pi}\sqrt{\pi}}{1}=\pi$$

再如，

$$B\left(\frac{3}{2},\frac{5}{2}\right)=\frac{\Gamma\left(\frac{3}{2}\right)\Gamma\left(\frac{5}{2}\right)}{\Gamma\left(\frac{3}{2}+\frac{5}{2}\right)}=\frac{\pi}{16}$$

（4）Beta 函数的余元公式：

$$B(p,1-p)=\frac{\pi}{\sin\pi p} \tag{2.10}$$

2.2.3 Mittag-Leffler 函数

根据参数变量个数的不同，Mittag-Leffler 函数可以分为单参数 Mittag-Leffler 函数、双参数 Mittag-Leffler 函数等。

单个参数变量的 Mittag-Leffler 函数的数学表达式为

$$E_\alpha(z)=\sum_{j=0}^{\infty}\frac{z^j}{\Gamma(\alpha j+1)} \tag{2.11}$$

其中 $\alpha > 0$。当 $\alpha = 1$ 时，式（2.11）成为指数函数：

$$E_1(z) = \sum_{j=0}^{\infty} \frac{z^j}{\Gamma(j+1)} = \sum_{j=0}^{\infty} \frac{z^j}{j!} = \mathrm{e}^z$$

双参数 Mittag-Leffler 函数的数学定义为

$$E_{\alpha,\beta}(z) = \sum_{j=0}^{\infty} \frac{z^j}{\Gamma(\alpha j + \beta)} \tag{2.12}$$

其中 $\alpha > 0,\ \beta > 0$。

显然，

$$E_\alpha(z) = E_{\alpha,1}(z)\text{，}\quad \mathrm{e}^z = E_{1,1}(z)$$

几个常用的双参数 Mittag-Leffler 函数值如下：

（1）$E_{1,2}(z) = \sum_{j=0}^{\infty} \frac{z^j}{\Gamma(j+2)} = \frac{\mathrm{e}^z - 1}{z}$。

（2）$E_{1,3}(z) = \sum_{j=0}^{\infty} \frac{z^j}{\Gamma(j+3)} = \frac{\mathrm{e}^z - z - 1}{z^2}$。

（3）$E_{2,1}(z^2) = \sum_{j=0}^{\infty} \frac{z^{2j}}{\Gamma(2j+1)} = \sum_{j=0}^{\infty} \frac{z^{2j}}{(2j)!} = \cosh(z)$。

（4）$E_{2,2}(z^2) = \sum_{j=0}^{\infty} \frac{z^{2j}}{\Gamma(2j+2)} = \frac{1}{z}\sum_{j=0}^{\infty} \frac{z^{2j+1}}{(2j+1)!} = \frac{\sinh(z)}{z}$。

2.3 常用分数阶导数及其关系

分数阶导数是整数阶导数的推广，一般记为 ${}_a\mathrm{D}_t^{(\alpha)} f(t)$，这里的 α 可以是任意实数，甚至是复数，而不限于整数或分数。本书用到的分数阶导数有：Riemann-Liouville 分数阶导数、Grünwald-Letnikov 分数阶导数、Caputo 分数阶导数以及 Sequential 分数阶导数等。其中，Grünwald-Letnikov 分数阶导数因其具有离散和的极限形式而成为数值计算的重要基础，Riemann-Liouville 分数阶导数 ${}_a^R\mathrm{D}_t^{(\alpha)} f(t)$ 在理论研究中十分重要，而 Caputo 分数阶导数 ${}_a^C\mathrm{D}_t^{(\alpha)} f(t)$ 等则在工程应用中更为普遍。这些定义的共同基础是 Riemann-Liouville 积分。

2.3.1 Riemann-Liouville 积分

Riemann-Liouville 分数阶导数 ${}_{a}^{R}\mathrm{D}_{t}^{(\alpha)}f(t)$ 和 Caputo 分数阶导数 ${}_{a}^{C}\mathrm{D}_{t}^{(\alpha)}f(t)$ 定义的共同基础是 Riemann-Liouville 积分。Riemann-Liouville 积分 ${}_{a}I_{t}^{(p)}f(t)={}_{a}\mathrm{D}_{t}^{(-p)}f(t)\ (p>0)$ 的定义如下：

$$
{}_{a}I_{t}^{(p)}f(t)={}_{a}\mathrm{D}_{t}^{(-p)}f(t)=\frac{1}{\Gamma(p)}\int_{a}^{t}(t-\tau)^{p-1}f(\tau)\mathrm{d}\tau,\ \ p>0 \tag{2.13}
$$

若 $f(t)$ 具有一阶导数 $f'(t)$，对上式利用分部积分法，得到

$$
{}_{a}I_{t}^{(p)}f(t)={}_{a}\mathrm{D}_{t}^{(-p)}f(t)=\frac{(t-a)^{p}f(a)}{\Gamma(p+1)}+\frac{1}{\Gamma(p+1)}\int_{a}^{t}(t-\tau)^{p}f'(\tau)\mathrm{d}\tau
$$

若 $f(t)$ 具有 $m+1$ 阶导数 $f^{(m+1)}(t)$，则有

$$
\begin{aligned}
{}_{a}I_{t}^{(p)}f(t)&={}_{a}\mathrm{D}_{t}^{(-p)}f(t)\\
&=\sum_{k=0}^{m}\frac{(t-a)^{p+k}f^{(k)}(a)}{\Gamma(p+k+1)}+\frac{1}{\Gamma(p+m+1)}\int_{a}^{t}(t-\tau)^{p+m}f^{(m+1)}(\tau)\mathrm{d}\tau
\end{aligned} \tag{2.14}
$$

需要指出，这里的分数阶积分要求阶数 p 大于零，否则就不再是积分，而是导数了。

此外，我们知道，整数阶导数具有可交换性和可加性。也就是说，对于函数 $f(t)$ 的正整数阶导数 $\mathrm{D}^{m}f(t)=\dfrac{\mathrm{d}^{m}f(t)}{\mathrm{d}t^{m}}$ 和 $\mathrm{D}^{n}f(t)=\dfrac{\mathrm{d}^{n}f(t)}{\mathrm{d}t^{n}}$，有

$$
\mathrm{D}^{m+n}f(t)=\mathrm{D}^{m}\mathrm{D}^{n}f(t)=\mathrm{D}^{n}\mathrm{D}^{m}f(t),\ \ m,n\in\mathbb{N} \tag{2.15}
$$

定义 n 次积分后，这类性质也可以在积分之间甚至在导数和积分之间进行运算。

对于正整数 n，${}_{c}I_{x}^{n}f(x)$ 的递归定义如下[70]：

$$
{}_cI_x^n f(x) \overset{\text{def}}{=} \begin{cases} \int_c^x f(\tau)\mathrm{d}\tau, & n=1 \\ \int_c^x {}_cI_\tau^n f(x)\mathrm{d}\tau, & n\in\mathbb{N}\wedge n>1 \end{cases} \tag{2.16}
$$

其中 ${}_cI_x^n f(x)$ 的展开式可以直观地写成：

$$
{}_cI_x^n f(x)=\int_c^x\int_c^{x_1}\int_c^{x_2}\cdots\int_c^{x_{n-1}} f(t)\mathrm{d}t\cdots\mathrm{d}x_3\mathrm{d}x_2\mathrm{d}x_1 \tag{2.17}
$$

显然，对函数 $f(x)$ 先进行 n 次积分，再求 n 阶导数，函数 $f(x)$ 不变，即

$$
\mathrm{D}^n {}_cI_x^n f(x) = f(x)
$$

即 D^n 是 ${}_cI_x^n$ 的左逆元。于是，可以将 ${}_cI_x^n f(x)$ 记为 ${}_c\mathrm{D}_x^{-n} f(x)$。式（2.13）即用此记法。

此外，由式（2.14）的递归定义不难看出 n 次积分的可加性和可交换性：

$$
{}_cI_x^{m+n} f(x) = {}_cI_x^m {}_cI_x^n f(x) = {}_cI_x^n {}_cI_x^m f(x),\ m,n\in\mathbb{N}
$$

或者表示为

$$
{}_c\mathrm{D}_x^{-m-n} f(x) = {}_c\mathrm{D}_x^{-m} {}_c\mathrm{D}_x^{-n} f(x) = {}_c\mathrm{D}_x^{-n} {}_c\mathrm{D}_x^{-m} f(x),\ m,n\in\mathbb{N}
$$

而导数与积分之间的结合、交换则相对较复杂。如对函数 $f(x)$ 先积分再求导，也即导数算子 D 在左，积分算子 I 在右，则有

$$
\mathrm{D}^m {}_cI_x^n f(x) = \mathrm{D}^{m-n} f(x) = \mathrm{D}^m {}_c\mathrm{D}_x^{-n} f(x),\ m,n\in\mathbb{N} \tag{2.18}
$$

而 D 在右，I 在左（先求导再积分）时，即使是同阶次的情况，也有

$$
{}_cI_x^n\,\mathrm{D}^n f(x) \neq \mathrm{D}^n {}_cI_x^n f(x) = f(x)
$$

事实上：

$$
{}_cI_x^1\,\mathrm{D}^1 f(x) = \int_c^x f'(\tau)\mathrm{d}\tau = f(x) - (x-c)^0 f(c)
$$

$$
\begin{aligned}
{}_cI_x^2\,\mathrm{D}^2 f(x) &= \int_c^x\int_c^{x_1} f''(\tau)\mathrm{d}\tau\mathrm{d}x_1 = \int_c^x \left[f'(x_1) - f'(c)\right]\mathrm{d}x_1 \\
&= f(x) - (x-c)^0 f(c) - (x-c)\mathrm{D}f(c)
\end{aligned}
$$

$$
\begin{aligned}
{}_cI_x^3\,\mathrm{D}^3 f(x) &= {}_cI_x^1\left[{}_cI_x^2\,\mathrm{D}^2(\mathrm{D}f(x))\right] \\
&= f(x)-(x-c)^0 f(c)-(x-c)\mathrm{D}f(c)-\frac{(x-c)^2}{2}\mathrm{D}^2 f(c)
\end{aligned}
$$

…………

$$
\begin{aligned}
{}_cI_x^n\,\mathrm{D}^n f(x) &= {}_c\mathrm{D}_x^{-n}\,{}_c\mathrm{D}_x^n f(x) \\
&= f(x)-\sum_{i=0}^{n-1}\frac{(x-c)^i}{i!}\mathrm{D}^i f(c),\ n\in\mathbb{N}
\end{aligned}
\tag{2.19}
$$

上式说明，对于 $n\in\mathbb{N}$ ， D^n 是且仅是 ${}_cI_x^n$ 的左逆元，两者不可交换。

综上所述，可以得到

$$
{}_c\mathrm{D}_x^m\,{}_c\mathrm{D}_x^n f(t) = {}_c\mathrm{D}_x^{m+n} f(t), (m,n\in\mathbb{N})\vee(m,n\in\mathbb{Z}^-)\vee(m\in\mathbb{Z}^+\wedge n\in\mathbb{Z}^-)
\tag{2.20}
$$

上述 D^n 是 ${}_cI_x^n$ 的左逆元的性质，**即先积分再求导则满足阶次可加**，即使在积分阶数为分数时，也是成立的[70]。也就是：

$$
{}_c\mathrm{D}_x^m\,{}_c\mathrm{D}_x^{-p} f(t) = {}_c\mathrm{D}_x^{m-p} f(t),\ m\in\mathbb{N}, p>0
\tag{2.21}
$$

这构成了 Riemann-Liouville 分数阶导数和 Caputo 分数阶导数定义的基础。

2.3.2 Riemann-Liouville 导数

Riemann-Liouville分数阶导数是理论研究中常见的分数阶导数之一。受到公式（2.21）的启发，对于满足 $0\leqslant n-1<\alpha\leqslant n$ 的 α ，函数 $f(t)$ 的 α 阶导数 ${}_a\mathrm{D}_t^{(\alpha)} f(t)$ 可以定义为

$$
{}_a\mathrm{D}_t^{(\alpha)} f(t) = \mathrm{D}^n\left[{}_a\mathrm{D}_t^{-(n-\alpha)} f(t)\right] = \mathrm{D}^n\left[{}_a\mathrm{D}_t^{(\alpha-n)} f(t)\right], n-1<\alpha\leqslant n
\tag{2.22}
$$

其中 ${}_a\mathrm{D}_t^{-(n-\alpha)} f(t)$ 是 $(n-\alpha)$ 阶 Riemann-Liouville 积分，这就得到了函数 $f(t)$ 的 α 阶 Riemann-Liouville 导数 ${}_a^R\mathrm{D}_t^{(\alpha)} f(t)$ 。

具体来说，当 $0 \leqslant n-1 < \alpha \leqslant n$ 时，Riemann-Liouville 导数 ${}_a^R\mathrm{D}_t^{(\alpha)} f(t)$ 定义如下：

$$
\begin{aligned}
{}_a^R\mathrm{D}_t^{(\alpha)} f(t) &= \frac{1}{\Gamma(n-\alpha)} \frac{\mathrm{d}^n}{\mathrm{d}t^n}\left[\int_a^t (t-\tau)^{n-\alpha-1} f(t)\mathrm{d}\tau\right] \\
&= \frac{1}{\Gamma(n-\alpha)} \frac{\mathrm{d}^n}{\mathrm{d}t^n}\left[\int_a^t \frac{f(t)}{(t-\tau)^{\alpha-n+1}}\mathrm{d}\tau\right] \qquad (2.23)
\end{aligned}
$$

特别地，当 $0<\alpha<1$ 时，有

$$
{}_a^R\mathrm{D}_t^{(\alpha)} f(t) = \frac{1}{\Gamma(1-\alpha)} \frac{\mathrm{d}}{\mathrm{d}t}\left[\int_a^t \frac{f(\tau)}{(t-\tau)^{\alpha}}\mathrm{d}\tau\right]
$$

此外，当 $\alpha = n$ 时，有

$$
{}_a^R\mathrm{D}_t^{\alpha} f(t) = \frac{\mathrm{d}^n}{\mathrm{d}t^n}\left[{}_a\mathrm{D}_t^{-(n-\alpha)} f(t)\right] = \frac{\mathrm{d}^n}{\mathrm{d}t^n}\left[{}_a\mathrm{D}_t^{0} f(t)\right] = \frac{\mathrm{d}^n f(t)}{\mathrm{d}t^n}
$$

${}_a^R\mathrm{D}_t^{(\alpha)} f(t)$ 成为整数阶导数 $\mathrm{D}^n f(t)$。可见，Riemann-Liouville 分数阶导数是整数阶导数的一般化推广。

Riemann-Liouville 分数阶积分和导数具有以下性质：

（1）左逆元性质：

$$
{}_a^R\mathrm{D}_t^{(p)}\left({}_a\mathrm{D}_t^{(-p)} f(t)\right) = f(t),\ p>0 \qquad (2.24)
$$

（2）

$$
{}_a^R\mathrm{D}_t^{(p)}\left({}_a^R\mathrm{D}_t^{(-q)} f(t)\right) = {}_a^R\mathrm{D}_t^{(p-q)} f(t),\ p,q>0 \qquad (2.25)
$$

（3）线性性质：

$$
{}_a^R\mathrm{D}_t^{(\alpha)}\left[\lambda f(t) + \gamma g(t)\right] = \lambda\, {}_a^R\mathrm{D}_t^{(\alpha)} f(t) + \gamma\, {}_a^R\mathrm{D}_t^{(\alpha)} g(t) \qquad (2.26)
$$

（4）积分算子交换律：

$$
{}_a^R\mathrm{D}_t^{(\alpha)}\left[{}_a^R\mathrm{D}_t^{(\beta)} f(t)\right] = {}_a^R\mathrm{D}_t^{(\beta)}\left[{}_a^R\mathrm{D}_t^{(\alpha)} f(t)\right] = {}_a^R\mathrm{D}_t^{(\beta+\alpha)} f(t),\ \alpha,\beta<0 \qquad (2.27)
$$

（5）幂函数的 R-L 导数（或积分）：

$$ {}_{a}^{R}\mathrm{D}_{t}^{(\alpha)}(t-a)^{\beta}=\frac{\Gamma(\beta+1)}{\Gamma(\beta-\alpha+1)}(t-a)^{\beta-\alpha}\text{，}\beta>-1,\ \alpha\in\mathbb{R} \tag{2.28} $$

这些性质的证明可以参见文献[36]。

2.3.3 Caputo 导数

Riemann-Liouville 分数阶导数的理论意义较强，在分数阶数学理论的研究中使用较多。然而，Riemann-Liouville 分数阶导数的物理意义还不清晰，在工程中进行分数阶微分方程建模时，用 Riemann-Liouville 分数阶导数并不方便。1967 年至 1969 年，Caputo 对 Riemann-Liouville 分数阶导数在形式上进行了适当改变，得到了 Caputo 分数阶导数[71,72]。

若 $f(t)$ 有直到 m 阶导数，当 $0\leqslant m-1<\alpha\leqslant m$ 时，Caputo 分数阶导数 ${}_{a}^{C}\mathrm{D}_{t}^{(\alpha)}f(t)$ 如下：

$$ \begin{aligned} {}_{a}^{C}\mathrm{D}_{t}^{(\alpha)}f(t) &= {}_{a}\mathrm{D}_{t}^{(\alpha-m)}\left[\mathrm{D}^{m}f(t)\right]={}_{a}\mathrm{D}_{t}^{-(m-\alpha)}\left[\frac{\mathrm{d}^{m}}{\mathrm{d}t^{m}}f(t)\right] \\ &= \frac{1}{\Gamma(m-\alpha)}\int_{a}^{t}(t-\tau)^{m-\alpha-1}f^{(m)}(\tau)\mathrm{d}\tau \\ &= \frac{1}{\Gamma(m-\alpha)}\int_{a}^{t}\frac{f^{(m)}(\tau)}{(t-\tau)^{\alpha-m+1}}\mathrm{d}\tau \end{aligned} \tag{2.29} $$

特别地，当 $0<\alpha<1$ 时，有

$$ {}_{a}^{C}\mathrm{D}_{t}^{(\alpha)}f(t)=\frac{1}{\Gamma(1-\alpha)}\int_{a}^{t}\frac{f'(\tau)}{(t-\tau)^{\alpha}}\mathrm{d}\tau \tag{2.30} $$

这在工程和控制理论中，特别是分数阶线性系统中十分常用。

比较 ${}_{a}^{R}\mathrm{D}_{t}^{(\alpha)}f(t)$ 和 ${}_{a}^{C}\mathrm{D}_{t}^{(\alpha)}f(t)$ 的定义，不难发现，两者的区别仅在于前者先求 $f(t)$ 的 $(n-\alpha)$ 阶积分，然后求 n 阶正常导数；而后者则先求 $f(t)$ 的 m 阶正常导数，然后求 $(m-\alpha)$ 阶积分。这里，算子顺序的不同导致积分变换后出现不同的结果，从而使方程的初值条件成为函数 $f(t)$ 的整数阶导数的初始值。其物理意义直观形象，便于工程问题建模和模型分析解释。

这种改变求导和积分次序定义的 Caputo 分数阶导数的方法有其合理之处。事实上，在函数 $f(t)$ 足够光滑的条件下，当阶数 $\alpha \to m$ 时，对式（2.29）利用分部积分法，则有

$$\begin{aligned}\lim_{\alpha \to m} {}_a^C\mathrm{D}_t^{(\alpha)} f(t) &= \lim_{\alpha \to m} \frac{1}{\Gamma(m-\alpha)} \int_a^t (t-\tau)^{m-\alpha-1} f^{(m)}(\tau) \mathrm{d}\tau \\ &= \lim_{\alpha \to m} \left(-\frac{1}{\Gamma(m-\alpha)} \int_a^t f^{(m)}(\tau)\, \mathrm{d} \frac{(t-\tau)^{m-\alpha}}{m-\alpha} \right) \\ &= f^{(m)}(a) + \int_a^t f^{(m+1)}(\tau) \mathrm{d}\tau \\ &= f^{(m)}(a) + f^{(m)}(t) - f^{(m)}(a) \\ &= f^{(m)}(t),\ m \in \mathbb{N}^+\end{aligned}$$

可见，当 $\alpha \to m$ 时，Caputo 分数阶导数的极限就是整数阶导数，这是其定义的合理之处。

Caputo 分数阶导数的主要性质如下：

（1）

$${}_a^C\mathrm{D}_t^{(\alpha)}\ {}_a\mathrm{D}_t^{(m)} f(t) = {}_a^C\mathrm{D}_t^{(\alpha+m)} f(t) \tag{2.31}$$

而 ${}_a\mathrm{D}_t^{(m)}\ {}_a^R\mathrm{D}_t^{(\alpha)} f(t) = {}_a^R\mathrm{D}_t^{(\alpha+m)} f(t)$，这里体现了 Caputo 导数和 R-L 导数的不同。

（2）线性性质：

$${}_a^C\mathrm{D}_t^{(\alpha)} \left[\lambda f(t) + \gamma g(t) \right] = \lambda\, {}_a^C\mathrm{D}_t^{(\alpha)} f(t) + \gamma\, {}_a^C\mathrm{D}_t^{(\alpha)} g(t) \tag{2.32}$$

（3）幂函数的 Caputo 导数：

$${}_a^C\mathrm{D}_t^{(\alpha)} (t-a)^{\beta} = \frac{\Gamma(\beta+1)}{\Gamma(\beta-\alpha+1)} (t-a)^{\beta-\alpha},\ \beta > -1,\ \beta \neq 0,\ \alpha \in \mathbb{R} \tag{2.33}$$

特别地，当 $\beta = 0$ 时，幂函数 $(t-a)^{\beta}$ 成为常数函数 1，此时

$${}_a^C\mathrm{D}_t^{(\alpha)} (t-a)^0 = 0$$

而 ${}_a^R\mathrm{D}_t^{(\alpha)}(t-a)^0=\dfrac{(t-a)^{-\alpha}}{\Gamma(1-\alpha)}$，这也反映了 Caputo 导数和 R-L 导数的不同。

2.3.4 Sequential 分数阶导数

K. S. Miller 和 B. Ross 注意到，任意 n 阶微分都可看成一系列一阶微分的叠加：

$$\frac{\mathrm{d}^n f(t)}{\mathrm{d}t^n}=\underbrace{\frac{\mathrm{d}}{\mathrm{d}t}\frac{\mathrm{d}}{\mathrm{d}t}\cdots\frac{\mathrm{d}}{\mathrm{d}t}}_{n}f(t)$$

他们在文献[38]中，用 R-L 导数“${}_a^R\mathrm{D}_t^{(\alpha)}$”来替代“$\dfrac{\mathrm{d}}{\mathrm{d}t}$”，得到类似上式的推广式：

$$ {}_a^R\mathrm{D}_t^{(n\alpha)}f(t)=\underbrace{{}_a^R\mathrm{D}_t^{(\alpha)}\,{}_a^R\mathrm{D}_t^{(\alpha)}\cdots{}_a^R\mathrm{D}_t^{(\alpha)}f(t)}_{n} \tag{2.34}$$

称上述形式的分数阶导数为 Sequential 分数阶导数。同时他们还对含有序列分数阶导数的微分方程的解进行了讨论。式（2.34）中的 R-L 导数可因研究的需要被替换成 Caputo 导数、G-L 导数甚至其他类型的导数，从而得到不同的 Sequential 分数阶导数。

此外，式（2.34）中的分数阶导数是同阶次的，如果对不同阶次的分数阶导数进行“累积”，可以得到形式上更为一般的 Sequential 分数阶导数：

$$ {}_a\mathrm{D}_t^{(\alpha)}f(t)={}_a\mathrm{D}_t^{(\alpha_1)}\,{}_a\mathrm{D}_t^{(\alpha_2)}\cdots{}_a\mathrm{D}_t^{(\alpha_n)}f(t),\quad \alpha=\alpha_1+\alpha_2+\cdots+\alpha_n \tag{2.35}$$

其中 ${}_a\mathrm{D}_t^{(\alpha_i)}$ 可以根据问题的需要采用 G-L 分数阶导数、Caputo 分数阶导数、R-L 分数阶导数或其他形式的分数阶导数。从这一点来看，Sequential 分数阶导数给出了分数阶微积分的统一表达式，而 R-L 分数阶导数、G-L 分数阶导数和 Caputo 分数阶导数都只是 Sequential 分数阶导数的特殊情形。

Sequential 分数阶导数的提出是有现实背景和价值的。我们知道，在许多物理现象和工程问题中，对问题进行建模时常常会遇到一个微分关系的对象包含了另一个微分的情况。如果其中涉及的微分都是分数阶的，那么这样的分数阶微分方程就自然包含 Sequential 分数阶导数。因此，Sequential 分数阶导数定义的产生是自然的，在本书后续章节中也将借助 Sequential 分数阶导数工具解决分数阶广义线性定常系统经典解的问题。

2.3.5 Grünwald-Letnikov 导数

前面介绍的分数阶导数在分数阶微积分数学基础研究（常讨论 R-L 定义）、分数阶系统工程建模中（常用 Caputo 定义和序列分数阶定义）十分常用，而分数阶微分方程的求解往往十分复杂而困难。分数阶系统（多用分数阶微分方程刻画）的求解目前还没有统一有效的手段，因此，使用数值求解方法就显得尤为重要。

Grünwald（1867 年[73]）和 Letnikov（1868 年[74]）提出的 Grünwald-Letnikov 分数阶导数是通过离散方式给出的，从而成为分数阶导数数值计算的重要基础。下面简要回顾 Grünwald-Letnikov 分数阶导数的概念和性质。

假设函数 $f(t)$ 是可导的，那么由微积分知识比较容易得到函数 $f(t)$ 的一阶导数 $f'(t)$ 、二阶导数 $f''(t)$ 、三阶导数 $f'''(t)$ 的形式。通过归纳它们的特点，我们可以得到 $f(t)$ 的 n 阶导数的一般形式：

$$f^{(n)}(t)=\frac{\mathrm{d}^n f}{\mathrm{d}t^n}=\lim_{h\to 0}h^{-n}\sum_{j=0}^{n}(-1)^j\binom{n}{j}f(t-jh) \tag{2.36}$$

上式中的 $\binom{n}{j}$ 是二项式系数表达式，它的定义在排列组合中已经给出：

$$\binom{n}{j}=\mathrm{C}_n^j=\frac{n(n-1)\cdots(n-j+1)}{j!}=\frac{n!}{j!(n-j)!}=\frac{\Gamma(n+1)}{\Gamma(j+1)\,\Gamma(n-j+1)} \tag{2.37}$$

阶次为负整数 $-n$ 时，可以记为

$$\begin{bmatrix} n \\ j \end{bmatrix} = \frac{n(n+1)\cdots(n+j-1)}{j!} = \frac{(n+j-1)!}{(n-1)!\,j!} = \frac{\Gamma(n+j)}{\Gamma(n)\,\Gamma(j+1)}$$

（2.38）

于是得到以下表达式：

$$\binom{-n}{j} = \frac{-n(-n-1)\cdots(-n-j+1)}{j!} = (-1)^j \begin{bmatrix} n \\ j \end{bmatrix}$$

从而函数 $f(t)$ 的 $-n$ 阶导数定义（n 阶积分）如下：

$$f^{(-n)}(t) = \lim_{h \to 0} h^n \sum_{j=0}^{n} (-1)^j \binom{-n}{j} f(t-jh) = \lim_{h \to 0} h^n \sum_{j=0}^{n} \begin{bmatrix} n \\ j \end{bmatrix} f(t-jh)$$

（2.39）

式（2.36）和式（2.39）是针对整数阶导数和积分给出的离散乘积求极限的定义形式。两式中的阶数 n 推广到分数（或任意阶次）p 便可以得到分数阶的导数和积分定义。

当然，这种推广有值得讨论的地方。首先，阶次成为非整数，二项式系数该如何计算？这里可以用式（2.37）及式（2.38）中的伽马函数来计算推广后的二项式系数。在第 2.2.1 节的伽马函数介绍中，我们已经说明了伽马函数在 0 以及非负整数之外都有定义，但是并没有给出伽马函数在 0 以及非负整数处函数值的计算方法。这里，我们将在给出 Grünwald-Letnikov 分数阶导数定义后详细讨论。

其次，n 替换成非整数 p 后，j 的求和上限不再是 n，该如何确定？我们知道，整数阶导数描述函数的局部性质，而分数阶导数 ${}_a\mathrm{D}_t^{(p)} f(t)$ 则描述了函数在区间 $[a,t]$ 上的整体性质。结合式（2.36）和式（2.39）的特点，令 j 的求和上限为 $\left\lceil \frac{t-a}{h} \right\rceil$（向上取整函数），当 $h \to 0$ 时，$\left\lceil \frac{t-a}{h} \right\rceil \to \infty$，式（2.36）和式（2.39）的极限值可能为有限或无穷。这样就可以得到 Grünwald-Letnikov 分数阶导数 ${}_a^G\mathrm{D}_t^{(p)} f(t)$ 的定义：

$$
{}_{a}^{G}\mathrm{D}_{t}^{(p)}f(t)=\lim_{\substack{h\to 0\\ nh=t-a}}h^{-p}\sum_{j=0}^{n}(-1)^{j}\binom{p}{j}f\left(t-jh\right) \tag{2.40}
$$

式中 h 表示分数阶导数（积分）的时间步长，$n=\left\lceil\dfrac{t-a}{h}\right\rceil$。当 p 大于零时，上述式子表示对函数 $f(t)$ 求解 p 阶导数；当 p 小于零时，上述式子表示对函数 $f(t)$ 求解 p 阶积分。

Grünwald-Letnikov 分数阶导数的另一个重要形式如下：对于 $0\leqslant m-1<p<m$，有

$$
\begin{aligned}
{}_{a}^{G}\mathrm{D}_{t}^{(p)}f(t)&=\lim_{\substack{h\to 0\\ nh=t-a}}h^{-p}\sum_{j=0}^{n}(-1)^{j}\binom{p}{j}f(t-jh)\\
&=\sum_{k=0}^{m-1}\frac{f^{(k)}(a)(t-a)^{(-p+k)}}{\Gamma(-p+k+1)}+\frac{1}{\Gamma(m-p)}\int_{a}^{t}(t-\tau)^{(m-p-1)}f^{(m)}(\tau)\mathrm{d}\tau
\end{aligned} \tag{2.41}
$$

式（2.41）中的积分部分正是 Caputo 导数，这给出了它们之间的相互关系。

下面针对 p 的不同取值情况，说明计算式（2.40）中 $\binom{p}{j}$ 值时需要注意的几个问题。

（1）当 $p\in\mathbb{N}$ 时，问题是平凡的，即

$$
\binom{p}{j}=\mathrm{C}_{p}^{j}=\frac{p!}{j!(p-j)!}=\frac{\Gamma(p+1)}{\Gamma(j+1)\,\Gamma(p-j+1)}
$$

同式（2.37）。

（2）当 $p\in\mathbb{R}-\mathbb{Z}^{-}$ 时，利用伽马函数计算：

$$
\binom{p}{j}=\frac{\Gamma(p+1)}{\Gamma(j+1)\,\Gamma(p-j+1)}
$$

式中 $\Gamma(p+1),\Gamma(j+1),\Gamma(p-j+1)$ 均可以通过 Matlab 调用命令 gamma(p)直接计算。而 p 小于零时，令 $m=\lceil -p\rceil$，并反复利用 $\Gamma(p+1)=p\Gamma(p)$，可得

$$\Gamma(p)=\frac{\Gamma(p+m)}{p(p+1)\cdots(p+m-1)}$$

这是$\Gamma(p), p<0$的计算原理。

（3）当 $p\in\mathbb{Z}^-$ 时，$j\geqslant 0$，于是 $j-p>0$，结合式（2.38），有

$$\binom{p}{j}=(-1)^j\begin{bmatrix}-p\\ j\end{bmatrix}=(-1)^j\frac{(-p)(-p+1)\cdots(-p+j-1)}{j!}=\frac{(-1)^j\Gamma(j-p)}{\Gamma(-p)\,\Gamma(j+1)}$$

至此，Grünwald-Letnikov 分数阶导数定义中的数值计算方法得以解决[70]。

Grünwald-Letnikov 分数阶导数具有离散和的形式，是分数阶微积分数值计算的基础。一般来说，通过数值方法来计算 Grünwald-Letnikov 分数阶导数可以直接将定义中的求和项进行截断求和。也就是确定步长h后，根据下式求近似：

$${}_a^G\mathrm{D}_t^{(p)}f(t)\approx\frac{\sum\limits_{j=0}^{\left\lceil\frac{t-a}{h}\right\rceil}(-1)^j\binom{p}{j}f(t-jh)}{h^p}\tag{2.42}$$

数值计算中，往往用到分数阶导数的“短记忆原理”，这里不加证明地给出该原理。

（**短记忆原理**）[70] 设函数 $f(t)$ 在区间$[c, x]$上有界，即存在M，使得$|f(t)|<M$，$t\in[c,x]$，则存在L，有

$${}_c\mathrm{D}_x^{(p)}f(t)\approx{}_{x-L}\mathrm{D}_x^{(p)}f(t)$$

且其误差ε满足：$|\varepsilon|\leqslant\dfrac{ML^{-p}}{|\Gamma(1-p)|}$。

通过误差ε的不等式，我们知道可以适当地选取参数 L 对误差限ε进行控制。事实上，由$|\varepsilon|\leqslant\dfrac{ML^{-p}}{|\Gamma(1-p)|}$可以得到

$$L\geqslant\sqrt[p]{\frac{M}{|\varepsilon||\Gamma(1-p)|}}$$

从而得到 L 的下限。

本节回顾的四种分数阶导数的定义虽然不同，但它们彼此之间的互相联系十分紧密。在适当的条件下，Grünwald-Letnikov 分数阶导数、Riemann-Liouville 分数阶导数和 Caputo 分数阶导数之间是彼此等价的，详见文献[36]。

（1）Riemann-Liouville 分数阶导数 ${}_a^R\mathrm{D}_t^{(\alpha)}f(t)$ 和 Grünwald-Letnikov 分数阶导数 ${}_a^G\mathrm{D}_t^{(\alpha)}f(t)$ 定义间的关系：如果 $f(t)$ 具有至少 n 阶连续导数（其中 $n-1<\alpha<n$），则 Riemann-Liouville 分数阶导数和 Grünwald-Letnikov 分数阶导数等价，但无上述条件，这两者是不等价的。

事实上，对 Riemann-Liouville 分数阶导数 ${}_a^R\mathrm{D}_t^{(\alpha)}f(t)$ 的定义反复运用分部积分法，有：

$$\begin{aligned}{}_a^R\mathrm{D}_t^{(\alpha)}f(t)&=\frac{1}{\Gamma(n-\alpha)}\frac{\mathrm{d}^n}{\mathrm{d}t^n}\left[\int_a^t(t-\tau)^{n-\alpha-1}f(\tau)\mathrm{d}\tau\right]\\&=\sum_{k=0}^{n-1}\frac{(t-a)^{-\alpha+k}f^{(k)}(a)}{\Gamma(-\alpha+k+1)}+\frac{1}{\Gamma(2n-\alpha)}\frac{\mathrm{d}^n}{\mathrm{d}t^n}\left[\int_a^t(t-\tau)^{2n-\alpha-1}f^{(n)}(\tau)\mathrm{d}\tau\right],\\&\qquad 0\leqslant n-1<\alpha<n\end{aligned}\tag{2.43}$$

继续 n 次求导得到

$$\frac{\mathrm{d}^n}{\mathrm{d}t^n}\left[\int_a^t(t-\tau)^{2n-\alpha-1}f^{(n)}(\tau)\mathrm{d}\tau\right]=\frac{\Gamma(2n-\alpha)}{\Gamma(n-\alpha)}\int_a^t(t-\tau)^{n-\alpha-1}f^{(n)}(\tau)\mathrm{d}\tau$$

代入式（2.43），有

$${}_a^R\mathrm{D}_t^{(\alpha)}f(t)=\sum_{k=0}^{n-1}\frac{(t-a)^{-\alpha+k}f^{(k)}(a)}{\Gamma(-\alpha+k+1)}+\frac{1}{\Gamma(n-\alpha)}\left[\int_a^t(t-\tau)^{n-\alpha-1}f^{(n)}(\tau)\mathrm{d}\tau\right]\tag{2.44}$$

式（2.44）和式（2.41）在本质上相同，因此，如果 $f(t)$ 具有至少 n 阶连续导数（其中 $n-1<\alpha<n$），则

$${}_a^R\mathrm{D}_t^{(\alpha)}f(t)={}_a^G\mathrm{D}_t^{(\alpha)}f(t)$$

（2）Grünwald-Letnikov分数阶导数 ${}_a^G\mathrm{D}_t^{(\alpha)}f(t)$ 和Caputo导数 ${}_a^C\mathrm{D}_t^{(\alpha)}f(t)$ 定义间的关系：如果 $f(t)$ 具有至少n阶连续导数（其中 $n-1<\alpha<n$ ），并且有 $f^{(k)}(t)=0,\ (k=0,1,\cdots,n-1)$ ，则Grünwald-Letnikov分数阶导数和Caputo分数阶导数等价。

这两者间的关系可以直接由式（2.41）得到，即

$$ {}_a^G\mathrm{D}_t^{(\alpha)}f(t)=\sum_{k=0}^{n-1}\frac{(t-a)^{-\alpha+k}f^{(k)}(a)}{\Gamma(-\alpha+k+1)}+{}_a^C\mathrm{D}_t^{(\alpha)}f(t) \tag{2.45} $$

（3）Riemann-Liouville 分数阶导数 ${}_a^R\mathrm{D}_t^{(\alpha)}f(t)$ 和 Caputo 分数阶导数 ${}_a^C\mathrm{D}_t^{(\alpha)}f(t)$ 定义间的关系：如果 $f(t)$ 具有至少 n 阶连续导数（其中 $n-1<\alpha<n$ ），并且有 $f^{(k)}(t)=0,\ (k=0,1,\cdots,n-1)$ ，则 Riemann-Liouville 分数阶导数和 Caputo 分数阶导数等价。

这两者间的等价关系可以由（1）和（2）中 ${}_a^G\mathrm{D}_t^{(\alpha)}f(t)$ 与 ${}_a^R\mathrm{D}_t^{(\alpha)}f(t)$ 、${}_a^C\mathrm{D}_t^{(\alpha)}f(t)$ 之间的等价性得到。导数 ${}_a^R\mathrm{D}_t^{(\alpha)}f(t)$ 和 ${}_a^C\mathrm{D}_t^{(\alpha)}f(t)$ 之间也有下列关系：

$$ {}_a^R\mathrm{D}_t^{(\alpha)}f(t)=\sum_{k=0}^{n-1}\frac{(t-a)^{-\alpha+k}f^{(k)}(a)}{\Gamma(-\alpha+k+1)}+{}_a^C\mathrm{D}_t^{(\alpha)}f(t) \tag{2.46} $$

不同分数阶导数定义之间的等价关系，为分数阶理论的基础研究和工程应用时根据具体需要采取不同形式的定义提供了坚实的理论基础和极大的便利。

2.4 分数阶导数的积分变换

积分变换是工程数学中的重要内容和手段，其原理是通过积分运算将工程中复杂的“时间域”函数或运算变换成“频率域”中相对简单的函数或运算。在变换域中解决问题后，再将结果通过逆变换，映射到“时间域”，从而得到原问题的解。

积分变换的方法一般是先选定积分域和核函数 $K(t,\alpha)$ ，然后将某函数类 A 中的函数 $f(t)$ 和核函数相乘，进行积分，从而将函数 $f(t)$ 变换成

函数类 B 中的另一个函数 $\int_a^b f(t)K(t,\alpha)\mathrm{d}t$。对应变换域和核函数的不同选择方法，就得到不同的积分变换。常用的积分变换有 Fourier 变换和 Laplace 变换。

（1）积分域为 $(-\infty,+\infty)$，核函数 $K(t,\alpha)=\mathrm{e}^{-\mathrm{j}\omega t}$，则有 $f(t)$ 的 Fourier 变换和 Fourier 逆变换：

$$F(\omega)=\mathscr{F}(f(t))=\int_{-\infty}^{+\infty} f(t)\,\mathrm{e}^{-\mathrm{j}\omega t}\mathrm{d}t,\ \omega\text{ 为实变量} \tag{2.47}$$

$$f(t)=\mathscr{F}^{-1}(F(\omega))=\frac{1}{2\pi}\int_{-\infty}^{+\infty} F(\omega)\,\mathrm{e}^{\mathrm{j}\omega t}\mathrm{d}\omega \tag{2.48}$$

（2）积分域为 $(0,+\infty)$，核函数 $K(t,\alpha)=\mathrm{e}^{-st}$，则有 $f(t)$ 的 Laplace 变换和 Laplace 逆变换：

$$F(s)=\mathscr{L}(f(t))=\int_0^{+\infty} f(t)\,\mathrm{e}^{-st}\mathrm{d}t,\ s\text{ 为复变量} \tag{2.49}$$

$$f(t)=\mathscr{L}^{-1}(F(s))=\frac{1}{2\pi \mathrm{j}}\int_{\beta-\mathrm{j}\infty}^{\beta+\mathrm{j}\infty} F(s)\,\mathrm{e}^{st}\mathrm{d}s \tag{2.50}$$

此外，Hankel 变换、Mellin 变换等也时常出现在研究文献中。由于 Laplace 变换在解分数阶微分方程中起着特殊的作用，本节主要介绍分数阶导数的 Laplace 变换。

2.4.1 Riemann-Liouville 导数的 Laplace 变换

下面回顾 Riemann-Liouville 分数阶导数 ${}_0^R\mathrm{D}_t^{(\alpha)}f(t)$ 的积分变换。首先，考察 Riemann-Liouville 分数阶积分 ${}_0^R\mathrm{D}_t^{(-p)}f(t)$，$(0\leqslant n-1<p<n)$ 的 Laplace 变换。由定义知道：

$${}_0^R\mathrm{D}_t^{(-p)}f(t)=\frac{1}{\Gamma(p)}\int_0^t (t-\tau)^{p-1}f(t)\mathrm{d}t=\frac{1}{\Gamma(p)}t^{p-1}*f(t)$$

式中*表示卷积。利用 $\mathscr{L}(t^\alpha)=\dfrac{\Gamma(\alpha+1)}{s^{\alpha+1}}$，于是得到

$$\mathscr{L}\left({}_0^R\mathrm{D}_t^{(-p)}f(t)\right)=\mathscr{L}\left(\frac{1}{\Gamma(p)}t^{p-1}*f(t)\right)$$
$$=\mathscr{L}\left(\frac{1}{\Gamma(p)}t^{p-1}\right)\mathscr{L}(f(t))=\frac{F(s)}{s^p} \tag{2.51}$$

其次，考虑 ${}_0^R\mathrm{D}_t^{(p)}f(t)\,(0\leqslant n-1<p<n)$ 的 Laplace 变换。根据定义：

$${}_0^R\mathrm{D}_t^{(p)}f(t)=\frac{\mathrm{d}^n}{\mathrm{d}t^n}\left[\frac{1}{\Gamma(n-p)}\int_0^t(t-\tau)^{n-p-1}f(\tau)\mathrm{d}\tau\right]$$

令 $h(t)=\dfrac{1}{\Gamma(n-p)}\int_0^t(t-\tau)^{n-p-1}f(\tau)\mathrm{d}\tau$ ，则

$${}_0^R\mathrm{D}_t^{(p)}f(t)=h^{(n)}(t)$$

令 $H(s)=\mathscr{L}(h(t))$ ，进而得到

$$\mathscr{L}\left({}_0^R\mathrm{D}_t^{(p)}f(t)\right)=\mathscr{L}(h^{(n)}(t))=s^nH(s)-\sum_{k=0}^{n-1}s^kh^{(n-k-1)}(0) \tag{2.52}$$

由式（2.51），有

$$H(s)=\mathscr{L}(h(t))=\frac{F(s)}{s^{n-p}} \tag{2.53}$$

关于 $h^{(n-k-1)}(0)$ ，由于

$$h^{(n-k-1)}(t)=\frac{\mathrm{d}^{n-k-1}}{\mathrm{d}t^{n-k-1}}\left[\frac{1}{\Gamma(n-p)}\int_0^t(t-\tau)^{n-p-1}f(\tau)\mathrm{d}\tau\right]$$
$$=\frac{\mathrm{d}^{n-k-1}}{\mathrm{d}t^{n-k-1}}\left[{}_0^R\mathrm{D}_t^{-(n-p)}f(t)\right]$$
$$={}_0^R\mathrm{D}_t^{(p-k-1)}f(t)$$

因此有

$$h^{(n-k-1)}(0)=\left[{}_0^R\mathrm{D}_t^{(p-k-1)}f(t)\right]_{t=0} \tag{2.54}$$

将式（2.53）、（2.54）代入式（2.52），便得到 Riemann-Liouville 分数阶导数 ${}_0^R\mathrm{D}_t^{(\alpha)}f(t)$ 的 Laplace 变换。对于任意的 $p(0\leqslant n-1<p<n)$ ，有

$$\mathscr{L}\left({}_0^R\mathrm{D}_t^{(p)}f(t)\right)=s^nH(s)-\sum_{k=0}^{n-1}s^kh^{(n-k-1)}(0)$$

$$=s^pF(s)-\sum_{k=0}^{n-1}s^k\left[{}_0^R\mathrm{D}_t^{(p-k-1)}f(t)\right]_{t=0} \tag{2.55}$$

此外，由 2.3 节中 ${}_0^R\mathrm{D}_t^{(\alpha)}f(t)$ 和 ${}_a^G\mathrm{D}_t^{(p)}f(t)$ 的等价关系可知，式（2.55）也是 Grünwald-Letnikov 分数阶导数 ${}_a^G\mathrm{D}_t^{(p)}f(t)$ 的 Laplace 变换结果。

从式（2.55）中可以看出，${}_0^R\mathrm{D}_t^{(\alpha)}f(t)$ 的 Laplace 变换含有分数阶导数在 0 处的初值 $\left[{}_0^R\mathrm{D}_t^{(p-k-1)}f(t)\right]_{t=0}$，$(k=0,1,2,\cdots,n-1)$，这种初值的物理意义尚不明确，因此，Riemann-Liouville 分数阶导数在工程上的应用存在诸多限制。后面将介绍的 Caputo 分数阶导数的 Laplace 变换弥补了这个不足。

2.4.2 Grünwald-Letnikov 导数的 Laplace 变换

关于 Grünwald-Letnikov 导数的 Laplace 变换，鉴于 Grünwald-Letnikov 导数定义的特殊性，值得加以特别阐述。根据公式（2.41）：

$${}_a^G\mathrm{D}_t^{(p)}f(t)=\sum_{k=0}^{m-1}\frac{f^{(k)}(a)(t-a)^{-p+k}}{\Gamma(-p+k+1)}+\frac{1}{\Gamma(m-p)}\int_a^t(t-\tau)^{m-p-1}f^{(m)}(\tau)\mathrm{d}\tau$$

结合 $\mathscr{L}(t^\alpha)=\dfrac{\Gamma(\alpha+1)}{s^{\alpha+1}}$ 以及 Laplace 变换的卷积性质，对上式进行 Laplace 变换，形式上可以得到

$$\mathscr{L}\left\{{}_0^G\mathrm{D}_t^{(p)}f(t):s\right\}=\sum_{k=0}^{m-1}\frac{f^{(k)}(0)\mathscr{L}\left\{t^{-p+k}:s\right\}}{\Gamma(-p+k+1)}+\mathscr{L}\left\{\frac{1}{\Gamma(m-p)}\int_0^t(t-\tau)^{m-p-1}f^{(m)}(\tau)\mathrm{d}\tau:s\right\}$$

$$=\sum_{k=0}^{m-1}\frac{f^{(k)}(0)}{s^{-p+k+1}}+\frac{1}{\Gamma(m-p)}\mathscr{L}\left\{t^{m-p-1}*f^{(m)}(t):s\right\}$$

$$=\sum_{k=0}^{m-1}\frac{f^{(k)}(0)}{s^{-p+k+1}}+\frac{1}{\Gamma(m-p)}\frac{\Gamma(m-p)}{s^{m-p}}\mathscr{L}\left\{f^{(m)}(t):s\right\}$$

$$=\sum_{k=0}^{m-1}\frac{f^{(k)}(0)}{s^{-p+k+1}}+\frac{1}{s^{m-p}}\left[s^mF(s)-\sum_{k=0}^{m-1}s^{m-1-k}f^{(k)}(0)\right]$$

$$=s^pF(s)$$

这是一个形式优美的结果，然而在经典意义下这个结果并不总是成立的，因为上式没有考虑到 Laplace 变换的存在性问题。事实上，当 $0<p<1$ 时，上式是成立的，即有

$$\mathscr{L}\left\{{}_{0}^{G}\mathrm{D}_{t}^{(p)}f(t):s\right\}=s^{p}F(s),\ 0<p<1 \tag{2.56}$$

而当 $p>2$ 时，式（2.41）求和中的第一项是

$$\frac{f(0)t^{-p}}{\Gamma(-p+1)}=\frac{f(0)}{\Gamma(-p+1)t^{p}},\ p>2$$

其 Laplace 变换为

$$\int_{0}^{+\infty}\frac{f(0)}{\Gamma(-p+1)t^{p}}\mathrm{e}^{-st}\mathrm{d}t=\frac{f(0)}{\Gamma(-p+1)}\int_{0}^{1}\frac{1}{t^{p}}\mathrm{e}^{-st}\mathrm{d}t+\frac{f(0)}{\Gamma(-p+1)}\int_{1}^{+\infty}\frac{1}{t^{p}}\mathrm{e}^{-st}\mathrm{d}t$$

其中的第二部分是收敛的，第一部分是瑕积分：

$$\int_{0}^{1}\frac{1}{t^{p}}\mathrm{e}^{-st}\mathrm{d}t>\mathrm{e}^{-s}\int_{0}^{1}\frac{1}{t^{p}}\mathrm{d}t,\ s>0$$

或者

$$\int_{0}^{1}\frac{1}{t^{p}}\mathrm{e}^{-st}\mathrm{d}t>\mathrm{e}^{0}\int_{0}^{1}\frac{1}{t^{p}}\mathrm{d}t=\int_{0}^{1}\frac{1}{t^{p}}\mathrm{d}t,\ s<0$$

而 $\int_{0}^{1}\frac{1}{t^{p}}\mathrm{d}t$ 中，由于 $p>2$，是发散的，这导致式（2.41）的 Laplace 变换不存在。因此，在经典意义下，式（2.56）仅在 $0<p<1$ 时成立。

如果讨论的问题不是在经典意义下的，比如式（2.41）中的函数是广义函数（分布函数），则式（2.56）是成立的，此时要始终注意按照广义函数（分布函数）的方法处理研究对象。

2.4.3 Caputo 导数的 Laplace 变换

Caputo 导数的 Laplace 变换相对比较简洁，这也是工程应用中经常用 Caputo 分数阶导数的原因。对于

$$ {}_0^C\mathrm{D}_t^{(p)} f(t) = \frac{1}{\Gamma(m-p)} \int_0^t \frac{f^{(m)}(\tau)}{(t-\tau)^{p-m+1}} \mathrm{d}\tau,\ 0 \leqslant m-1 < p < m $$

利用卷积的 Laplace 变换性质，有

$$ \begin{aligned} \mathscr{L}\left\{ {}_0^C\mathrm{D}_t^{(p)} f(t) : s \right\} &= \mathscr{L}\left\{ \frac{1}{\Gamma(m-p)} \int_0^t (t-\tau)^{m-p-1} f^{(m)}(\tau)\,\mathrm{d}\tau : s \right\} \\ &= \mathscr{L} \frac{1}{\Gamma(m-p)} \left\{ t^{m-p-1} * f^{(m)}(t) : s \right\} \\ &= \frac{1}{\Gamma(m-p)} \mathscr{L} \left\{ t^{m-p-1} * f^{(m)}(t) : s \right\} \\ &= \frac{1}{s^{m-p}} \mathscr{L} \left\{ f^{(m)}(t) : s \right\} \\ &= s^{p-m} \left[s^m F(s) - \sum_{k=0}^{m-1} s^{m-k-1} f^{(k)}(0) \right] \\ &= s^p F(s) - \sum_{k=0}^{m-1} s^{p-k-1} f^{(k)}(0) \end{aligned} \tag{2.57} $$

与 Riemann-Liouville 分数阶导数的 Laplace 变换相比，式（2.57）说明 Caputo 导数的 Laplace 变换仅涉及函数 $f(x)$ 及其各整数阶导数在端点 $x=0$ 处的初值 $f^{(k)}(0), (k=0,1,2,\cdots,m-1)$，并不涉及分数阶导数的值。由于工程问题和物理现象中的大多数状态都是用变量及其整数阶导数表示的（比如路程 s 对时间 t 的一阶导数 $\frac{\mathrm{d}s}{\mathrm{d}t}$ 表示速度，二阶导数 $\frac{\mathrm{d}^2 s}{\mathrm{d}t^2}$ 表示加速度等），这就使得 Caputo 导数的 Laplace 变换中包含了明确的物理意义，从而大大增强了 Caputo 导数的实用性和应用价值。

2.4.4 Sequential 分数阶导数的积分变换

本节介绍如下含 Riemann-Liouville 分数阶导数的 M-R 序列分数阶导数的 Laplace 变换。由公式（2.35）：

$$ {}_{a}\mathrm{D}_{t}^{(\sigma_m)} = {}_{a}\mathrm{D}_{t}^{(\alpha_m)}\,{}_{a}\mathrm{D}_{t}^{(\alpha_{m-1})}\cdots{}_{a}\mathrm{D}_{t}^{(\alpha_1)} $$

$$ {}_{a}\mathrm{D}_{t}^{(\sigma_{m-1})} = {}_{a}\mathrm{D}_{t}^{(\alpha_{m-1})}\,{}_{a}\mathrm{D}_{t}^{(\alpha_{m-2})}\cdots{}_{a}\mathrm{D}_{t}^{(\alpha_1)} $$

式中 $\sigma_m = \sum_{j=1}^{m}\alpha_j$，$(0<\alpha_j\leqslant 1,\ j=1,2,\cdots,m)$，则当 $0<\alpha<1$ 时，有

$$ \mathscr{L}\left\{{}_{0}\mathrm{D}_{t}^{(\alpha)}f(t):s\right\} = s^{\alpha}F(s) - \left[{}_{0}\mathrm{D}_{t}^{(\alpha-1)}f(t)\right]_{t=0} $$

于是

$$ \begin{aligned} \mathscr{L}\left\{{}_{0}\mathrm{D}_{t}^{(\sigma_m)}f(t):s\right\} &= \mathscr{L}\left\{{}_{0}\mathrm{D}_{t}^{(\alpha_m)}\,{}_{0}\mathrm{D}_{t}^{(\sigma_{m-1})}f(t):s\right\} \\ &= s^{\alpha_m}\mathscr{L}\left\{{}_{0}\mathrm{D}_{t}^{(\sigma_{m-1})}f(t):s\right\} - \left[{}_{0}D_{t}^{(\alpha_m-1)}\,{}_{0}\mathrm{D}_{t}^{\sigma_{m-1}}f(t)\right]_{t=0} \\ &= s^{\alpha_m}\mathscr{L}\left\{{}_{0}\mathrm{D}_{t}^{(\sigma_{m-1})}f(t):s\right\} - \left[{}_{0}\mathrm{D}_{t}^{(\sigma_m-1)}f(t)\right]_{t=0} \\ &= s^{\alpha_m}\left[s^{\alpha_{m-1}}\mathscr{L}\left\{{}_{0}\mathrm{D}_{t}^{(\sigma_{m-2})}f(t):s\right\} - \left[{}_{0}\mathrm{D}_{t}^{(\sigma_{m-1}-1)}f(t)\right]_{t=0}\right] - \left[{}_{0}\mathrm{D}_{t}^{(\sigma_m-1)}f(t)\right]_{t=0} \\ &= s^{\alpha_m+\alpha_{m-1}}\mathscr{L}\left\{{}_{0}\mathrm{D}_{t}^{(\sigma_{m-2})}f(t):s\right\} - s^{\sigma_m}\left[{}_{0}\mathrm{D}_{t}^{(\sigma_{m-1}-1)}f(t)\right]_{t=0} - \left[{}_{0}\mathrm{D}_{t}^{(\sigma_m-1)}f(t)\right]_{t=0} \\ &= \cdots \\ &= s^{\sigma_m}F(s) - \sum_{k=0}^{m-1}s^{\sigma_m-\sigma_{m-k}}\left[{}_{0}\mathrm{D}_{t}^{(\sigma_{m-k}-1)}f(t)\right]_{t=0} \end{aligned} $$

即有

$$ \mathscr{L}\left\{{}_{0}\mathrm{D}_{t}^{(\sigma_m)}f(t):s\right\} = s^{\sigma_m}F(s) - \sum_{k=0}^{m-1}s^{\sigma_m-\sigma_{m-k}}\left[{}_{0}\mathrm{D}_{t}^{(\sigma_{m-k}-1)}f(t)\right]_{t=0} \tag{2.58} $$

值得指出的是，虽然上述序列分数阶导数的 Laplace 变换是在 R-L 分数阶导数定义下进行证明的，但是该结论对其他几种分数阶导数也是成立的。

2.5 小　结

本章主要介绍分数阶微积分的理论渊源、基本概念和基本方法。首

先给出了各种分数阶导数的共同基础，即 Riemann-Liouville 分数阶积分的概念，然后分别介绍了 Riemann-Liouville 分数阶导数 ${}_{0}^{R}\mathrm{D}_{t}^{(\alpha)}f(t)$ 、Caputo 分数阶导数 ${}_{0}^{C}\mathrm{D}_{t}^{(\alpha)}f(t)$ 、Grünwald-Letnikov 分数阶导数 ${}_{0}^{G}\mathrm{D}_{t}^{(\alpha)}f(t)$ 和 Sequential 分数阶导数的概念以及它们之间的关系。总的来说，这几种分数阶导数的概念各有其适用范围，即 ${}_{0}^{R}\mathrm{D}_{t}^{(\alpha)}f(t)$ 在分数阶数学理论分析中较常用，${}_{0}^{C}\mathrm{D}_{t}^{(\alpha)}f(t)$ 主要应用于工程问题的建模和计算，${}_{0}^{G}\mathrm{D}_{t}^{(\alpha)}f(t)$ 则便于进行数值计算。

在工程应用中，积分变换是解微分方程的基本方法，本章最后回顾了积分变换的基本原理和上述分数阶导数的 Laplace 变换，这为后续研究求解相关分数阶微分方程奠定了基础。

第 3 章

广义线性系统及分数阶线性系统基础

第 1 章指出，本书主要研究分数阶广义线性定常系统（1.1）的控制基础问题，而分数阶广义线性定常系统的研究需要借鉴广义线性系统和分数阶线性系统的基本理论和研究方法。本章主要从控制理论角度，回顾总结广义线性系统和分数阶线性系统的运动分析、能控性、能观性等基础理论。如果说第 2 章介绍的分数阶微积分理论是研究分数阶线性系统的必要的数学基础，那么本章则为分数阶广义线性系统的控制研究做铺垫。

3.1 广义线性系统控制理论基础

广义系统和一般线性系统的不同之处在于，它既包括含有变量导数的微分系统，又包含描述变量之间代数关系（不含导数项）的代数系统。其中，最基础的广义系统就是广义线性定常系统[75]。考虑到便于对系统的能控性和能观性进行分析，本节主要回顾具有形式（3.1）的广义线性定常系统的基本控制概念和理论。

$$\begin{cases} \boldsymbol{E}\dot{\boldsymbol{x}}(t)=\boldsymbol{A}\boldsymbol{x}(t)+\boldsymbol{B}\boldsymbol{u}(t) \\ \boldsymbol{y}(t)=\boldsymbol{C}\boldsymbol{x}(t) \end{cases} \tag{3.1}$$

式中 $\boldsymbol{x}(t)\in\mathbb{R}^n$，$\boldsymbol{y}(t)\in\mathbb{R}^m$，$\boldsymbol{u}(t)\in\mathbb{R}^r$，它们分别是状态变量、系统输出变量和控制输入变量，其中，式（3.1）的第一部分是状态方程，第二部分是输出方程；常系数矩阵的维数为 $\boldsymbol{E},\boldsymbol{A}\in\mathbb{R}^{\bar{n}\times n}$，$\boldsymbol{B}\in\mathbb{R}^{\bar{n}\times m}$，$\boldsymbol{C}\in\mathbb{R}^{m\times n}$。

3.1.1 广义线性系统的运动分析

广义线性系统的运动分析主要讨论系统的解，包括解的存在唯一性，解的具体形式等。显然，系统解的存在唯一性是研究解的形式和求解的前提。广义线性系统（3.1）的解的存在性和唯一性，可以通过受限等价变换中的 Weierstrass-Kronecker 标准型加以研究，并且有以下关于广义线性系统的解的存在性和唯一性定理。

定理 3.1[60]（广义线性系统的解的存在唯一性定理） 系统（3.1）存在唯一解的充要条件是对于矩阵 $\boldsymbol{E},\boldsymbol{A}\in\mathbb{R}^{n\times n}$，矩阵对 $(\boldsymbol{E},\boldsymbol{A})$ 正则，即存在非奇异变换矩阵 $\boldsymbol{P},\boldsymbol{Q}\in\mathbb{R}^{n\times n}$，使得矩阵对 $(\boldsymbol{E},\boldsymbol{A})$ 经受限等价变换后具有形如：

$$\boldsymbol{QEP}=\mathrm{diag}(\boldsymbol{I},\boldsymbol{N}),\ \boldsymbol{QAP}=\mathrm{diag}(\boldsymbol{A}_1,\boldsymbol{I})$$

的魏尔斯特拉斯标准型，其中 $\boldsymbol{I}$ 是单位矩阵，$\boldsymbol{A}_1$ 是方形矩阵，$\boldsymbol{N}$ 为幂零矩阵，形如：

$$\boldsymbol{N}=\mathrm{diag}\,(\boldsymbol{N}_1,\boldsymbol{N}_2,\cdots,\boldsymbol{N}_l),\ \boldsymbol{N}_i=\begin{bmatrix}0&1&&\\&0&1&\\&&\ddots&\ddots\\&&&0\end{bmatrix},\ i=1,2,\cdots,l$$

已有的关于广义线性系统解的研究工作，一般是先利用受限等价变换，将正则广义线性系统变换为易于分析的魏尔斯特拉斯标准型。对于正则广义线性定常系统：

$$\boldsymbol{E}\dot{\boldsymbol{x}}(t)=\boldsymbol{Ax}(t)+\boldsymbol{Bu}(t),\ \boldsymbol{x}(t)\in\mathbb{R}^n,\ \boldsymbol{u}(t)\in\mathbb{R}^r,\boldsymbol{E},\boldsymbol{A}\in\mathbb{R}^{n\times n},\boldsymbol{B}\in\mathbb{R}^{n\times r} \tag{3.2}$$

由定理 3.1 可知，存在非奇异矩阵 $\boldsymbol{P},\boldsymbol{Q}\in\mathbb{R}^{n\times n}$，使得系统（3.2）等价地变换为

$$\widetilde{\boldsymbol{E}}\dot{\tilde{\boldsymbol{x}}}(t)=\widetilde{\boldsymbol{A}}\tilde{\boldsymbol{x}}(t)+\widetilde{\boldsymbol{B}}\boldsymbol{u}(t) \tag{3.3}$$

其中 $\tilde{\boldsymbol{x}}(t)=\boldsymbol{P}^{-1}\boldsymbol{x}(t)$，$\widetilde{\boldsymbol{E}}=\boldsymbol{QEP}=\mathrm{diag}\,(\boldsymbol{I},\boldsymbol{N}),\ \widetilde{\boldsymbol{A}}=\boldsymbol{QAP}=\mathrm{diag}(\boldsymbol{A}_1,\boldsymbol{I}),\ \widetilde{\boldsymbol{B}}=\boldsymbol{QB}$，$\boldsymbol{N}$ 是幂零矩阵。记 $\tilde{\boldsymbol{x}}=[\tilde{\boldsymbol{x}}_1,\tilde{\boldsymbol{x}}_2]^{\mathrm{T}},\widetilde{\boldsymbol{B}}=[\widetilde{\boldsymbol{B}}_1,\widetilde{\boldsymbol{B}}_2]^{\mathrm{T}}$，将 $\widetilde{\boldsymbol{E}},\widetilde{\boldsymbol{A}},\widetilde{\boldsymbol{B}}$ 等代入式（3.3），等价地将其转化为

$$\begin{cases}\dot{\tilde{\boldsymbol{x}}}_1=\boldsymbol{A}_1\tilde{\boldsymbol{x}}_1+\widetilde{\boldsymbol{B}}_1\boldsymbol{u} & (3.4)\\ \boldsymbol{N}\dot{\tilde{\boldsymbol{x}}}_2=\tilde{\boldsymbol{x}}_2+\widetilde{\boldsymbol{B}}_2\boldsymbol{u} & (3.5)\end{cases}$$

其中 $\tilde{\boldsymbol{x}}_1 \in \mathbb{R}^{n_1}$，$\tilde{\boldsymbol{x}}_2 \in \mathbb{R}^{n_2}$，$\boldsymbol{A}_1 \in \mathbb{R}^{n_1 \times n_1}$，$\boldsymbol{N} \in \mathbb{R}^{n_2 \times n_2}$，$\boldsymbol{B}_1 \in \mathbb{R}^{n_1 \times r}$，$\boldsymbol{B}_2 \in \mathbb{R}^{n_2 \times r}$。系统（3.4）称为系统（3.3）的慢子系统，系统（3.5）称为系统（3.3）的快子系统（原因见定理 3.2）。与原系统（3.3）相比，它们的形式和结构更加简洁，便于理论分析。

广义线性系统和一般线性系统的不同之处在于它的状态响应不仅具有由经典函数构成的经典解，而且会出现包括广义函数（即狄拉克函数，用来表征脉冲项）的分布解。

下面考察系统（3.3）的解。其中，慢子系统（3.4）是一个常微分方程组，由线性系统理论可知，它的解 $\tilde{\boldsymbol{x}}_1$ 包括两部分：由初值 $\tilde{\boldsymbol{x}}_{10}$ 引起的系统自由运动——零输入响应 $\tilde{\boldsymbol{x}}_{1i}(t,\tilde{\boldsymbol{x}}_{10})$ 以及在输入 $\boldsymbol{u}(t)$ 下做的强迫振动——零状态响应 $\tilde{\boldsymbol{x}}_{1u}$。解的表达式如下：

$$\begin{aligned}\tilde{\boldsymbol{x}}_1(t,\tilde{\boldsymbol{x}}_{10},\boldsymbol{u}) &= \tilde{\boldsymbol{x}}_{1i}(t,\tilde{\boldsymbol{x}}_{10}) + \tilde{\boldsymbol{x}}_{1u}(t,\boldsymbol{u}) \\ &= \mathrm{e}^{\boldsymbol{A}_1 t}\tilde{\boldsymbol{x}}_{10} + \int_0^t \mathrm{e}^{\boldsymbol{A}_1(t-\tau)}\boldsymbol{B}_1\boldsymbol{u}(\tau)\mathrm{d}\tau \end{aligned} \tag{3.6}$$

而快子系统（3.5）的解是由分布函数构成的分布解。严质斌等[76]在早前理论的基础上证明了快子系统具有以下形式的分布解。

定理 3.2[76]（快子系统的分布解） 设幂零矩阵 $\boldsymbol{N}$ 的指数为 h，对于任意 h 次分段可微的输入 $\boldsymbol{u}(t)$和初值 $\tilde{\boldsymbol{x}}_2(0)=\tilde{\boldsymbol{x}}_{20}$，快子系统（3.5）具有唯一解：

$$\tilde{\boldsymbol{x}}_2(t,\boldsymbol{u},\tilde{\boldsymbol{x}}_{20}) = \tilde{\boldsymbol{x}}_{2i}(t,\tilde{\boldsymbol{x}}_{20}) + \tilde{\boldsymbol{x}}_{2u}(t,\boldsymbol{u}) \tag{3.7}$$

式中

$$\tilde{\boldsymbol{x}}_{2i}(t,\tilde{\boldsymbol{x}}_{20}) = -\sum_{i=1}^{h-1}\delta^{(i-1)}(t)\mathbf{N}^i\tilde{\boldsymbol{x}}_{20} \tag{3.8}$$

$$\tilde{\boldsymbol{x}}_{2u}(t,u)=\sum_{i=0}^{h-1}\boldsymbol{N}^i\boldsymbol{B}_2\left(u^{(i)}(t)+\sum_{k=0}^{i-1}\delta^{(k)}(t)u^{(i-k-1)}(0)\right) \tag{3.9}$$

其中 $\delta(t)$ 是狄拉克函数，式（3.8）表示系统由初值 $\tilde{\boldsymbol{x}}_{20}$ 引起的响应，式（3.9）表示系统由输入 $\boldsymbol{u}(t)$ 引起的响应。

从式（3.6）可见，系统（3.4）对输入 $\boldsymbol{u}(t)$ 的响应是 $\boldsymbol{u}(t)$ 的“累积”效应，其状态响应需要一定的时间“积累”，相对较慢，故称式（3.4）为慢子系统。而从式（3.9）可知，系统（3.5）对输入 $\boldsymbol{u}(t)$ 的响应可以迅速反映 $\boldsymbol{u}(t)$ 在 t 时刻的特性，故称式（3.5）为快子系统。

解（3.8）和（3.9）之所以会出现狄拉克函数 $\delta(t)$（广义函数）及其导数，是因为 $(s\boldsymbol{N}-\boldsymbol{I})^{-1}$ 中包含 s 的多项式项，因此，其 Laplace 逆变换自然含有 $\delta(t)$ 及其导数。

综合式（3.3）中慢子系统（3.4）的经典解以及快子系统（3.5）的分布解，并考虑到受限等价变换的逆变换，不难得到系统（3.2）的分布解[76]，即以下定理。

定理 3.3[76]（正则广义线性系统的分布解） 设正则广义线性系统（3.2）的指数为 h，它的受限等价变换系统是式（3.3），其中，式（3.4）是其慢子系统，式（3.5）是其快子系统。对于任意 h 次分段可微的输入 $\boldsymbol{u}(t)$ 和初值 $\boldsymbol{x}(0)=\boldsymbol{x}_0$，系统（3.2）具有唯一的分布解：

$$\boldsymbol{x}(t,\boldsymbol{u},\boldsymbol{x}_0)=\boldsymbol{P}\begin{bmatrix}\boldsymbol{x}_{1i}(t,\boldsymbol{x}_{10})+\boldsymbol{x}_{1u}(t,\boldsymbol{u})\\ \boldsymbol{x}_{2i}(t,\boldsymbol{x}_{20})+\boldsymbol{x}_{2u}(t,\boldsymbol{u})\end{bmatrix} \tag{3.10}$$

其中

$$\boldsymbol{x}_{1i}(t,\boldsymbol{x}_{10})=\mathrm{e}^{A_1 t}\left[\boldsymbol{I},\boldsymbol{0}\right]\boldsymbol{P}^{-1}\boldsymbol{x}_{10} \tag{3.11}$$

$$\boldsymbol{x}_{1u}(t,\boldsymbol{u})=\int_0^t \mathrm{e}^{A_1(t-\tau)}\widetilde{\boldsymbol{B}}_1\boldsymbol{u}(\tau)\mathrm{d}\tau \tag{3.12}$$

$$\boldsymbol{x}_{2i}(t,\boldsymbol{x}_{20})=-\sum_{i=1}^{h-1}\delta^{(i-1)}(t)\boldsymbol{N}^i\left[\boldsymbol{0},\boldsymbol{I}\right]\boldsymbol{P}^{-1}\boldsymbol{x}_{20} \tag{3.13}$$

$$\boldsymbol{x}_{2u}(t,u)=-\sum_{i=0}^{h-1}\boldsymbol{N}^i\widetilde{\boldsymbol{B}}_2\left(\boldsymbol{u}^{(i)}(t)+\sum_{k=0}^{i-1}\delta^{(k)}(t)u^{(i-k-1)}(0)\right) \tag{3.14}$$

定理 3.3 表明，广义线性系统和一般线性系统一样，其响应可以分解成由初值引起的零输入响应和由系统输入引起的零状态响应两部分之和。

定理 3.3 说明，不管系统的初值状况如何，正则广义线性系统总有唯一的分布解，若分布解中不出现广义分布函数 $\delta(t)$，它便退化或表现为经典解。事实上，正则广义线性系统仅针对“相容初值”才存在经典解，也就是说，存在一个相容的初值集合 $\mathscr{X}_0(\boldsymbol{u})$，仅针对该集合里的初值，系统存在经典解。$\mathscr{X}_0(\boldsymbol{u})$ 定义为

$$\mathscr{H}_0(\boldsymbol{u})=\left\{\boldsymbol{\eta}\,\middle|\,\begin{bmatrix}\boldsymbol{0} & \boldsymbol{I}\end{bmatrix}\boldsymbol{P}^{-1}\boldsymbol{\eta}=-\sum_{j=0}^{h-1}\boldsymbol{N}^{j}\widetilde{\boldsymbol{B}}_2\boldsymbol{u}^{(j)}(0)\right\} \tag{3.15}$$

由式（3.15）可知，相容初始值不仅取决于系统的结构 $(\boldsymbol{N},\boldsymbol{B}_2)$，还和系统的初始控制输入值有关。在系统初值相容，即 $x_0\in\mathscr{H}_0(\boldsymbol{u})$ 的情况下，系统的分布解（3.10）就成为经典解。

下面给出两个正则广义线性系统解的经典例子。

例 3.1[77]（广义线性系统的分布解） 考察广义线性系统：

$$\begin{cases}\begin{bmatrix}1&0&0&0\\0&1&0&0\\0&0&1&0\\0&0&0&0\end{bmatrix}\dot{\boldsymbol{x}}=\begin{bmatrix}0&0&1&0\\1&0&0&0\\0&1&0&1\\0&0&1&0\end{bmatrix}\boldsymbol{x}+\begin{bmatrix}1&0&0\\1&-1&2\\0&1&0\\0&0&1\end{bmatrix}\boldsymbol{u}(t)\\ \boldsymbol{y}=\begin{bmatrix}0&1&0&0\\0&0&0&1\end{bmatrix}\boldsymbol{x}\end{cases} \tag{3.16}$$

的解。

解 对该系统进行受限等价变换，取如下变换矩阵：

$$\boldsymbol{Q}=\begin{bmatrix}1&0&0&-1\\0&1&0&0\\0&0&1&0\\0&0&0&1\end{bmatrix},\quad \boldsymbol{P}=\begin{bmatrix}1&0&0&0\\0&1&0&0\\0&0&0&1\\0&-1&1&0\end{bmatrix}$$

则状态变换为

$$\boldsymbol{x}=\boldsymbol{P}\begin{bmatrix}\boldsymbol{x}_1\\\boldsymbol{x}_2\end{bmatrix},\quad \boldsymbol{P}^{-1}\boldsymbol{x}=\begin{bmatrix}\boldsymbol{x}_1\\\boldsymbol{x}_2\end{bmatrix},\quad \boldsymbol{x}_1,\boldsymbol{x}_2\in\mathbb{R}^2$$

原系统等价变换为如下形式：

$$\begin{cases}\begin{bmatrix}1&0\\0&1\end{bmatrix}\dot{\boldsymbol{x}}_1=\begin{bmatrix}0&0\\1&0\end{bmatrix}\boldsymbol{x}_1+\begin{bmatrix}1&0&-1\\1&-1&2\end{bmatrix}\boldsymbol{u}(t)\\ \begin{bmatrix}0&1\\0&0\end{bmatrix}\dot{\boldsymbol{x}}_2=\begin{bmatrix}1&0\\0&1\end{bmatrix}\boldsymbol{x}_2+\begin{bmatrix}0&1&0\\0&0&1\end{bmatrix}\boldsymbol{u}(t)\\ \boldsymbol{y}=\begin{bmatrix}0&1\\0&-1\end{bmatrix}\boldsymbol{x}_1+\begin{bmatrix}0&0\\1&0\end{bmatrix}\boldsymbol{x}_2\end{cases} \tag{3.17}$$

由定理 3.3 可知，该系统的分布解为

$$\begin{cases}\boldsymbol{x}_1(t)=\mathrm{e}^{\boldsymbol{A}_1 t}\boldsymbol{x}_1(0)+\int_0^t \mathrm{e}^{\boldsymbol{A}_1(t-\tau)}\boldsymbol{B}_1\boldsymbol{u}(\tau)\mathrm{d}\tau \\ \boldsymbol{x}_2(t)=-\delta(t)\boldsymbol{N}\boldsymbol{x}_2(0)-\boldsymbol{B}_2\boldsymbol{u}(t)-\boldsymbol{N}\boldsymbol{B}_2(\boldsymbol{u}^{(1)}(t)+\delta(t)\boldsymbol{u}(0))\end{cases} \tag{3.18}$$

其中 $\boldsymbol{A}_1=\begin{bmatrix}0&0\\1&0\end{bmatrix},\boldsymbol{N}=\begin{bmatrix}0&1\\0&0\end{bmatrix},\boldsymbol{B}_1=\begin{bmatrix}1&0&-1\\1&-1&2\end{bmatrix},\boldsymbol{B}_2=\begin{bmatrix}0&1&0\\0&0&1\end{bmatrix}$。

例 3.2[52]（广义线性系统的经典解） 考察广义线性系统：

$$\begin{cases}\begin{bmatrix}1&0&0\\0&0&1\\0&0&0\end{bmatrix}\dot{\boldsymbol{x}}=\begin{bmatrix}2&0&0\\0&1&0\\0&0&1\end{bmatrix}\boldsymbol{x}+\begin{bmatrix}1&0\\0&1\\1&1\end{bmatrix}\boldsymbol{u}(t), \quad u(t)=\begin{bmatrix}\sin t\\ \cos t\end{bmatrix} \\ \boldsymbol{y}=\begin{bmatrix}1&2&-1\end{bmatrix}\boldsymbol{x}\end{cases} \tag{3.19}$$

的解。

解 显然，该系统已经是等价变换后的标准形式，其分布解为

$$\begin{aligned}\boldsymbol{x}_1(t)&=\mathrm{e}^{2t}x_{10}+\frac{1}{5}\mathrm{e}^{2t}-\frac{2}{5}\sin t-\frac{1}{5}\cos t\\ \boldsymbol{x}_2(t)&=-\delta(t)\begin{bmatrix}0&1\\0&0\end{bmatrix}\boldsymbol{x}_{20}-\begin{bmatrix}0&1\\1&1\end{bmatrix}\boldsymbol{u}(t)-\begin{bmatrix}0&1\\0&0\end{bmatrix}\begin{bmatrix}0&1\\1&1\end{bmatrix}(\boldsymbol{u}^{(1)}(t)+\delta(t)\boldsymbol{u}(0))\\ &=-\delta(t)\left(\begin{bmatrix}0&1\\0&0\end{bmatrix}\boldsymbol{x}_{20}+\begin{bmatrix}1\\0\end{bmatrix}\right)-\begin{bmatrix}2\cos t-\sin t\\ \cos t+\sin t\end{bmatrix}\end{aligned} \tag{3.20}$$

系统的容许初值集合为

$$\mathscr{H}_0(\boldsymbol{u})=\left\{\boldsymbol{\eta}\,\middle|\,[\boldsymbol{0}\ \ \boldsymbol{I}_2]\,\boldsymbol{\eta}=[-2\ \ -1]^{\mathrm{T}}\right\}$$

若选择系统初值为 $\boldsymbol{x}_0=[1\ \ -2\ \ -1]^{\mathrm{T}}\in\mathscr{H}_0(\boldsymbol{u})$，则系统的经典解为

$$\boldsymbol{x}(t)=\begin{bmatrix}-\frac{2}{5}\sin t-\frac{1}{5}\cos t+\frac{6}{5}\mathrm{e}^{2t}\\ \sin t-2\cos t\\ -\sin t-\cos t\end{bmatrix},\ 0\leqslant t\leqslant \pi \tag{3.21}$$

进一步，系统的输出响应为

$$
\boldsymbol{y}(t)=\frac{13}{5}\sin t-\frac{16}{5}\cos t+\frac{6}{5}\mathrm{e}^{2t},\ 0\leqslant t\leqslant \pi \tag{3.22}
$$

3.1.2　广义线性系统的能控性、能观性

系统的能控性、能观性是控制系统研究的基础内容。与一般线性系统不同，广义线性系统的能控性、能观性概念相对比较复杂[59]。广义线性系统的能控性包括完全能控性、能达能控性、脉冲能控性和强能控性四个概念，相应的广义线性系统的能观性包括完全能观性、能达能观性、脉冲能观性和强能观性。这里主要介绍系统的完全能控性和完全能观性。系统状态可达集的概念及其相关性质是讨论广义线性系统能控性、能观性的基础。

定义 3.1[59]　考察系统（3.2）或（3.4）、（3.5），若对于 $\mathbb{R}^n$ 中的一点 $\boldsymbol{w}$，存在时间 $T>0$ 、初始状态 $\boldsymbol{x}_1(0)$ 和控制输入 $\boldsymbol{u}(t)\in C_p^{h-1}$ ，使得

$$
\boldsymbol{x}(T)=\begin{bmatrix} \boldsymbol{x}_1(T)=\mathrm{e}^{A_1 t}\boldsymbol{x}_1(0)+\int_0^t \mathrm{e}^{A_1(t-\tau)}\boldsymbol{B}_1\boldsymbol{u}(\tau)\mathrm{d}\tau \\ \boldsymbol{x}_2(T)=-\sum_{i=0}^{h-1}\boldsymbol{N}^i\boldsymbol{B}_2\boldsymbol{u}^{(i)}(t) \end{bmatrix}=\boldsymbol{w} \tag{3.23}
$$

则称系统（3.3）或（3.4）、（3.5）在点 $\boldsymbol{w}$ 处能达，所有这样的 $\boldsymbol{w}$ 构成的集合称为能达集，记为 $\mathscr{R}$ 。

需要注意，由式（3.13）和（3.14）可知，广义系统在结构分解后，快子系统的解包括了初值 $\boldsymbol{x}_2(0)$ 引起的响应 $\boldsymbol{x}_{2i}(t,\boldsymbol{x}_{20})$ 和系统的控制输入 $\boldsymbol{u}(t)$ 引起的响应 $\boldsymbol{x}_{2u}(t,\boldsymbol{u})$ 。由于广义函数 $\delta(t)$ 及其各阶导数当 $T>0$ 时值为 0，从而 $\boldsymbol{x}_{2i}(t,\boldsymbol{x}_{20})=\boldsymbol{0}$ 。$\boldsymbol{x}_2(0)$ 的初值对 $T>0$ 时系统的状态没有影响，因此，这里不需要考虑快子系统部分对应的初值 $\boldsymbol{x}_2(0)$ 的取值情况。

由于广义线性系统（3.3）和（3.4）、（3.5）之间具有受限等价变换关系，因此，它们之间具有相同的能控性[59]。下面主要关注系统结构分解后的广义线性系统（3.4）、（3.5）的能控性问题。相应的能控性结论也适用于原广义线性系统（3.3）和（3.2）。

记

$$
\boldsymbol{Q}_C\left[\boldsymbol{A}_1,\boldsymbol{B}_1\right]=\left[\boldsymbol{B}_1,\boldsymbol{A}_1\boldsymbol{B}_1,\boldsymbol{A}_1^2\boldsymbol{B}_1,\cdots,\boldsymbol{A}_1^{n_1-1}\boldsymbol{B}_1\right]
$$

$$\boldsymbol{Q}_C\left[\boldsymbol{N},\boldsymbol{B}_2\right]=\left[\boldsymbol{B}_2,\boldsymbol{N}\boldsymbol{B}_2,\boldsymbol{N}^2\boldsymbol{B}_2,\cdots,\boldsymbol{N}^{h-1}\boldsymbol{B}_2\right]$$

同时记

$$\mathbb{R}^{n_1}\oplus\operatorname{Im}\boldsymbol{Q}_C\left[\boldsymbol{N},\boldsymbol{B}_2\right]=\left\{\boldsymbol{w}\;\middle|\;\boldsymbol{w}=\begin{bmatrix}\boldsymbol{w}_1\\ \boldsymbol{w}_2\end{bmatrix},\boldsymbol{w}_1\in\mathbb{R}^{n_1},\boldsymbol{w}_2\in\operatorname{Im}\boldsymbol{Q}_C\left[\boldsymbol{N},\boldsymbol{B}_2\right]\right\}$$

几个关于广义线性系统（3.4）、（3.5）能达集的基本定理如下[52,59,60,75]：

定理 3.4 广义系统（3.4）、（3.5）的能达集 $\mathscr{R}=\mathbb{R}^{n_1}\oplus\operatorname{Im}\boldsymbol{Q}_C\left[\boldsymbol{N},\boldsymbol{B}_2\right]$。

若系统的状态是从初始值 $\boldsymbol{x}_1(0)=\boldsymbol{0}$ 出发的，则其状态可达集 $\mathscr{R}$ 可以记为 $\mathscr{R}\,[\boldsymbol{0}]$，并且有定理 3.5 成立。

定理 3.5 广义系统(3.4)、(3.5)的 $\mathscr{R}\,[\boldsymbol{0}]=\operatorname{Im}\boldsymbol{Q}_C\left[\boldsymbol{A}_1,\boldsymbol{B}_1\right]\oplus\operatorname{Im}\boldsymbol{Q}_C\left[\boldsymbol{N},\boldsymbol{B}_2\right]$。

下面讨论广义线性系统的系统能控性，首先回顾系统（完全）能控性的定义。

定义 3.2 对于广义系统(3.4)，(3.5)，如果对 $\mathbb{R}^n$ 中的任意 $\boldsymbol{w}$ 和 $\boldsymbol{x}(0)$ 以及时间 $\tau>0$，都存在容许输入 $\boldsymbol{u}(t)\in C_p^{h-1}$， $0\leqslant t\leqslant\tau$，使得

$$\boldsymbol{x}(\tau)=\begin{bmatrix}\boldsymbol{x}_1(\tau)\\ \boldsymbol{x}_2(\tau)\end{bmatrix}=\boldsymbol{w}$$

则称广义系统（3.4）、（3.5）是完全能控的。

显然，若广义系统的状态能达集充满整个空间 $\mathbb{R}^n$，也就是 $\mathscr{R}=\mathbb{R}^n$，那么该系统必定能控。

关于广义系统完全能控性的判据，有以下几条：

定理 3.6 下述结论成立：

（1）慢子系统（3.4）完全能控的充要条件是

$$\operatorname{rank}\left[s\boldsymbol{I}-\boldsymbol{A}_1,\boldsymbol{B}_1\right]=n_1,\forall s\in\mathbb{C}$$

（2）下面几个命题等价：

① 快子系统（3.5）（完全）能控；

② $\operatorname{rank}\boldsymbol{Q}_C\left[\boldsymbol{N},\boldsymbol{B}_2\right]=n-n_1=n_2$；

③ $\operatorname{rank}\left[\boldsymbol{N},\boldsymbol{B}_2\right]=n-n_1=n_2$。

（3）下面几个命题等价：

① 广义系统（3.2）、（3.3）完全能控；

② 慢子系统（3.4）和快子系统（3.5）都能控；

③ $\operatorname{rank} \boldsymbol{Q}_C[\boldsymbol{A}_1, \boldsymbol{B}_1] = \operatorname{rank}[\boldsymbol{B}_1, \boldsymbol{A}_1\boldsymbol{B}_1, \boldsymbol{A}_1^2\boldsymbol{B}_1, \cdots, \boldsymbol{A}_1^{n_1-1}\boldsymbol{B}_1] = n_1$，同时有$\operatorname{rank}[\boldsymbol{N}, \boldsymbol{B}_2] = n - n_1 = n_2$。

关于线性系统的能观性，重点考察系统的状态是否能由系统的输入和外部输出进行重构。考察形如（3.1）的系统我们知道，广义线性系统的状态响应由系统初值 $\boldsymbol{x}(0)$ 引起的状态响应和输入 $\boldsymbol{u}(t)$ 引起的状态响应共同决定，而系统输入可以从外部进行控制，于是如何由系统输出确定系统的初始状态 $\boldsymbol{x}(0)$ 成为研究系统能观性的关键。一旦系统的初始状态 $\boldsymbol{x}(0)$ 得以重构，系统在其后时刻 t 的状态响应可由 $\boldsymbol{x}(0)$ 和控制输入 $\boldsymbol{u}(t)$ 共同确定。因此，研究广义线性系统的能观性时可以令 $\boldsymbol{u}(t) \equiv 0$，于是我们主要研究形如（3.24）的系统：

$$\begin{cases} \boldsymbol{E}\dot{\boldsymbol{x}}(t) = \boldsymbol{A}\boldsymbol{x}(t) \\ \boldsymbol{y}(t) = \boldsymbol{C}\boldsymbol{x}(t) \end{cases} \tag{3.24}$$

进一步，如果矩阵对 $(\boldsymbol{E}, \boldsymbol{A})$ 是正则的，那么系统（3.24）可以通过受限等价变换（变换矩阵为 $\boldsymbol{P}, \boldsymbol{Q}$）分解为如下慢子系统：

$$\begin{cases} \dot{\boldsymbol{x}}_1(t) = \boldsymbol{A}_1\boldsymbol{x}_1(t) \\ \boldsymbol{y}_1(t) = \boldsymbol{C}_1\boldsymbol{x}_1(t) \end{cases} \tag{3.25}$$

和快子系统：

$$\begin{cases} \boldsymbol{N}\dot{\boldsymbol{x}}_2(t) = \boldsymbol{x}_2(t) \\ \boldsymbol{y}_2(t) = \boldsymbol{C}_2\boldsymbol{x}_2(t) \end{cases} \tag{3.26}$$

系统输出为

$$\boldsymbol{y} = \boldsymbol{y}_1 + \boldsymbol{y}_2 = \boldsymbol{C}_1\boldsymbol{x}_1 + \boldsymbol{C}_2\boldsymbol{x}_2,\ \boldsymbol{x}_1 \in \mathbb{R}^{n_1}, \boldsymbol{x}_2 \in \mathbb{R}^{n_2},\ n_1 + n_2 = n$$

系统变换关系如下：

$$\boldsymbol{QEP} = \begin{bmatrix} \boldsymbol{I} & \boldsymbol{0} \\ \boldsymbol{0} & \boldsymbol{N} \end{bmatrix},\ \boldsymbol{QAP} = \begin{bmatrix} A_1 & \boldsymbol{0} \\ \boldsymbol{0} & \boldsymbol{I} \end{bmatrix},\ \boldsymbol{CP} = [C_1, C_2] \tag{3.27}$$

与能控性相对应，广义线性系统的能观性也有四种，即完全能观性、能达能观性、脉冲能观性和强能观性。完全能观性可以看成一般线性系统能观性的推广，定义如下：

定义 3.3 对于正则广义线性系统（3.24），如果系统的初始状态 $\boldsymbol{x}(0)$ 可以由系统的输出 $\boldsymbol{y}(t)\ (0 \leqslant t \leqslant \infty)$ 唯一确定，则称系统是完全能观的。

我们记能观性矩阵：

$$\boldsymbol{Q}_O[\boldsymbol{A}_1, \boldsymbol{C}_1] = \begin{bmatrix} \boldsymbol{C}_1 \\ \boldsymbol{C}_1\boldsymbol{A}_1 \\ \vdots \\ \boldsymbol{C}_1\boldsymbol{A}_1^{n_1-1} \end{bmatrix}, \quad \boldsymbol{Q}_O[\boldsymbol{N}, \boldsymbol{C}_2] = \begin{bmatrix} \boldsymbol{C}_2 \\ \boldsymbol{C}_2\boldsymbol{N} \\ \vdots \\ \boldsymbol{C}_2\boldsymbol{N}^{h-1} \end{bmatrix}$$

则有如下定理。

定理 3.7 设系统（3.25）和（3.26）分别是正则广义线性系统（3.24）的慢子系统和快子系统，则有：

（1）慢子系统（3.25）为完全能观的充要条件是：

$$\operatorname{rank} \boldsymbol{Q}_O[\boldsymbol{A}_1, \boldsymbol{C}_1] = n_1，\text{或者} \quad \operatorname{rank}\begin{bmatrix} s\boldsymbol{I} - \boldsymbol{A}_1 \\ \boldsymbol{C}_1 \end{bmatrix} = n_1,\ \forall s \in C \tag{3.28}$$

（2）快子系统（3.26）为完全能观的充要条件是：

$$\operatorname{rank} \boldsymbol{Q}_O[\boldsymbol{N}_1, \boldsymbol{C}_2] = n_2，\text{或者} \operatorname{rank}\begin{bmatrix} \boldsymbol{N} \\ \boldsymbol{C}_2 \end{bmatrix} = n_2 \tag{3.29}$$

（3）正则广义线性系统（3.24）是完全能观的充要条件是其慢子系统（3.25）和快子系统（3.26）都是完全能观的。

最后，关于广义系统能控性、能观性的其他定义，如强能控（观）性、脉冲能控（观）性等概念和性质可以参见文献[52, 59, 60, 75]。

3.2 分数阶线性系统控制理论基础

分数阶线性系统是一般线性系统的推广，其形式如下：

$$\begin{cases} {}_0^C\mathrm{D}_t^{(\alpha)}\boldsymbol{x}(t)=\boldsymbol{A}(t)\boldsymbol{x}(t)+\boldsymbol{B}(t)\boldsymbol{u}(t),\ \boldsymbol{x}(0)=\boldsymbol{x}_0 \\ \boldsymbol{y}(t)=\boldsymbol{C}(t)\boldsymbol{x}(t) \end{cases} \tag{3.30}$$

其中 ${}_0^C\mathrm{D}_t^{(\alpha)}$ 是分数阶 Caputo 导数，$0<\alpha<1$, $\boldsymbol{x}(t)\in\mathbb{R}^n$, $A(t)\in\mathbb{R}^{n\times n}$, $B(t)\in\mathbb{R}^{n\times r}$, $\boldsymbol{u}(t)\in\mathbb{R}^r$, $\boldsymbol{y}(t)\in\mathbb{R}^m$, $\boldsymbol{C}(t)\in\mathbb{R}^{m\times n}$ 。若式（3.30）中的各个矩阵函数都是时不变的，则该系统成为分数阶线性定常系统（3.31）：

$$\begin{cases} {}_0^C\mathrm{D}_t^{(\alpha)}\boldsymbol{x}(t)=\boldsymbol{A}\boldsymbol{x}(t)+\boldsymbol{B}\boldsymbol{u}(t),\ \boldsymbol{x}(0)=\boldsymbol{x}_0 \\ \boldsymbol{y}(t)=\boldsymbol{C}\boldsymbol{x}(t) \end{cases} \tag{3.31}$$

系统的导数阶数 $0<\alpha<1$，各变量维数同上，参数矩阵 $\boldsymbol{A}, \boldsymbol{B}, \boldsymbol{C}$ 都是常数矩阵。

3.2.1 分数阶线性系统的运动分析

定理 3.8 给出了分数阶线性定常系统（3.31）的系统解。

定理 3.8[48,78-79] 系统（3.31）的解具有如下形式：

$$\boldsymbol{x}(t)=\boldsymbol{x}_i(t,\boldsymbol{x}_0)+\boldsymbol{x}_u(t,\boldsymbol{u})=\varPhi_{\alpha,1}(t)\boldsymbol{x}_0+\int_0^t\varPhi_{\alpha,\alpha}\left(t-\tau\right)\boldsymbol{B}\boldsymbol{u}(\tau)\mathrm{d}\tau \tag{3.32}$$

其中

$$\varPhi_{\alpha,1}(t)=\sum_{k=0}^{\infty}\frac{\boldsymbol{A}^k t^{k\alpha}}{\Gamma(k\alpha+1)}=\boldsymbol{E}_\alpha(\boldsymbol{A}t^\alpha),\ \varPhi_{\alpha,\alpha}(t)=\sum_{k=0}^{\infty}\frac{\boldsymbol{A}^k t^{(k+1)\alpha-1}}{\Gamma\left[(k+1)\alpha\right]}$$

上式中的 $\boldsymbol{E}_\alpha(z)=\sum_{k=0}^{\infty}\frac{z^k}{\Gamma(\alpha k+1)}$ 是单参数 Mittag-Leffler 函数，定理证明见 [48, 78, 79]。

当导数阶数 $\alpha=1$ 时，有

$$\varPhi_{1,1}(t)=\sum_{k=0}^{\infty}\frac{\boldsymbol{A}^k t^k}{\Gamma(k+1)}=\mathrm{e}^{\boldsymbol{A}t}=\varPhi(t)$$

此时解（3.32）退化为

$$\boldsymbol{x}(t)=x_i(t,\boldsymbol{x}_0)+x_u(t,\boldsymbol{u})=\mathrm{e}^{\boldsymbol{A}t}\boldsymbol{x}_0+\int_0^t\mathrm{e}^{\boldsymbol{A}(t-\tau)}\boldsymbol{B}\boldsymbol{u}(\tau)\mathrm{d}\tau$$

这是一般线性系统的经典解。因此，解（3.32）是一般线性系统解的推广。

与一般线性系统解的结构类似，分数阶线性系统的全响应也是系统对初值的响应（零输入响应）$\boldsymbol{x}_i(t,\boldsymbol{x}_0)$ 和系统对输入的响应（零状态响应）$\boldsymbol{x}_u(t,\boldsymbol{u})$ 的叠加。线性系统解的叠加性质在分数阶线性系统中仍然成立。

例 3.3 考察系统：

$$\begin{cases} {}_0^C\mathrm{D}_t^{(\alpha)}\boldsymbol{x}(t)=\begin{bmatrix}0&1\\0&0\end{bmatrix}\boldsymbol{x}(t)+\begin{bmatrix}0\\1\end{bmatrix}\boldsymbol{u}(t)\\ \boldsymbol{x}_0=\begin{bmatrix}1\\1\end{bmatrix},\boldsymbol{u}(t)=\mathbf{1}\end{cases}$$

的解。

解 易见，系统的参数矩阵 $\boldsymbol{A}=\begin{bmatrix}0&1\\0&0\end{bmatrix},\boldsymbol{B}=\begin{bmatrix}0\\1\end{bmatrix},\boldsymbol{u}(t)=\mathbf{1},\boldsymbol{A}^2=\mathbf{0}$，因此，系统的解为

$$\begin{aligned}\boldsymbol{x}(t)&=\varPhi_{\alpha,1}(t)\boldsymbol{x}_0+\int_0^t\varPhi_{\alpha,\alpha}(t-\tau)\boldsymbol{B}\boldsymbol{u}(\tau)\mathrm{d}\tau\\ &=I_2\boldsymbol{x}_0+\frac{\boldsymbol{A}\boldsymbol{x}_0t^{\alpha}}{\Gamma(\alpha)}+\int_0^t\left[\boldsymbol{I}_2\boldsymbol{B}\frac{(t-\tau)^{\alpha-1}}{\Gamma(\alpha)}+\frac{\boldsymbol{A}\boldsymbol{B}(t-\tau)^{2\alpha-1}}{\Gamma(2\alpha)}\right]\boldsymbol{u}(\tau)\mathrm{d}\tau\\ &=\boldsymbol{x}_0+\frac{\boldsymbol{A}\boldsymbol{x}_0t^{\alpha}}{\Gamma(\alpha+1)}+\frac{\boldsymbol{B}t^{\alpha}}{\Gamma(\alpha+1)}+\frac{\boldsymbol{A}\boldsymbol{B}t^{2\alpha}}{\Gamma(2\alpha+1)}\\ &=\begin{bmatrix}1+\dfrac{t^{\alpha}}{\Gamma(\alpha+1)}+\dfrac{t^{2\alpha}}{\Gamma(2\alpha+1)}\\ 1+\dfrac{t^{\alpha}}{\Gamma(\alpha+1)}\end{bmatrix}\end{aligned} \tag{3.33}$$

3.2.2 分数阶线性系统的能控性、能观性

下面回顾分数阶线性系统的能控性和能观性概念及其定理。首先回顾分数阶线性系统的能控性定义。

定义 3.4 若对于初始时刻 $t_0\in T$ 的一个非零初始状态 $\boldsymbol{x}_0$，存在一个时刻 $t_1\in T,t_1>t_0$ 和一个无约束的容许控制 $u(t),t\in[t_0,t_1]$，使得系统（3.31）的状态由 $\boldsymbol{x}_0$ 转移到 t_1 时刻 $\boldsymbol{x}(t_1)=\mathbf{0}$，则称此 $\boldsymbol{x}_0$ 在 t_0 时刻为能控的。

定义 3.5 若状态空间中的所有非零状态都是在 t_0，$t_0 \in T$ 时刻为能控的，则称系统（3.31）在时刻 t_0 是完全能控的。

与线性系统的能控性判据类似，定理 3.9 从格拉姆矩阵的角度给出了分数阶线性系统的能控性判据。

定理 3.9[80] 分数阶线性定常系统（3.31）是完全能控的充分必要条件是：存在时刻 $t_1 > 0$，使得如下定义的格拉姆（Gram）矩阵：

$$\boldsymbol{W}_c[0, t_1] = \int_0^{t_1} \boldsymbol{\Phi}_{\alpha,\alpha}(t)\boldsymbol{B}\boldsymbol{B}^{\mathrm{T}}\boldsymbol{\Phi}_{\alpha,\alpha}^{\mathrm{T}}(t)\mathrm{d}t \tag{3.34}$$

非奇异。

显然，分数阶线性定常系统的格拉姆矩阵比线性系统的格拉姆矩阵复杂得多，使用起来并不方便。更为便捷实用的能控性判定方法则是下面的秩判据定理：

定理 3.10[80] 分数阶线性定常系统（3.31）是完全能控的当且仅当：

$$\operatorname{rank} \boldsymbol{Q}_C\left[\boldsymbol{A}, \boldsymbol{B}\right] = \operatorname{rank}\left[\boldsymbol{B}, \boldsymbol{A}\boldsymbol{B}, \boldsymbol{A}^2\boldsymbol{B}, \cdots, \boldsymbol{A}^{n-1}\boldsymbol{B}\right] = n \tag{3.35}$$

从定理 3.10 出发，可以得到类似线性系统中关于系统能控性的其他判据等结论，这里不再一一赘述。

考察分数阶线性系统的能观性问题，分数阶线性系统的能观性定义如下：

定义 3.6 若有限时间 $[t_0, t_1]$ 内的输入 $\boldsymbol{u}(t)$ 和输出 $\boldsymbol{y}(t)$ 可以唯一地决定分数阶线性定常系统（3.31）的非零初始状态 $\boldsymbol{x}_0$，则该状态 $\boldsymbol{x}_0$ 是能观的。

定义 3.7 若分数阶线性定常系统（3.31）的每一个状态在 $[t_0, t_1]$ 上都是能观的，则称该系统是完全能观的。

曾庆山等给出了分数阶线性定常系统的能观性判据：

定理 3.11[30,81] 分数阶线性定常系统（3.31）为完全能观的当且仅当

$$\operatorname{rank} \boldsymbol{Q}_O\left[\boldsymbol{A}, \boldsymbol{C}\right] = \operatorname{rank}\begin{bmatrix} \boldsymbol{C} \\ \boldsymbol{C}\boldsymbol{A} \\ \vdots \\ \boldsymbol{C}\boldsymbol{A}^{n-1} \end{bmatrix} = n \tag{3.36}$$

从定理 3.11 出发，可以得到类似线性系统中关于系统能观性的其他判据等结论，这里不再一一赘述。

例 3.4 考察系统：

$$\begin{cases} {}_0^C\mathrm{D}_t^{\left(\frac{1}{2}\right)}\boldsymbol{x}(t)=\begin{bmatrix}0 & 1 & 0\\ 0 & 0 & 1\\ -3 & -1 & -1\end{bmatrix}\begin{bmatrix}x_1(t)\\ x_2(t)\\ x_3(t)\end{bmatrix}+\begin{bmatrix}0\\ 0\\ 1\end{bmatrix}\boldsymbol{u}(t) \\ \boldsymbol{y}(t)=\begin{bmatrix}3 & -2 & 3\end{bmatrix}\begin{bmatrix}x_1(t)\\ x_2(t)\\ x_3(t)\end{bmatrix} \end{cases}$$

的能控性和能观性。

解 首先考察能控性。由于

$$\operatorname{rank}\boldsymbol{Q}_C\left[\boldsymbol{A},\boldsymbol{B}\right]=\operatorname{rank}\begin{bmatrix}0 & 0 & 1\\ 0 & 1 & -1\\ 1 & -1 & 0\end{bmatrix}=3$$

故系统完全能控。此外，又因为

$$\operatorname{rank}\boldsymbol{Q}_O\left[\boldsymbol{A},\boldsymbol{C}\right]=\operatorname{rank}\begin{bmatrix}\boldsymbol{C}\\ \boldsymbol{CA}\\ \vdots\\ \boldsymbol{CA}^{n-1}\end{bmatrix}=\begin{bmatrix}3 & -2 & 3\\ -9 & 0 & -5\\ 15 & -4 & 5\end{bmatrix}=3$$

所以系统也是完全能观的。

例 3.5 考察系统：

$$\begin{cases} {}_0^C\mathrm{D}_t^{\left(\frac{1}{3}\right)}\boldsymbol{x}(t)=\begin{bmatrix}0 & 1 & 0\\ 0 & 0 & 1\\ 0 & -2 & -3\end{bmatrix}\begin{bmatrix}x_1(t)\\ x_2(t)\\ x_3(t)\end{bmatrix}+\begin{bmatrix}1\\ 0\\ -1\end{bmatrix}\boldsymbol{u}(t) \\ y(t)=\begin{bmatrix}3 & 4 & 1\end{bmatrix}\begin{bmatrix}x_1(t)\\ x_2(t)\\ x_3(t)\end{bmatrix} \end{cases}$$

的能控性和能观性。

解 首先考察能控性。由于

$$\operatorname{rank}\boldsymbol{Q}_C\left[\boldsymbol{A},\boldsymbol{B}\right]=\operatorname{rank}\begin{bmatrix}1 & 0 & -1\\ 0 & -1 & 3\\ -1 & 3 & -7\end{bmatrix}=3$$

故该系统完全能控。此外，又因为

$$\operatorname{rank} \boldsymbol{Q}_O[\boldsymbol{A},\boldsymbol{C}] = \operatorname{rank}\begin{bmatrix} \boldsymbol{C} \\ \boldsymbol{CA} \\ \vdots \\ \boldsymbol{CA}^{n-1} \end{bmatrix} = \begin{bmatrix} 3 & 4 & 1 \\ 0 & 1 & 1 \\ 0 & -2 & -2 \end{bmatrix} = 2$$

所以该系统不是完全能观的。

3.3 小　结

本章回顾了广义线性系统和分数阶线性系统的控制理论基础，包括系统的运动分析和能控性、能观性理论等。

广义线性系统部分是本章的主要内容。广义线性系统的正则性是保证系统存在唯一解的基础。利用受限等价变换将系统变换为 Weierstrass-Kronecker 标准型，从而将系统分解为慢子系统和快子系统是研究广义线性系统控制问题的基本方法。不同于一般线性系统，广义线性系统根据初值是否相容，分别具有经典解和分布解，它们的区别在于解中是否含有狄拉克函数。广义线性系统的能控性、能观性概念相对复杂，本书仅介绍了完全能控性和完全能观性的概念。

分数阶线性系统是整数阶线性系统的推广，本章回顾了分数阶线性定常系统的解的形式和系统的能控性、能观性基础。分数阶线性定常系统的解具有和整数阶广义线性系统类似的形式和结构，其能控性、能观性问题也有相似的结论。

最后，广义线性系统和分数阶线性系统的解的结构表明，这两种系统的全响应均可以看成系统对初值的零输入响应和对输入的零状态响应的叠加，因此，线性系统的本质，即叠加原理对两种系统均成立。

第 4 章

分数阶广义线性定常系统的运动分析

在第 2 章、第 3 章，我们回顾了分数阶微积分、广义线性系统以及分数阶线性系统等基本理论，它们为本书的研究主题奠定了必要的基础。从本章开始，我们针对最基本的分数阶广义线性系统——分数阶广义线性定常系统的运动分析以及系统能控性、能观性等基础性控制问题展开研究。首先针对一般控制系统的解的存在唯一性展开讨论和商榷，然后研究分数阶广义线性定常系统的运动分析，即研究系统解的存在性、唯一性问题，最后探讨如何用 Adomian 分解方法求解分数阶微分代数系统。

4.1 控制系统解的存在唯一性

对于一般的控制系统：

$$\begin{cases} \dfrac{\mathrm{d}\boldsymbol{x}}{\mathrm{d}t} = f(t, \boldsymbol{x}) \\ \boldsymbol{x}(t_0) = \boldsymbol{x}_0 \end{cases} \tag{4.1}$$

系统是否有解，若存在解，解的范围如何，解是否唯一等问题是控制系统中最重要的基本问题。如果系统的解本身不存在，对系统求解就失去了意义；如果解存在但不唯一，就不能确定所求解的有效性。本节研究关于控制系统（4.1）的解的存在唯一性的基本理论，并针对其中的一些问题提出商榷。

4.1.1 控制系统解的存在性和唯一性

一般来说，系统（4.1）解的存在唯一性问题，可以通过系统（4.1）右端函数 $f(t,\boldsymbol{x})$ 的连续性、Lipschitz 性质等加以保证。根据函数 $f(t,\boldsymbol{x})$ 的连续性、Lipschitz 条件成立的范围不同，系统解的存在唯一性也包括局部存在唯一性和全局存在唯一性两种情况。系统解的“局部存在唯一性引理”如下：

引理 4.1[82, 83]（解的局部存在唯一性引理） 设函数 $f(t,\boldsymbol{x})$ 关于 t 分段连续，且存在 r 使得对于任意 $\boldsymbol{x}_1,\boldsymbol{x}_2\in\boldsymbol{B}=\left\{\boldsymbol{x}\in\mathbb{R}^n \,\middle|\, \|\boldsymbol{x}-\boldsymbol{x}_0\|<r\right\},\forall t\in[t_0,t_1]$，函数 $f(t,\boldsymbol{x})$ 满足 Lipschitz 条件：

$$\|f(t,\boldsymbol{x}_1)-f(t,\boldsymbol{x}_2)\|\leqslant L\|\boldsymbol{x}_1-\boldsymbol{x}_2\| \tag{4.2}$$

则存在 $\delta>0$，使得系统（4.1）在区间 $[t_0,t_0+\delta]$ 上存在唯一解。

定理中的关键条件是函数 $f(t,\boldsymbol{x})$ 关于 $\boldsymbol{x}$ 满足 Lipschitz 条件，L 也常称为 Lipschitz 常数。该定理之所以称为局部性质，是因为定理只能保证系统（4.1）在局部范围 $[t_0,t_0+\delta]$ 内存在唯一解，而不能保证系统在区间 $[t_0,t_1]$ 上存在唯一解。

例 4.1 考察标量系统 $\dfrac{\mathrm{d}x}{\mathrm{d}t}=-x^2, x(0)=-1$ 的解。

解 函数 $f(x)=-x^2$ 是局部 Lipschitz 的（$\dfrac{\mathrm{d}f}{\mathrm{d}x}=-2x$，在 $\mathbb{R}$ 上不能保证一致有界），而它在 $\mathbb{R}$ 的任何一个紧致子集上可以保证 Lipschitz 条件成立。事实上，系统的唯一解是：

$$x=\frac{1}{t-1}$$

该解在区间[0, 1)内存在且唯一，但不能保证系统在任何包含 1 的区间上存在解。

此外，由解的形式可知，当时间 $t\to 1$ 时，解将趋于无穷，因此，常常称 $x(t)$的轨迹在 $t=1$ 处存在“有限时间逃逸”。

为了将解的存在范围拓展到区间$[t_0,t_1]$上，必须对引理 4.1 的条件进行加强，从而得到如下的“全局存在唯一性定理”。

引理 4.2[82,83]（解的全局存在唯一性定理） 设函数$f(t,\boldsymbol{x})$关于t分段连续，且对于任意$\boldsymbol{x}_1,\boldsymbol{x}_2\in\mathbb{R}^n,\forall t\in[t_0,t_1]$，函数$f(t,\boldsymbol{x})$关于$\boldsymbol{x}$满足 Lipschitz 条件：

$$\|f(t,\boldsymbol{x}_1)-f(t,\boldsymbol{x}_2)\|\leqslant L\|\boldsymbol{x}_1-\boldsymbol{x}_2\|$$

则系统（4.1）在区间$[t_0,t_1]$上存在唯一解。

例 4.2 考察线性系统$\dfrac{\mathrm{d}\boldsymbol{x}}{\mathrm{d}t}=A(t)\boldsymbol{x}(t)+g(t)=f(t,\boldsymbol{x})$的解，$A(t),g(t)$关于$t\in[t_0,t_1]$分段连续。

解 由于$A(t)$关于t分段连续，于是其任何一个元素在区间$[t_0,t_1]$上都是有界的，因此，有范数$\|A(t)\|\leqslant a$。从而，对于任意$\boldsymbol{x}_1,\boldsymbol{x}_2\in\mathbb{R}^n$，

$$\|f(t,\boldsymbol{x}_1)-f(t,\boldsymbol{x}_2)\|=\|A(t)(\boldsymbol{x}_1-\boldsymbol{x}_2)\|\leqslant a\|\boldsymbol{x}_1-\boldsymbol{x}_2\|$$

成立，满足解的全局存在唯一性定理。由此可以知道，原线性系统在区间$[t_0,t_1]$上存在唯一解。

4.1.2 关于系统局部 Lipschitz 性质推广的一点商榷

由第 4.1.1 节可知，控制系统是否满足 Lipschitz 条件，对系统解的存在唯一性有决定性作用。另外，Lipschitz 条件的成立范围还影响着系统的解是局部解还是全局解。然而，大部分情况下系统满足的 Lipschitz 条件仅仅是局部成立的，因此，将系统满足 Lipschitz 条件的集合进行拓展是一个有意义的问题。Khalil 教授将系统在紧致子集上的局部 Lipschitz 性质推广到全局，然而我们认为这一推广过程值得商榷。Khalil 教授给出了如下推广定理：

引理 4.3[82,83] 设$f:\mathbb{R}^n\to\mathbb{R}^n$在定义域$D\subset\mathbb{R}^n$内是局部 Lipschitz 的，$S\subset D$是紧集，则存在一个正常数$L$，使得对于所有$\boldsymbol{x},\boldsymbol{y}\in S$，有

$$\|f(\boldsymbol{x})-f(\boldsymbol{y})\|<L\|\boldsymbol{x}-\boldsymbol{y}\|$$

Khalil 教授的拓展思路是首先根据 f 的局部 Lipschitz 性质，在 S 上任意一点 a_i 处得到开邻域 $U(a_i,r_i)$，使得该邻域内的任意两点 $\boldsymbol{x},\boldsymbol{y}$ 满足：

$$\|f(\boldsymbol{x})-f(\boldsymbol{y})\|<L_i\|\boldsymbol{x}-\boldsymbol{y}\|$$

所有这些开邻域的并 $\bigcup_{a_i\in S}U(a_i,r_i)$ 可以构成集合 S 的一个开覆盖。又由于 S 是紧致的，根据数学分析中的有限覆盖定理[84-86]可知，存在有限个（设个数为 n）$U(a_i,r_i)$，它们的并集 $\bigcup_{i=1}^{n}U(a_i,r_i)$ 也构成 S 的开覆盖。于是在有限覆盖的基础上，通过以下两条途径得到引理 4.3。

第一，若对于 $\boldsymbol{x},\boldsymbol{y}\in S$，存在某个 i，满足 $\boldsymbol{x},\boldsymbol{y}\in S\bigcap U(a_i,r_i)$，则有

$$\|f(\boldsymbol{x})-f(\boldsymbol{y})\|<L_i\|\boldsymbol{x}-\boldsymbol{y}\|$$

此时取：$L=\max\{L_1,L_2,\cdots,L_n\}$，则 L 满足

$$\|f(\boldsymbol{x})-f(\boldsymbol{y})\|<L\|\boldsymbol{x}-\boldsymbol{y}\|$$

的要求。这种情况下要求 $\boldsymbol{x},\boldsymbol{y}\in S$ 同属于一个开邻域，得到的结论正确无疑。

第二，对于任何 i，有 $\boldsymbol{x},\boldsymbol{y}\notin S\bigcap U(a_i,r_i)$。在这种情况下，有

$$\|\boldsymbol{x}-\boldsymbol{y}\|\geqslant\min\{r_1,r_2,\cdots,r_n\}$$

在此种情况下所取的 $\boldsymbol{x},\boldsymbol{y}\in S$，对于 $\forall i,\boldsymbol{x},\boldsymbol{y}\notin S\bigcap U(a_i,r_i)$。也就是说，$\boldsymbol{x},\boldsymbol{y}$ 不同时属于任何邻域 $U(a_i,r_i)$，据此作者得到了如下结论：

$$\|\boldsymbol{x}-\boldsymbol{y}\|\geqslant\min\{r_1,r_2,\cdots,r_n\}$$

显然，Khalil 教授认为有限个开邻域覆盖了 S，对于 S 内任意两个不属于同一个邻域的点 $\boldsymbol{x},\boldsymbol{y}$，它们之间的距离必定大于这些邻域的最小半径 $\min\{r_1,r_2,\cdots,r_n\}$。也就是说，$\boldsymbol{x},\boldsymbol{y}\in S$ 不能被同一个开邻域覆盖的原因在于它们之间的距离超过了邻域的最小半径，进而得到 $\|\boldsymbol{x}-\boldsymbol{y}\|\geqslant\min\{r_1,r_2,\cdots,r_n\}$

的结论。

然而，事实上，上述推理过程并不严密。对于某紧集 S 的一个开覆盖，找到两个属于不同开邻域的 $\boldsymbol{x},\boldsymbol{y}\in S$，同时保持 $\boldsymbol{x},\boldsymbol{y}$ 两者间的距离小于所有邻域半径的最小值，即满足 $\|\boldsymbol{x}-\boldsymbol{y}\|<\min\{r_1,r_2,\cdots,r_n\}$ 的情况也是有可能出现的。下面就以闭区间上的有限开覆盖为例，对这种可能出现的情况加以说明。

考虑 $\mathbb{R}$ 中闭区间 $S=[0, 8]$（即紧致集），取其开覆盖

$$\mathscr{O}=U_1(1,2)\cup U_2(4,2)\cup U_3(7,2)$$

用区间形式表示为

$$\mathscr{O}=(-1,3)\cup(2,6)\cup(5,9)$$

开覆盖 $\mathscr{O}$ 中每个邻域的半径均是 $r=2$。取 $x=2-\dfrac{1}{4}=1.75, y=3+\dfrac{1}{4}=3.25$，则有 $x\in U_1, y\in U_2, x,y\notin S\cap U(a_i,r), i=1,2,3$。

另一方面，$|x-y|=1+\dfrac{1}{4}+\dfrac{1}{4}=1.5<r=2$。显而易见，此 x,y 不同属于任何开邻域，而它们之间的距离却小于最小的邻域半径。本例中各区间、点及其之间的距离如图 4-1 所示。这个反例正说明上述第二条途径的结论并非一定成立，不能保证引理 4.3 证明的严密性。

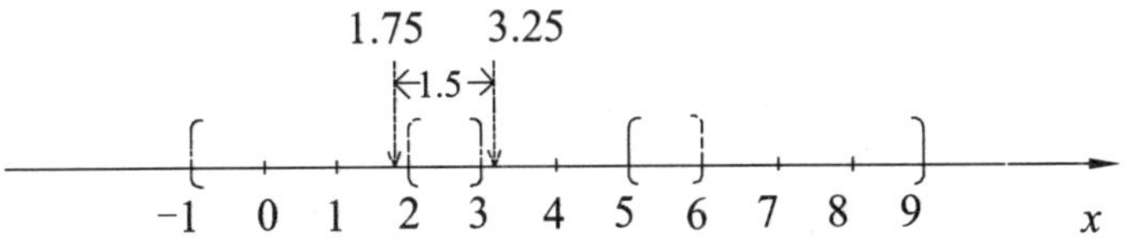

图 4-1 各个区间、点及其之间的距离

需要指出，引理 4.3 的证明过程虽然不够严谨，但是其结论确实是成立的。下面我们从拓扑学角度出发，改变证明思路，利用 Lebesgue 数方法来解决问题。首先介绍引理 4.4，其证明过程详见文献[87]。

引理 4.4[87]（Lebesgue 数引理） 设 $\{A_\alpha\}_{\alpha\in\Lambda}$ 是度量空间 (X,d) 的一个开覆盖。若 X 是紧致的，则存在 $\delta>0$，对于 X 的任何直径小于 δ 的子集 B，都存在 $A_0\in\{A_\alpha\}_{\alpha\in\Lambda}$，使得 $B\subset A_0$。这里的 $\delta>0$ 称为 Lebesgue 数。

从引理 4.4 的证明过程可知，满足引理结论的子覆盖个数也可以减少至有限个，而覆盖个数的“有限性”对于问题的解决十分必要。从引理 4.4 出发，分别考虑 $\mathbb{R}^n$ 和 $\mathbb{R}$ 中的度量空间，我们可以相应地得到性质 4.1 和性质 4.2。

性质 4.1 设紧致集合 $S\subset\mathbb{R}^n$，$\{\mathscr{O}_\alpha\}_{\alpha\in\Lambda}$ 是 S 的一个开覆盖，则存在 S 的有限子覆盖 $\{\mathscr{O}_i\}_{i=1}^n$，即 $S\subset\bigcup\limits_{i=1}^n\mathscr{O}_i$。同时还存在正数 $\delta>0$，对于 $\forall\boldsymbol{x},\boldsymbol{y}\in S$，只要范数 $\|\boldsymbol{x}-\boldsymbol{y}\|<\delta$，就存在 $\mathscr{O}_k\in\{\mathscr{O}_i\}_{i=1}^n\ (1\leqslant k\leqslant n)$ 覆盖 $\boldsymbol{x},\boldsymbol{y}$，即 $\boldsymbol{x},\boldsymbol{y}\in\mathscr{O}_k$。

证明 令 $\|\boldsymbol{x}\|=\sqrt{\sum\limits_{i=1}^n x_i^2}$ 表示 $\boldsymbol{x}$ 的范数，定义 S 上的度量 d 如下：

$$d(\boldsymbol{x},\boldsymbol{y})=\|\boldsymbol{x}-\boldsymbol{y}\|=\sqrt{\sum_{i=1}^n(x_i-y_i)^2}\ ,$$

$$\boldsymbol{x}=(x_1,x_2,\cdots,x_n),\ \ \boldsymbol{y}=(y_1,y_2,\cdots,y_n)\in S\subset\mathbb{R}^n$$

于是由范数 $\|\bullet\|$ 诱导出了距离 d，空间 (S,d)（其中 $S\subset\mathbb{R}^n$）构成度量空间。

考虑到 S 的紧致性，$\{\mathscr{O}_\alpha\}_{\alpha\in\Lambda}$ 构成 S 的一个开覆盖，由引理 4.3 后面的说明可知，存在 S 的有限子覆盖 $\{\mathscr{O}_i\}_{i=1}^n$，即有 $S\subset\bigcup\limits_{i=1}^n\mathscr{O}_i$。令 $B=\{\boldsymbol{x},\boldsymbol{y}\}$，根据引理 4.3 可知，存在正数 $\delta>0$，只要范数 $\|\boldsymbol{x}-\boldsymbol{y}\|<\delta$（诱导出的度量 $d(\boldsymbol{x},\boldsymbol{y})<\delta$），$B$ 的直径就小于 δ，于是存在某个 $\mathscr{O}_k\in\{\mathscr{O}_i\}_{i=k}^n\ (1\leqslant k\leqslant n)$ 覆盖 B，即 $\boldsymbol{x},\boldsymbol{y}\in\mathscr{O}_k$。证毕！

下面考虑 $\mathbb{R}^n$ 的特殊情况 $\mathbb{R}$ 上的度量空间，此时度量 d 定义为 $d(x,y)=|x-y|$。由于 $\mathbb{R}$ 中的紧致集合等价于有界闭区间，于是进一步得到性质 4.2。

性质 4.2 如果 $\{\mathscr{O}_\alpha\}_{\alpha\in\Lambda}$ 是闭区间 $[a,b]$ 的一个开覆盖，则存在 $[a,b]$ 的有限子覆盖 $\{\mathscr{O}_i\}_{i=1}^n$，有 $[a,b]\subset\bigcup\limits_{i=1}^n\mathscr{O}_i$。同时存在正数 $\delta>0$，使得 $\forall x,y\in[a,b]$，

只要$|x-y|<\delta$，就存在某个$\mathscr{O}_k \in \{\mathscr{O}_i\}_{i=1}^n$ $(1 \leqslant k \leqslant n)$覆盖$x, y$，即$x, y \in \mathscr{O}_k$。

需要指出，文献[88]中的推论 7.28 将闭区间$[a, b]$划分为有限个长度足够短的子区间，得到了每个子区间都被开覆盖中的某个子集包含的结论。该结论实际上是性质 4.2 的特殊情况。原因在于由性质 4.2 可知，只要子区间的直径小于δ，则区间的两个端点被包含在某个子集内（泛函分析指出$\mathbb{R}$中的开集是开区间的并[89,90]，故该子集必然是开区间），从而整个区间都包含在这个子集内。显然，性质 4.2 比文献[88]中的推论 7.28 更加一般。文献[91]也得到了性质 4.2 的部分结论，但没有提及结论中覆盖的有限性（这是很有意义的）。此外，文献[91]还指出所得结论难以推广到高维情况，而我们证明的性质 4.1 正是性质 4.2 的高维推广。

有性质 4.1 和性质 4.2 作基础，可以着手填补引理 4.3 证明过程中的漏洞，我们将完善后的引理 4.3，以定理 4.1 的形式给出，证明过程如下：

定理 4.1 设$f: \mathbb{R}^n \to \mathbb{R}^n$在定义域$D \subset \mathbb{R}^n$内是局部 Lipschitz 的，$S \subset D$是紧集，则存在一个正常数$L$，使得对于所有$\boldsymbol{x}, \boldsymbol{y} \in S$，有

$$\|f(\boldsymbol{x})-f(\boldsymbol{y})\|<L\|\boldsymbol{x}-\boldsymbol{y}\|$$

证明 由f在定义域$D \subset \mathbb{R}^n$内是局部 Lipschitz 的，可知在S上任意一点a处存在开邻域$U(a, r_a)$，使得在该邻域内

$$\|f(\boldsymbol{x})-f(\boldsymbol{y})\|<L_a\|\boldsymbol{x}-\boldsymbol{y}\|$$

成立。于是，所有开邻域$U(a,r_a)$的并$\bigcup_{a\in S}U(a,r_a)$构成S的一个开覆盖。已知S是紧致集合，故由性质 4.1 知，存在有限（设为n）个$U(a_i,r_i)$，它们的并$\bigcup_{i=1}^{n}U(a_i,r_i)$也构成$S$的开覆盖。在每个$U(a_i, r_i)$内，都有

$$\|f(\boldsymbol{x})-f(\boldsymbol{y})\|<L_i\|\boldsymbol{x}-\boldsymbol{y}\|$$

成立。同时还存在 Lebesgue 数$\delta>0$，只要$\|\boldsymbol{x}-\boldsymbol{y}\|<\delta$，就存在某个开邻域$U(a_k,r_k)$能同时覆盖$\boldsymbol{x}, \boldsymbol{y}$，即$\boldsymbol{x}, \boldsymbol{y} \in U(a_k,r_k)$。

下面对于任意 $\boldsymbol{x},\boldsymbol{y}\in S$，分两种情况讨论：

（1）若 $\|\boldsymbol{x}-\boldsymbol{y}\|<\delta$，由上可知，存在 $U(a_k,r_k)$，有 $\boldsymbol{x},\boldsymbol{y}\in U(a_k,r_k)$，于是

$$\|f(\boldsymbol{x})-f(\boldsymbol{y})\|<L_k\|\boldsymbol{x}-\boldsymbol{y}\|$$

（2）若 $\|\boldsymbol{x}-\boldsymbol{y}\|\geqslant\delta$，此时，由于 f 在 D 上是局部 Lipshitz 的，故连续。又由于 S 的紧致性知，f 在 D 上必然有界。设 $\|f(\boldsymbol{x})\|<\dfrac{M}{2}$，由范数不等式有

$$\|f(\boldsymbol{x})-f(\boldsymbol{y})\|\leqslant\|f(\boldsymbol{x})\|+\|f(\boldsymbol{y})\|\leqslant M$$

进一步可以得到

$$\|f(\boldsymbol{x})-f(\boldsymbol{y})\|\leqslant\frac{M}{\delta}\|\boldsymbol{x}-\boldsymbol{y}\|=L'\|\boldsymbol{x}-\boldsymbol{y}\|,\ L'=\frac{M}{\delta}$$

综合（1）、（2），置 $L=\max\{L_1,L_2,\cdots,L_n,L'\}$，于是对于所有 $\boldsymbol{x},\boldsymbol{y}\in S$，

$$\|f(\boldsymbol{x})-f(\boldsymbol{y})\|<L\|\boldsymbol{x}-\boldsymbol{y}\|$$

都成立，从而 f 在 D 上的局部 Lipshitz 性质得以延拓到 D 的紧致子集 S 上。

综上所述，集合开覆盖中各邻域半径的最小者与不同邻域中两点之间的距离没有必然的大小关系，据此将系统的局部 Lipschitz 性质推广到紧致子集上并不严谨。我们利用拓扑度量空间的 Lebusgue 数理论得到 $\mathbb{R}^n$ 中的性质 4.1 和 4.2，定理的证明过程不依赖于两点之间的距离和开邻域半径的大小关系，从而完善了推广过程，定理的证明更加严密。

4.2 分数阶广义线性定常系统解的基本理论

到目前为止，关于分数阶广义线性系统的研究，大部分集中于系统求解的算法方面，比如 Shuffle 算法[92]、Drazin 逆解法[93]、Weierstrass-Kronecker 标准型分解法[94]等，而关于分数阶广义线性系统解的基础理论研究，比如系统解的存在唯一性等往往被忽视。然而如前所述，从工程应用

角度来说，系统解的存在性和唯一性也有重要的意义。本节我们研究分数阶广义线性定常系统的解的存在性和唯一性以及系统经典解等基本问题。

4.2.1 分数阶广义线性定常系统及其等价变换

考虑如下分数阶广义线性定常系统：

$$\begin{cases} \boldsymbol{E}\,{}_{t_0}^{C}\mathrm{D}_t^{(\alpha)}\boldsymbol{x}(t)=\boldsymbol{A}\boldsymbol{x}(t)+\boldsymbol{u}(t) \\ \boldsymbol{x}(t)\big|_{t=t_0}=\boldsymbol{0} \end{cases} \tag{4.3}$$

其中 $0<\alpha<1$, $\boldsymbol{x}(t)\in\mathbb{R}^n$, $\boldsymbol{u}(t)\in\mathbb{R}^m$, $\boldsymbol{x}(t)$, $\boldsymbol{u}(t)\in L_1(0,T)$, $0<t<T<+\infty$, $m\leqslant n$, $\boldsymbol{E},\boldsymbol{A}\in\mathbb{R}^{m\times n}$，都是常数矩阵；${}_{t_0}^{C}\mathrm{D}_t^{(\alpha)}x=\dfrac{1}{\Gamma(1-\boldsymbol{\alpha})}\displaystyle\int_{t_0}^{t}\frac{x'(\xi)}{(t-\xi)^{\alpha}}\mathrm{d}\xi$，表示 Caputo 分数阶导数，因为采用 Caputo 分数阶导数定义，方程的初始条件具有整数阶的传统形式。为了简便起见，记系统（4.3）为 $(\boldsymbol{E},\boldsymbol{A})$。本节研究对于任意给定的 $\boldsymbol{u}(t)\in\mathbb{R}^m$，系统（4.3）是否存在唯一解 $\boldsymbol{x}(t)\in\mathbb{R}^n$。

注： 当 $\boldsymbol{x}\big|_{t=t_0}\neq\boldsymbol{0}$ 时，系统（4.3）仍然是适用的。这时我们可以通过坐标变换 $\boldsymbol{x}_1=\boldsymbol{x}-\boldsymbol{x}_0$，得到系统：

$$\begin{cases} \boldsymbol{E}\,{}_{t_0}^{C}D_t^{(\alpha)}\boldsymbol{x}_1=\boldsymbol{A}\boldsymbol{x}_1+\boldsymbol{u}_1 \\ \boldsymbol{x}_1\big|_{t=t_0}=\boldsymbol{0} \end{cases}$$

这里 $\boldsymbol{x}_1=\boldsymbol{x}-\boldsymbol{x}_0,\boldsymbol{A}=(a_{ij})_{m\times n}$，$\boldsymbol{u}_1=\boldsymbol{u}+\boldsymbol{A}\boldsymbol{x}_0$，它仍然具有（4.3）的形式。此外，当矩阵 $\boldsymbol{E}$ 中出现零行时，系统（4.3）就包含了代数约束方程 $g(\boldsymbol{y},\boldsymbol{z})=0$。

4.2.2 正则矩阵对和系统的经典解

为了讨论上述分数阶广义线性系统解的存在性和唯一性问题，我们介绍等价矩阵对的概念作为必要铺垫。

定义 4.1[95] 两个矩阵对 $(\boldsymbol{E}_1,\boldsymbol{A}_1)$ 和 $(\boldsymbol{E}_2,\boldsymbol{A}_2)$ 称为（强）等价的，如果存在两个非奇异矩阵 $\boldsymbol{P}_1\in\mathbb{R}^{m\times m},\boldsymbol{P}_2\in\mathbb{R}^{n\times n}$，使得

$$\boldsymbol{E}_2=\boldsymbol{P}_1\boldsymbol{E}_1\boldsymbol{P}_2,\quad \boldsymbol{A}_2=\boldsymbol{P}_1\boldsymbol{A}_1\boldsymbol{P}_2$$

此时记 $(\boldsymbol{E}_1,\boldsymbol{A}_1)\sim(\boldsymbol{E}_2,\boldsymbol{A}_2)$。

对系统（4.3）左乘非奇异矩阵 $\boldsymbol{P}_1 \in \mathbb{R}^{m\times m}$，同时令 $\boldsymbol{x} = \boldsymbol{P}_2\overline{\boldsymbol{x}}$（$\boldsymbol{P}_2 \in \mathbb{R}^{n\times n}$ 也是非奇异矩阵），系统（4.3）被等价地变换为

$$\begin{cases} \overline{\boldsymbol{E}}\,{}_{t_0}^{C}\mathrm{D}_t^{(\alpha)}\overline{\boldsymbol{x}} = \overline{\boldsymbol{A}}\overline{\boldsymbol{x}} + \overline{\boldsymbol{u}} \\ \overline{\boldsymbol{x}}\big|_{t=t_0} = 0 \end{cases},\ \overline{\boldsymbol{E}} = \boldsymbol{P}_1\boldsymbol{E}\boldsymbol{P}_2,\ \overline{\boldsymbol{A}} = \boldsymbol{P}_1\boldsymbol{A}\boldsymbol{P}_2,\ \overline{\boldsymbol{u}} = \boldsymbol{P}_1\boldsymbol{u} \tag{4.4}$$

这也是一个分数阶广义线性系统，记系统（4.4）为 $(\overline{\boldsymbol{E}},\ \overline{\boldsymbol{A}})$，于是

$$(\boldsymbol{E},\boldsymbol{A}) \sim (\overline{\boldsymbol{E}},\ \overline{\boldsymbol{A}})$$

由 ${}_{t_0}^{C}\mathrm{D}_t^{(\alpha)}$ 的线性性质及矩阵 $\boldsymbol{P}_1, \boldsymbol{P}_2$ 的非奇异性，易见，分数阶广义线性系统（4.3）和（4.4）具有相同的解性质。所以，我们可以通过等价变换，考察系统（4.4）的解及相关性质，从而得到系统（4.3）的解及其性质。

我们先考察系统（4.3）中 $\boldsymbol{E},\boldsymbol{A} \in \mathbb{C}^{n\times n}$，即两者都是方阵的情形。回顾以下定义 4.2。

定义 4.2[95] 设 $\boldsymbol{E},\boldsymbol{A} \in \mathbb{C}^{m\times n}$，称矩阵对 $(\boldsymbol{E},\boldsymbol{A})$ 是正则的，如果 $m = n$，同时特征多项式 $p(\lambda) = \det(\lambda\boldsymbol{E} - \boldsymbol{A})$ 不是零多项式，即 $\det(\lambda\boldsymbol{E}-\boldsymbol{A})$不恒为零；否则称矩阵对 $(\boldsymbol{E},\boldsymbol{A})$ 为奇异的。

如下的引理 4.5 为我们提供了与正则矩阵对 $(\boldsymbol{E},\boldsymbol{A})$ 等价，且结构更为简洁的形式，即 Weierstrass-Kronecker 标准型。

引理 4.5[95] 设 $\boldsymbol{E},\boldsymbol{A} \in \mathbb{C}^{n\times n}$，则矩阵对 $(\boldsymbol{E},\boldsymbol{A})$ 是正则的等价于矩阵对 $(\boldsymbol{E},\boldsymbol{A})$ 经受限等价变换后，具有 Weierstrass-Kronecker 标准型：

$$(\boldsymbol{E},\boldsymbol{A}) \sim \left(\begin{bmatrix} \boldsymbol{I} & \boldsymbol{0} \\ \boldsymbol{0} & \boldsymbol{N} \end{bmatrix}, \begin{bmatrix} \boldsymbol{A}_1 & \boldsymbol{0} \\ \boldsymbol{0} & \boldsymbol{I} \end{bmatrix}\right) \tag{4.5}$$

其中 $\boldsymbol{A}_1$ 为一方形矩阵，$\boldsymbol{N}$ 是一个具有约当形式的幂零矩阵。若 l 是幂零矩阵 $\boldsymbol{N} \in \mathbb{C}^{k\times k}$ 的指数，即 $\boldsymbol{N}^l = \boldsymbol{0}$ 且 $\boldsymbol{N}^{l-1} \neq \boldsymbol{0}$（事实上，$l$ 总是小于 k 的），我们通过研究得到了分数阶广义线性系统（4.3）的解的存在性基础定理，即定理 4.2。

定理 4.2 设 l 是幂零矩阵 $\boldsymbol{N} \in \mathbb{C}^{k\times k}$ 的指数，$\boldsymbol{u}(t)$ 的导数即 ${}_{t_0}\mathrm{D}_t^{(i\alpha)}\boldsymbol{u}(t)$

$(i=0,1,2,\cdots,l)$ 有定义，其中 ${}_{t_0}\mathrm{D}_t^{(i\alpha)}=\overbrace{{}_{t_0}\mathrm{D}_t^{(\alpha)}\,{}_{t_0}\mathrm{D}_t^{(\alpha)}\cdots{}_{t_0}\mathrm{D}_t^{(\alpha)}}^{i}$ 表示 Sequential 分数阶导数，则系统：

$$\boldsymbol{N}\,{}_{t_0}\mathrm{D}_t^{(\alpha)}\boldsymbol{x}(t)=\boldsymbol{x}(t)+\boldsymbol{u}(t) \tag{4.6}$$

有唯一经典解：$\boldsymbol{x}(t)=-\sum_{i=0}^{l-1}\boldsymbol{N}^i\,{}_{t_0}\mathrm{D}_t^{(i\alpha)}\boldsymbol{u}(t)$。

证明　首先证明系统（4.6）的解具有 $\boldsymbol{x}(t)=-\sum_{i=0}^{l-1}\boldsymbol{N}^i\,{}_{t_0}\mathrm{D}_t^{(i\alpha)}\boldsymbol{u}(t)$ 的形式。

将 ${}_{t_0}\mathrm{D}_t^{(\alpha)}$ 看成一个线性算子，它将 $\boldsymbol{x}(t)$ 映射成它的分数阶（α 阶）导数，将（4.6）式的左边移至右边，则有

$$(\boldsymbol{I}-\boldsymbol{N}\,{}_{t_0}\mathrm{D}_t^{(\alpha)})\boldsymbol{x}(t)+\boldsymbol{u}(t)=\boldsymbol{0}$$

由于 $\boldsymbol{N}$ 是幂零矩阵，它和 ${}_{t_0}\mathrm{D}_t^{(\alpha)}$ 是可交换的，利用纽曼级数，同时考虑 $\boldsymbol{N}$ 的指数为 l，我们有

$$\boldsymbol{x}(t)=-\left(\boldsymbol{I}-\boldsymbol{N}\,{}_{t_0}\mathrm{D}_t^{(\alpha)}\right)^{-1}\boldsymbol{u}(t)=-\sum_{i=0}^{+\infty}\left(\boldsymbol{N}\,{}_{t_0}\mathrm{D}_t^{(\alpha)}\right)^i\boldsymbol{u}(t)=-\sum_{i=0}^{l-1}\boldsymbol{N}^i\,{}_{t_0}\mathrm{D}_t^{(i\alpha)}\boldsymbol{u}(t)$$

其次证明函数 $\boldsymbol{x}(t)=-\sum_{i=0}^{l-1}\boldsymbol{N}^i\,{}_{t_0}\mathrm{D}_t^{(i\alpha)}\boldsymbol{u}(t)$ 是系统（4.6）的解。

将 $\boldsymbol{x}(t)=-\sum_{i=0}^{l-1}\boldsymbol{N}^i\,{}_{t_0}\mathrm{D}_t^{(i\alpha)}\boldsymbol{u}(t)$ 代入方程（4.6）中，得到

$$\begin{aligned}
&\boldsymbol{N}\,{}_{t_0}\mathrm{D}_t^{(\alpha)}\boldsymbol{x}(t)-\boldsymbol{x}(t)-\boldsymbol{u}(t)\\
&=-\boldsymbol{N}\,{}_{t_0}\mathrm{D}_t^{(\alpha)}\left[\sum_{i=0}^{l-1}\left(\boldsymbol{N}^i\,{}_{t_0}\mathrm{D}_t^{(i\alpha)}\right)\boldsymbol{u}(t)\right]-\left[-\sum_{i=0}^{l-1}\left(\boldsymbol{N}^i\,{}_{t_0}\mathrm{D}_t^{(i\alpha)}\right)\boldsymbol{u}(t)\right]-\boldsymbol{u}(t)\\
&=\left[-\sum_{i=1}^{l-1}\left(\boldsymbol{N}^i\,{}_{t_0}\mathrm{D}_t^{(i\alpha)}\right)\boldsymbol{u}(t)\right]-\left[-\sum_{i=0}^{l-1}\left(\boldsymbol{N}^i\,{}_{t_0}\mathrm{D}_t^{(i\alpha)}\right)\boldsymbol{u}(t)\right]-\boldsymbol{u}(t),\ (\boldsymbol{N}^l=\boldsymbol{0})\\
&=\boldsymbol{u}(t)-\boldsymbol{u}(t)=\boldsymbol{0}
\end{aligned}$$

显然，$\boldsymbol{x}(t)=-\sum_{i=0}^{l-1}\boldsymbol{N}^i\,{}_{t_0}\mathrm{D}_t^{(i\alpha)}\boldsymbol{u}(t)$ 是系统（4.6）的解。

以上证明了方程 $N{}_{t_0}\mathrm{D}_t^{(\alpha)}x(t)=x(t)+u(t)$ 具有唯一经典解

$$x(t)=-\sum_{i=0}^{l-1}N^i{}_{t_0}\mathrm{D}_t^{(i\alpha)}u(t)$$

其中，算子 ${}_{t_0}\mathrm{D}_t^{(\alpha)}$ 可以是 ${}_{t_0}^{C}\mathrm{D}_t^{(\alpha)}$，也可以是 ${}_{t_0}^{R}\mathrm{D}_t^{(\alpha)}$。

以定理 4.2 和式（3.10）为基础，我们可以得到定理 4.3。

定理 4.3 假设 $E,A\in\mathbb{R}^{n\times n}$，$x(t),u(t)\in\mathbb{R}^n$，$t_0<t<T<+\infty$ 及 $x(t),u(t)\in L_1(t_0,T)$，$u(t)$ 足够可微分，且具有相容初值，矩阵对 (E,A) 是正则的，适当选取矩阵 P_1,P_2，系统（4.7）：

$$\begin{cases}E\,{}_{t_0}^{C}\mathrm{D}_t^{(\alpha)}x=Ax+u\\ x\big|_{t=t_0}=0\end{cases} \tag{4.7}$$

经受限等价变换后，等价于系统（4.8）：

$$\begin{cases}\begin{bmatrix}I&0\\0&N\end{bmatrix}{}_{t_0}^{C}\mathrm{D}_t^{(\alpha)}\bar{x}=\begin{bmatrix}A_1&0\\0&I\end{bmatrix}\bar{x}+\bar{u}\\ \bar{x}\big|_{t=t_0}=0\end{cases} \tag{4.8}$$

则系统（4.7）和（4.8）存在唯一经典解。系统（4.8）的经典解为

$$\overline{x_1(t)}=\overline{x_{1i}(t,x_0)}+\overline{x_{1u}(t,u)}=\varPhi_{\alpha,1}(t)\bar{x}_{10}+\int_0^t\varPhi_{\alpha,\alpha}(t-\tau)Bu(t)\mathrm{d}\tau \tag{4.9}$$

$$\overline{x_2(t)}=-\sum_{i=0}^{l-1}N^i{}_{t_0}\mathrm{D}_t^{(i\alpha)}\overline{u_2(t)} \tag{4.10}$$

系统（4.7）的经典解为

$$x=P_2\overline{x(t)}=P_2\begin{bmatrix}\overline{x_1(t)}\\ \overline{x_2(t)}\end{bmatrix} \tag{4.11}$$

式（4.9）中，

$$\varPhi_{\alpha,1}(t)=\sum_{k=0}^{\infty}\frac{A^kt^{k\alpha}}{\Gamma(k\alpha+1)}=E_\alpha(At^\alpha),\ \varPhi_{\alpha,\alpha}(t)=\sum_{k=0}^{\infty}\frac{A^kt^{(k+1)\alpha-1}}{\Gamma[(k+1)\alpha]}$$

证明 由定义 4.1 和引理 4.5 可知，通过选择合适的 $\boldsymbol{P}_1, \boldsymbol{P}_2$，系统(4.7)可以等价地转化为形如 Weierstrass-Kronecker 标准型的系统（4.8），且

$$\boldsymbol{x} = \boldsymbol{P}_2\bar{\boldsymbol{x}},\ \bar{\boldsymbol{u}} = \boldsymbol{P}_1\boldsymbol{u},\ \begin{bmatrix} \boldsymbol{I} & \boldsymbol{0} \\ \boldsymbol{0} & \boldsymbol{N} \end{bmatrix} = \overline{\boldsymbol{E}} = \boldsymbol{P}_1\boldsymbol{E}\boldsymbol{P}_2,\ \begin{bmatrix} \boldsymbol{A}_1 & \boldsymbol{0} \\ \boldsymbol{0} & \boldsymbol{I} \end{bmatrix} = \overline{\boldsymbol{A}} = \boldsymbol{P}_1\boldsymbol{A}\boldsymbol{P}_2$$

置 $\bar{\boldsymbol{x}} = [\bar{\boldsymbol{x}}_1, \bar{\boldsymbol{x}}_2]$，系统（4.8）被分解为两个子系统：

$$\begin{cases} \boldsymbol{I}\,{}_{t_0}^{C}\mathrm{D}_t^{(\alpha)}\bar{\boldsymbol{x}}_1 = \boldsymbol{A}_1\bar{\boldsymbol{x}}_1 + \bar{\boldsymbol{u}}_1 \\ \bar{\boldsymbol{x}}_1\big|_{t=t_0} = \boldsymbol{0} \end{cases} \tag{4.8.1}$$

和

$$\begin{cases} \boldsymbol{N}\,{}_{t_0}^{C}\mathrm{D}_t^{(\alpha)}\bar{\boldsymbol{x}}_2 = \boldsymbol{I}\bar{\boldsymbol{x}}_2 + \bar{\boldsymbol{u}}_2 \\ \bar{\boldsymbol{x}}_2\big|_{t=t_0} = \boldsymbol{0} \end{cases} \tag{4.8.2}$$

显然，系统（4.8.1）是一个正常的分数阶线性系统，由定理 3.8，它具有唯一的经典解：

$$\overline{\boldsymbol{x}_1(t)} = \overline{\boldsymbol{x}_{1i}(t, \boldsymbol{x}_0)} + \overline{\boldsymbol{x}_{1u}(t, \boldsymbol{u})} = \boldsymbol{\varPhi}_{\alpha,1}(t)\bar{\boldsymbol{x}}_{\mathbf{10}} + \int_0^t \boldsymbol{\varPhi}_{\alpha,\alpha}(t-\tau)\boldsymbol{B}\boldsymbol{u}(\tau)\mathrm{d}\tau$$

系统（4.8.2）的解的存在性和唯一性可以由定理 4.2 得到，其解为

$$\overline{\boldsymbol{x}_2(t)} = -\sum_{i=0}^{l-1} \boldsymbol{N}^i\,{}_{t_0}\mathrm{D}_t^{(i\alpha)}\overline{\boldsymbol{u}_2(t)}$$

也是经典解。于是，系统（4.8）具有唯一经典解。

由系统（4.7）和（4.8）的变换关系 $\boldsymbol{x} = \boldsymbol{P}_2\bar{\boldsymbol{x}}$ 可知，系统（4.7）存在唯一经典解：

$$\boldsymbol{x} = \boldsymbol{P}_2\overline{\boldsymbol{x}(t)} = \boldsymbol{P}_2\begin{bmatrix} \overline{\boldsymbol{x}_1(t)} \\ \overline{\boldsymbol{x}_2(t)} \end{bmatrix}$$

证毕。

定理 4.2 的证明没有指定 $\boldsymbol{x}(t)$ 的初值，显然，当 ${}_{t_0}D_t^{(i\alpha)}\overline{\boldsymbol{u}_2(t_0)} = 0$，（$i = 1, 2, \cdots, l-1$，$l$ 是 $\boldsymbol{N}$ 的指数）时，系统初值 $\bar{\boldsymbol{x}}_2\big|_{t=t_0} = \boldsymbol{0}$ 是相容的。

此外，一般广义线性系统存在唯一解的条件是“矩阵对 $(\boldsymbol{E},\boldsymbol{A})$ 正则”，虽然分数阶广义线性系统是整数阶广义线性系统的推广，但是针对系统解的存在唯一性而言，“矩阵对 $(\boldsymbol{E},\boldsymbol{A})$ 正则” 的要求是相同的。

4.2.3 克罗内克尔标准型和系统的经典解

前面，我们讨论了分数阶广义线性系统（4.3）当参数矩阵 $\boldsymbol{E},\boldsymbol{A}$ 都是方形时（ $\boldsymbol{E},\boldsymbol{A}\in\mathbb{R}^{n\times n}$ ）的情形。然而，参数矩阵 $\boldsymbol{E},\boldsymbol{A}$ 不是方形的（ $\boldsymbol{E},\boldsymbol{A}\in\mathbb{R}^{m\times n},(m\neq n)$ ）情况更为一般，在系统建模中也更常出现。我们可以利用矩阵的受限等价变换和克罗内克尔（Kronecker）标准型对这种一般情况进行研究。

矩阵 $\boldsymbol{E},\boldsymbol{A}$ 的 Kronecker 标准型在讨论分数阶广义线性系统解的存在唯一性中发挥着重要作用，其概念由 Gantmacher 通过引理 4.6 提出。

引理 4.6[96] 设 $\boldsymbol{E},\boldsymbol{A}\in\mathbb{R}^{m\times n}$，则存在矩阵 $\boldsymbol{P}\in\mathbb{R}^{m\times m}$ 及 $\boldsymbol{Q}\in\mathbb{R}^{n\times n}$，使得

$$(\boldsymbol{E},\boldsymbol{A})\sim(\overline{\boldsymbol{E}},\overline{\boldsymbol{A}}),\ (\boldsymbol{PEQ}=\overline{\boldsymbol{E}},\ \boldsymbol{PAQ}=\overline{\boldsymbol{A}})$$

其中 $\overline{\boldsymbol{E}}$, $\overline{\boldsymbol{A}}$ 具有以下形式：

$$\overline{\boldsymbol{E}}=\boldsymbol{PEQ}=\operatorname{diag}(\boldsymbol{0}_{n_0\times n_0},\boldsymbol{L}_1,\boldsymbol{L}_2,\cdots,\boldsymbol{L}_p,\overline{\boldsymbol{L}}_1,\overline{\boldsymbol{L}}_2,\cdots,\overline{\boldsymbol{L}}_q,\boldsymbol{I},\boldsymbol{N})$$

$$\overline{\boldsymbol{A}}=\boldsymbol{PAQ}=\operatorname{diag}(\boldsymbol{0}_{n_0\times n_0},\boldsymbol{J}_1,\boldsymbol{J}_2,\cdots,\boldsymbol{J}_p,\overline{\boldsymbol{J}}_1,\overline{\boldsymbol{J}}_2,\cdots,\overline{\boldsymbol{J}}_q,\boldsymbol{A}_1,\boldsymbol{I})$$

$$\boldsymbol{L}_i=\begin{bmatrix}1&0&&&\\&1&0&&\\&&\ddots&\ddots&\\&&&1&0\end{bmatrix},\quad \boldsymbol{J}_i=\begin{bmatrix}0&1&&&\\&0&1&&\\&&\ddots&\ddots&\\&&&0&1\end{bmatrix}\in\mathbb{R}^{n_i\times(n_i+1)}$$

$$\overline{\boldsymbol{L}}_j=\begin{bmatrix}1&&&\\0&1&&\\&\ddots&\ddots&\\&&&1\\&&&0\end{bmatrix},\quad \overline{\boldsymbol{J}}_j=\begin{bmatrix}0&&&\\1&0&&\\&\ddots&\ddots&\\&&&0\\&&&1\end{bmatrix}\in\mathbb{R}^{(\overline{n}_j+1)\times\overline{n}_j},\ i=1,2,\cdots,p,\ j=1,2,\cdots,q$$

$$\boldsymbol{N}=\operatorname{diag}(\boldsymbol{N}_1,\boldsymbol{N}_2,\cdots,\boldsymbol{N}_l)\in\mathbb{R}^{h\times h}\ ,\ \boldsymbol{N}_s=\begin{bmatrix}0&1&&&\\&0&1&&\\&&\ddots&\ddots&\\&&&0&1\\&&&&0\end{bmatrix}\in\mathbb{R}^{k_s\times k_s}\ ,\ \boldsymbol{A}_1,\boldsymbol{I}\in\mathbb{R}^{g\times g}$$

以上各个矩阵的行、列数满足：

$$n_0+\sum_i n_i+\sum_j(\overline{n}_j+1)+\sum_s k_s+g=m$$

$$n_0+\sum_i(n_i+1)+\sum_j\overline{n}_j+\sum_s k_s+g=n$$

$$\sum_s k_s=h$$

由上述引理 4.6，在将系统（4.3）进行受限等价变换得到系统（4.4）时，我们可以在原系统两边同时乘以 $\boldsymbol{P}_1=\boldsymbol{P}$，$\boldsymbol{P}_2=\boldsymbol{Q}$，再令 $\boldsymbol{x}=\boldsymbol{Q}\overline{\boldsymbol{x}}$，$\overline{\boldsymbol{u}(t)}=\boldsymbol{Pu}(t)$，系统（4.4）中的 $\overline{\boldsymbol{E}},\overline{\boldsymbol{A}}$ 就具有上述克罗内克尔标准形式。

考虑到矩阵 $\overline{\boldsymbol{E}},\overline{\boldsymbol{A}}$ 的特殊结构，我们将状态向量 $\overline{\boldsymbol{x}(t)}$ 和控制输入向量 $\overline{\boldsymbol{u}(t)}$ 分解如下：

$$\overline{\boldsymbol{x}(t)}=\left[\boldsymbol{x}_0^{\mathrm{T}};\ \boldsymbol{x}_{L_1}^{\mathrm{T}},\boldsymbol{x}_{L_2}^{\mathrm{T}},\cdots,\boldsymbol{x}_{L_p}^{\mathrm{T}};\ \boldsymbol{x}_{\overline{L}_1}^{\mathrm{T}},\boldsymbol{x}_{\overline{L}_2}^{\mathrm{T}},\cdots,\boldsymbol{x}_{\overline{L}_q}^{\mathrm{T}};\ \boldsymbol{x}_I^{\mathrm{T}};\boldsymbol{x}_{N_1}^{\mathrm{T}},\boldsymbol{x}_{N_2}^{\mathrm{T}},\cdots,\boldsymbol{x}_{N_l}^{\mathrm{T}}\right]^{\mathrm{T}}$$

$$\overline{\boldsymbol{u}(t)}=\left[\boldsymbol{u}_0^{\mathrm{T}};\ \boldsymbol{u}_{L_1}^{\mathrm{T}},\boldsymbol{u}_{L_2}^{\mathrm{T}},\cdots,\boldsymbol{u}_{L_p}^{\mathrm{T}};\ \boldsymbol{u}_{\overline{L}_1}^{\mathrm{T}},\boldsymbol{u}_{\overline{L}_2}^{\mathrm{T}},\cdots,\boldsymbol{u}_{\overline{L}_q}^{\mathrm{T}};\ \boldsymbol{u}_I^{\mathrm{T}};\boldsymbol{u}_{N_1}^{\mathrm{T}},\boldsymbol{u}_{N_2}^{\mathrm{T}},\cdots,\boldsymbol{u}_{N_l}^{\mathrm{T}}\right]^{\mathrm{T}}$$

于是，系统（4.4）可以转变成以下形式的等价方程：

$$\boldsymbol{0}_{n_0\times n_0}\,{}_{t_0}\mathrm{D}_t^{(\alpha)}\boldsymbol{x}_0(t)=\boldsymbol{u}_0(t) \tag{4.4.1}$$

$$\boldsymbol{L}_i\,{}_{t_0}\mathrm{D}_t^{(\alpha)}\boldsymbol{x}_{L_i}(t)=\boldsymbol{J}_i\boldsymbol{x}_{L_i}(t)+\boldsymbol{u}_{L_i}(t),i=1,2,\cdots,p \tag{4.4.2}$$

$$\overline{\boldsymbol{L}}_j\,{}_{t_0}\mathrm{D}_t^{(\alpha)}\boldsymbol{x}_{\overline{L}_j}(t)=\overline{\boldsymbol{J}}_j\boldsymbol{x}_{\overline{L}_j}(t)+\boldsymbol{u}_{\overline{L}_j}(t),\ j=1,2,\cdots,q \tag{4.4.3}$$

$$\boldsymbol{N}_s\,{}_{t_0}\mathrm{D}_t^{(\alpha)}\boldsymbol{x}_{N_s}(t)=\boldsymbol{x}_{N_s}(t)+\boldsymbol{u}_{N_s}(t),s=1,2,\cdots,l \tag{4.4.4}$$

和方程：

$$\mathrm{D}_t^{(\alpha)}\boldsymbol{x}_I(t)=\boldsymbol{A}_1\boldsymbol{x}_I(t)+\boldsymbol{u}_I(t) \tag{4.4.5}$$

首先，考虑方程（4.4.1）。显然，这部分方程有解的充要条件是向量$\boldsymbol{u}_0(t)$的所有分量都为 0，也就是$\boldsymbol{u}_0(t)=\boldsymbol{0}$。此时，方程（4.4.1）要么没有解($\boldsymbol{u}_0(t)\neq\boldsymbol{0}$)，要么有无穷多个解（当$\boldsymbol{u}_0(t)=\boldsymbol{0}$时，任何满足初始条件且$\alpha$阶可导的函数均可以作为该方程（4.4.1）的解），于是方程（4.4.1）不存在唯一解。

其次，考虑方程（4.4.2）。由于$\boldsymbol{L}_i,\boldsymbol{J}_i$的特殊形式，方程（4.4.2）形如：

$$\begin{bmatrix}1 & 0 & & & \\ & 1 & 0 & & \\ & & \ddots & \ddots & \\ & & & 1 & 0\end{bmatrix}{}_{t_0}\mathrm{D}_t^{(\alpha)}\boldsymbol{x}_{L_i}(t)=\begin{bmatrix}0 & 1 & & & \\ & 0 & 1 & & \\ & & \ddots & \ddots & \\ & & & 0 & 1\end{bmatrix}\boldsymbol{x}_{L_i}(t)+\boldsymbol{u}_{L_i}(t),$$

$$i=1,2,\cdots,p,\ \boldsymbol{L}_i,\boldsymbol{J}_i\in\mathbb{R}^{n_i\times(n_i+1)}$$

记

$$\boldsymbol{x}_{L_i}(t)=\left(x_{L_i}^{(1)},x_{L_i}^{(2)},\cdots,x_{L_i}^{(n_i+1)}\right)^{\mathrm{T}},\ \boldsymbol{u}_{L_i}(t)=\left(u_{L_i}^{(1)},u_{L_i}^{(2)},\cdots,u_{L_i}^{(n_i)}\right)^{\mathrm{T}}$$

上述方程等价于：

$$\begin{cases}{}_{t_0}\mathrm{D}_t^{(\alpha)}x_{L_i}^{(1)}(t)=x_{L_i}^{(2)}(t)+u_{L_i}^{(1)}(t),\\ {}_{t_0}\mathrm{D}_t^{(\alpha)}x_{L_i}^{(2)}(t)=x_{L_i}^{(3)}(t)+u_{L_i}^{(2)}(t),\\ \cdots\cdots\cdots\cdots\\ {}_{t_0}\mathrm{D}_t^{(\alpha)}x_{L_i}^{(n_i)}(t)=x_{L_i}^{(n_i+1)}(t)+u_{L_i}^{(n_i)}(t),\end{cases}\quad i=1,2,\cdots,p$$

进一步，我们有

$$\begin{cases}x_{L_i}^{(2)}(t)={}_{t_0}\mathrm{D}_t^{(\alpha)}x_{L_i}^{(1)}(t)-u_{L_i}^{(1)}(t),\\ x_{L_i}^{(3)}(t)={}_{t_0}\mathrm{D}_t^{(\alpha)}x_{L_i}^{(2)}(t)-u_{L_i}^{(2)}(t),\\ \cdots\cdots\cdots\cdots\\ x_{L_i}^{(n_i+1)}(t)={}_{t_0}\mathrm{D}_t^{(\alpha)}x_{L_i}^{(n_i)}(t)-u_{L_i}^{(n_i)}(t),\end{cases}\quad i=1,2,\cdots,p$$

可见，上述方程的解依赖于分量$x_{L_i}^{(1)}(t)$。由于方程对$x_{L_i}^{(1)}(t)$并无其他限制，所以任意满足初始条件且α阶可导的函数均可作为$x_{L_i}^{(1)}(t)$，于是方程

（4.4.2）有无穷多个解。

类似地，针对方程（4.4.3），考虑到矩阵 $\overline{\boldsymbol{L}}_j,\overline{\boldsymbol{J}}_j$ 的特殊形式，方程（4.4.3）可以写成：

$$\begin{bmatrix}1 & & & \\ 0 & 1 & & \\ & \ddots & \ddots & \\ & & & 1 \\ & & & 0\end{bmatrix}{}_{t_0}\mathrm{D}_t^{(\alpha)}\boldsymbol{x}_{\overline{L}_j}(t)=\begin{bmatrix}0 & & & \\ 1 & 0 & & \\ & \ddots & \ddots & \\ & & & 0 \\ & & & 1\end{bmatrix}\boldsymbol{x}_{\overline{L}_j}(t)+\boldsymbol{u}_{\overline{L}_j}(t),$$

$$j=1,2,\cdots,q,\ \overline{\boldsymbol{L}}_j,\overline{\boldsymbol{J}}_j\in\mathbb{R}^{(\overline{n}_j+1)\times\overline{n}_j}$$

记

$$\boldsymbol{x}_{\overline{L}_j}(t)=\left(x_{\overline{L}_j}^{(1)},x_{\overline{L}_j}^{(2)},\cdots,x_{\overline{L}_j}^{(\overline{n}_j)}\right)^{\mathrm{T}},\ \boldsymbol{u}_{\overline{L}_j}(t)=\left(u_{\overline{L}_j}^{(1)},u_{\overline{L}_j}^{(2)},\cdots,u_{\overline{L}_j}^{(\overline{n}_j+1)}\right)^{\mathrm{T}}$$

上述方程等价于：

$$\begin{cases}{}_{t_0}\mathrm{D}_t^{(\alpha)}x_{\overline{L}_j}^{(1)}(t)=u_{\overline{L}_j}^{(1)}(t), \\ {}_{t_0}\mathrm{D}_t^{(\alpha)}x_{\overline{L}_j}^{(2)}(t)=x_{\overline{L}_j}^{(1)}(t)+u_{\overline{L}_j}^{(2)}(t), \\ \cdots\cdots\cdots\cdots \\ {}_{t_0}\mathrm{D}_t^{(\alpha)}x_{\overline{L}_j}^{(\overline{n}_j)}(t)=x_{\overline{L}_j}^{(\overline{n}_j-1)}(t)+u_{\overline{L}_j}^{(\overline{n}_j)}(t),\end{cases}\quad j=1,2,\cdots,q$$

及方程

$$x_{\overline{L}_j}^{(\overline{n}_j)}(t)+u_{\overline{L}_j}^{(\overline{n}_j+1)}(t)=0$$

通过此方程，我们可以得到

$$x_{\overline{L}_j}^{(\overline{n}_j)}(t)=-u_{\overline{L}_j}^{(\overline{n}_j+1)}(t)$$

进而，前述方程可以等价地转化为

$$
\begin{cases}
{}_{t_0}\mathrm{D}_t^{(\alpha)} x_{\bar{L}_j}^{(1)}(t) = u_{\bar{L}_j}^{(1)}(t), \\
x_{\bar{L}_j}^{(1)}(t) = {}_{t_0}\mathrm{D}_t^{(\alpha)} x_{\bar{L}_j}^{(2)}(t) - u_{\bar{L}_j}^{(2)}(t), \\
\cdots\cdots\cdots\cdots \\
x_{\bar{L}_j}^{(\bar{n}_j-1)}(t) = {}_{t_0}\mathrm{D}_t^{(\alpha)} x_{\bar{L}_j}^{(\bar{n}_j)}(t) - u_{\bar{L}_j}^{(\bar{n}_j)}(t),
\end{cases}
\quad j = 1, 2, \cdots, q
$$

显然，对于任何足够可微的 $\boldsymbol{u}_{\bar{L}_j}(t)$，方程（4.4.3）都可以得到唯一的解 $\boldsymbol{x}_{\bar{L}_j}(t)$，但是要让所得到的解 $x_{\bar{L}_j}^{(1)}(t)$ 正好满足方程 ${}_{t_0}\mathrm{D}_t^{(\alpha)} x_{\bar{L}_j}^{(1)}(t) = u_{\bar{L}_j}^{(1)}(t)$，除了非常特殊和巧合的情况，几乎是不会出现的。因此，对于给定的 $\boldsymbol{u}_{\bar{L}_j}(t)$，方程（4.4.3）基本上没有可行解。

下面考虑方程（4.4.4）。由于 $\boldsymbol{N}_s$ 的特殊形式，方程（4.4.4）可以写成：

$$
\begin{bmatrix}
0 & 1 & & & \\
 & 0 & 1 & & \\
 & & \ddots & \ddots & \\
 & & & 0 & 1 \\
 & & & & 0
\end{bmatrix}
\mathrm{D}_t^{(\alpha)} \boldsymbol{x}_{N_s}(t) = \boldsymbol{x}_{N_s}(t) + \boldsymbol{u}_{N_s}(t),\ s = 1, 2, \cdots, 1;\ \boldsymbol{N}_s \in \mathbb{R}^{k_s \times k_s}
$$

同样，记

$$
\boldsymbol{x}_{N_s}(t) = \left(x_{N_s}^{(1)}, x_{N_s}^{(2)}, \cdots, x_{N_s}^{(k_s)}\right)^{\mathrm{T}},\ \boldsymbol{u}_{N_s}(t) = \left(u_{N_s}^{(1)}, u_{N_s}^{(2)}, \cdots, u_{N_s}^{(k_s)}\right)^{\mathrm{T}}
$$

上述方程转化为

$$
\begin{cases}
{}_{t_0}\mathrm{D}_t^{(\alpha)} x_{N_s}^{(2)}(t) = x_{N_s}^{(1)}(t) + u_{N_s}^{(1)}(t), \\
{}_{t_0}\mathrm{D}_t^{(\alpha)} x_{N_s}^{(3)}(t) = x_{N_s}^{(2)}(t) + u_{N_s}^{(2)}(t), \\
\cdots\cdots\cdots\cdots \\
{}_{t_0}\mathrm{D}_t^{(\alpha)} x_{N_s}^{(k_s)}(t) = x_{N_s}^{(k_s-1)}(t) + u_{N_s}^{(k_s-1)}(t), \\
x_{N_s}^{(k_s)}(t) + u_{N_s}^{(k_s)}(t) = 0,
\end{cases}
\quad s = 1, 2, \cdots, l
$$

进一步可以得到方程（4.4.4）的解：

$$
\begin{cases}
x_{N_s}^{(1)}(t) = {}_{t_0}\mathrm{D}_t^{(\alpha)} x_{N_s}^{(2)}(t) - u_{N_s}^{(1)}(t), \\
x_{N_s}^{(2)}(t) = {}_{t_0}\mathrm{D}_t^{(\alpha)} x_{N_s}^{(3)}(t) - u_{N_s}^{(2)}(t), \\
\cdots\cdots\cdots\cdots & s = 1, 2, \cdots, l \\
x_{N_s}^{(k_s-1)}(t) = {}_{t_0}\mathrm{D}_t^{(\alpha)} x_{N_s}^{(k_s)}(t) - u_{N_s}^{(k_s-1)}(t), \\
x_{N_s}^{(k_s)}(t) = -u_{N_s}^{(k_s)}(t),
\end{cases}
$$

显然，对于任意的 $\boldsymbol{u}_{N_s}(t)$，方程（4.4.4）总存在唯一的解 $\boldsymbol{x}_{N_s}(t)$，只要 $\boldsymbol{u}(t)$ 具有良好的可微性质，即 ${}_{t_0}\mathrm{D}_t^{(i\alpha)}\boldsymbol{u}$ 是有定义的。因此，对于任意适合的向量 $\boldsymbol{u}_{N_s}(t)$，方程（4.4.4）总有唯一解。

最后，对于方程（4.4.5），由于 $\boldsymbol{E} = \boldsymbol{I} \in \mathbb{R}^{g\times g}$，$\boldsymbol{A}_1 \in \mathbb{R}^{g\times g}$ 都是方形矩阵，根据定理 3.8 可知，方程（4.4.5）存在唯一解。

综上所述，当分数阶广义线性系统（4.3）的等价 Kronecker 标准型（4.4）中不出现（4.4.1），（4.4.2），（4.4.3）这样的形式时，系统（4.3）有唯一解。此时系统（4.4）中仅出现（4.4.4）和（4.4.5）这样的形式，这也就等价于系统（4.3）经等价变换后，转化为 Weierstrass-Kronecker 标准型。由引理 4.5 可知，这也等价于系统（4.3）是正则的，即以下定理 4.4。

定理 4.4 设 $\boldsymbol{E}, \boldsymbol{A} \in \mathbb{R}^{m\times n}$，分数阶广义线性定常系统（4.3）：

$$
\begin{cases}
\boldsymbol{E}\, {}_{t_0}^{C}\mathrm{D}_t^{(\alpha)} \boldsymbol{x} = \boldsymbol{A}\boldsymbol{x} + \boldsymbol{u} \\
\boldsymbol{x}\big|_{t=t_0} = \boldsymbol{0}
\end{cases}
$$

其中 $\boldsymbol{x}(t) \in \mathbb{R}^n$，$\boldsymbol{u}(t) \in \mathbb{R}^m, t_0 < t < T < +\infty$ 满足：

（1）$\boldsymbol{x}(t), \boldsymbol{u}(t) \in L_1(t_0, T)$；

（2）${}_{t_0}^{C}\mathrm{D}_t^{(i\alpha)}\boldsymbol{u}(i = 0, 1, 2\cdots, n)$ 有适当定义，而且

$$
{}_{t_0}^{C}\mathrm{D}_t^{(i\alpha)}\boldsymbol{u}(0) = \boldsymbol{0},\ i = 0, 1, 2\cdots, n
$$

如果存在非奇异矩阵 $\boldsymbol{P} \in \mathbb{R}^{m\times m}, \boldsymbol{Q} \in \mathbb{R}^{n\times n}$，使得

$$
(\boldsymbol{E}, \boldsymbol{A}) \sim (\overline{\boldsymbol{E}}, \overline{\boldsymbol{A}}),\ \overline{\boldsymbol{E}} = \mathrm{diag}(\boldsymbol{I}, \boldsymbol{N}),\ \overline{\boldsymbol{A}} = \mathrm{diag}(\boldsymbol{A}_1, \boldsymbol{I})
$$

即矩阵对 $(\boldsymbol{E}, \boldsymbol{A})$ 是正则的，那么系统有唯一经典解，经典解的形式如式（4.11）。

针对 Caputo 分数阶导数以外的其他分数阶导数定义，定理 4.4 也是适用的。因为在定理的证明过程中，并不涉及 Caputo 分数阶导数自身的特殊性质，而且定理 4.2 中，Sequential 分数阶导数 ${}_{t_0}\mathrm{D}_t^{(\alpha)}$ 的定义可以是 Riemann-Liouville 导数、Grünwald-Letnikov 导数、Caputo 导数，甚至是任何其他形式的分数阶导数。因此，定理 4.3、4.4 的证明对于其他形式的分数阶导数也是适用的，而且第 4.2.3 节的讨论也不涉及分数阶导数的具体形式。

4.2.4 实　例

下面给出两个具体实例，说明结论的正确性。

例 4.3　考察如下分数阶广义线性系统的解（定理 4.2 的例子）:

$$\begin{bmatrix}0&1&2\\0&0&3\\0&0&0\end{bmatrix}\begin{bmatrix}{}_0\mathrm{D}_t^{(0.5)}x_1(t)\\{}_0\mathrm{D}_t^{(0.5)}x_2(t)\\{}_0\mathrm{D}_t^{(0.5)}x_3(t)\end{bmatrix}=\begin{bmatrix}1&0&0\\0&1&0\\0&0&1\end{bmatrix}\begin{bmatrix}x_1(t)\\x_2(t)\\x_3(t)\end{bmatrix}+\begin{bmatrix}t^{2.5}\\t^2\\t^{1.5}\end{bmatrix},\ \boldsymbol{x}(0)=\boldsymbol{0}$$

解　本例中，$\boldsymbol{E}=\begin{bmatrix}0&1&2\\0&0&3\\0&0&0\end{bmatrix}=\boldsymbol{N}$ 是一个指数为 $l=3$ 的幂零矩阵，矩阵 $\boldsymbol{A}=\begin{bmatrix}1&0&0\\0&1&0\\0&0&1\end{bmatrix}=\boldsymbol{I}$ 。根据定理 4.2，该系统存在唯一解 $\boldsymbol{x}(t)$，其计算如下：

$$\begin{aligned}\boldsymbol{x}(t)&=-\sum_{i=0}^{l-1}\boldsymbol{N}^i{}_0\mathrm{D}_t^{(i\times0.5)}\boldsymbol{u}(t)=-(\boldsymbol{u}(t)+\boldsymbol{N}_0\boldsymbol{D}_t^{(0.5)}\boldsymbol{u}(t)+\boldsymbol{N}^2{}_0D_t^{(2\times0.5)}\boldsymbol{u}(t))\\
&=-\left[\begin{bmatrix}t^{2.5}\\t^2\\t^{1.5}\end{bmatrix}+\begin{bmatrix}0&1&2\\0&0&3\\0&0&0\end{bmatrix}{}_0\mathrm{D}_t^{(0.5)}\begin{bmatrix}t^{2.5}\\t^2\\t^{1.5}\end{bmatrix}+\begin{bmatrix}0&1&2\\0&0&3\\0&0&0\end{bmatrix}^2{}_0\mathrm{D}_t^{(2\times0.5)}\begin{bmatrix}t^{2.5}\\t^2\\t^{1.5}\end{bmatrix}\right]\\
&=-\left[\begin{bmatrix}t^{2.5}\\t^2\\t^{1.5}\end{bmatrix}+\begin{bmatrix}0&1&2\\0&0&3\\0&0&0\end{bmatrix}\begin{bmatrix}\dfrac{\Gamma(3.5)}{\Gamma(3)}t^2\\\dfrac{\Gamma(3)}{\Gamma(2.5)}t^{1.5}\\\dfrac{\Gamma(2.5)}{\Gamma(2)}t\end{bmatrix}+\begin{bmatrix}0&0&3\\0&0&0\\0&0&0\end{bmatrix}\begin{bmatrix}\dfrac{\Gamma(3.5)}{\Gamma(2.5)}t^{1.5}\\\dfrac{\Gamma(3)}{\Gamma(2)}t\\\dfrac{\Gamma(2.5)}{\Gamma(1.5)}t^{0.5}\end{bmatrix}\right]\end{aligned}$$

$$= -\begin{bmatrix} t^{2.5} + \frac{\Gamma(3)}{\Gamma(2.5)} t^{1.5} + \frac{2\Gamma(2.5)}{\Gamma(2)} t + \frac{3\Gamma(2.5)}{\Gamma(1.5)} t^{0.5} \\ t^2 + \frac{3\Gamma(2.5)}{\Gamma(2)} t \\ t^{1.5} \end{bmatrix}$$

可以通过计算验证该解的正确性，解的图像如图 4-2 所示。

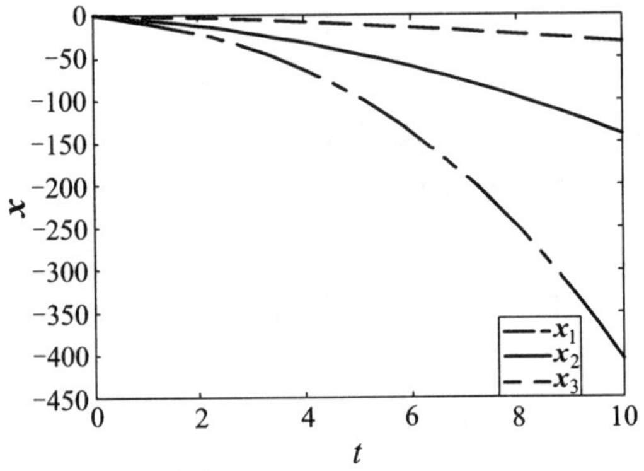

图 4-2　例 4.3 的解

例 4.4　考察具有 Kronecker 标准型的分数阶广义线性系统的解：

$$\begin{bmatrix} 2 & 1 & 2 & 5 \\ 3 & 2 & 2 & 6 \\ 0 & 0 & 0 & 0 \\ 0 & 0 & 1 & 2 \end{bmatrix} \begin{bmatrix} {}_0\mathrm{D}_t^{(0.5)} x_1(t) \\ {}_0\mathrm{D}_t^{(0.5)} x_2(t) \\ {}_0\mathrm{D}_t^{(0.5)} x_3(t) \\ {}_0\mathrm{D}_t^{(0.5)} x_4(t) \end{bmatrix} = \begin{bmatrix} 4 & 3 & 5 & 11 \\ 5 & 4 & 5 & 13 \\ 0 & 0 & 1 & 2 \\ 0 & 0 & 3 & 5 \end{bmatrix} \begin{bmatrix} x_1(t) \\ x_2(t) \\ x_3(t) \\ x_4(t) \end{bmatrix} + \begin{bmatrix} 2t \\ 2t \\ t \\ 2t \end{bmatrix} \tag{1}$$

初值 $\boldsymbol{x}(0) = \boldsymbol{0}$。

解　本例中，

$$\boldsymbol{E} = \begin{bmatrix} 2 & 1 & 2 & 5 \\ 3 & 2 & 2 & 6 \\ 0 & 0 & 0 & 0 \\ 0 & 0 & 1 & 2 \end{bmatrix},\ \boldsymbol{A} = \begin{bmatrix} 4 & 3 & 5 & 11 \\ 5 & 4 & 5 & 13 \\ 0 & 0 & 1 & 2 \\ 0 & 0 & 3 & 5 \end{bmatrix}$$

存在两个非奇异矩阵 $\boldsymbol{P}$ 和 $\boldsymbol{Q}$：

$$\boldsymbol{P}=\begin{bmatrix}1&0&3&-2\\-1&1&-2&1\\0&0&-2&1\\0&0&1&0\end{bmatrix},\quad \boldsymbol{Q}=\begin{bmatrix}1&-1&0&1\\-1&2&1&-3\\0&0&2&-1\\0&0&-1&1\end{bmatrix}$$

满足：

$$\overline{\boldsymbol{E}}=\boldsymbol{PEQ}=\begin{bmatrix}1&0&0&0\\0&1&0&0\\0&0&0&1\\0&0&0&0\end{bmatrix},\ \overline{\boldsymbol{A}}=\boldsymbol{PAQ}=\begin{bmatrix}1&2&0&0\\0&1&0&0\\0&0&1&0\\0&0&0&1\end{bmatrix},\ \overline{\boldsymbol{U}}=\boldsymbol{PU}=\begin{bmatrix}t\\0\\0\\t\end{bmatrix}$$

显然，$\overline{\boldsymbol{E}}=\mathrm{diag}(\boldsymbol{I},\boldsymbol{N}),\ \overline{\boldsymbol{A}}=\mathrm{diag}(\boldsymbol{A}_1,\boldsymbol{I})$，我们进一步得到

$$\left|\lambda\boldsymbol{I}-\boldsymbol{A}_1\right|=\begin{vmatrix}\lambda-1&-2\\0&\lambda-1\end{vmatrix}=(\lambda-1)^2$$

它不是零多项式，因此，矩阵对 $(\boldsymbol{I},\boldsymbol{A}_1)$ 是正则的。

由定理 4.3 可知，该分数阶广义线性系统有唯一解，下面计算其解。

置 $\boldsymbol{x}(t)=\boldsymbol{Q}\overline{\boldsymbol{x}(t)}$，即 $\overline{\boldsymbol{x}(t)}=\boldsymbol{Q}^{-1}\boldsymbol{x}(t)$，将（1）式两边同时左乘 $\boldsymbol{P}$，得到系统（1）的等价形式（2）：

$$\begin{bmatrix}1&0&0&0\\0&1&0&0\\0&0&0&1\\0&0&0&0\end{bmatrix}\begin{bmatrix}{}_0\mathrm{D}_t^{(0.5)}\overline{x_1(t)}\\{}_0\mathrm{D}_t^{(0.5)}\overline{x_2(t)}\\{}_0\mathrm{D}_t^{(0.5)}\overline{x_3(t)}\\{}_0\mathrm{D}_t^{(0.5)}\overline{x_4(t)}\end{bmatrix}=\begin{bmatrix}1&2&0&0\\0&1&0&0\\0&0&1&0\\0&0&0&1\end{bmatrix}\begin{bmatrix}\overline{x_1(t)}\\\overline{x_2(t)}\\\overline{x_3(t)}\\\overline{x_4(t)}\end{bmatrix}+\begin{bmatrix}t\\0\\0\\t\end{bmatrix},\ \overline{\boldsymbol{x}}(0)=\boldsymbol{0} \tag{2}$$

通过 Laplace 变换，容易得到（2）式的解：

$$\overline{x_1(t)}=t^{\frac{3}{2}}\boldsymbol{E}_{\frac{1}{2},\frac{5}{2}}(\sqrt{t})=\sum_{k=0}^{+\infty}\frac{t^{\frac{k+3}{2}}}{\Gamma\left(\frac{k+5}{2}\right)},\ \overline{x_2(t)}=0,\ \overline{x_3(t)}=-\frac{2}{\sqrt{\pi}}\sqrt{t},\ \overline{x_4(t)}=-t$$

因此，分数阶广义线性系统（1）的解为

$$x_1(t)=\sum_{k=0}^{+\infty}\frac{t^{\frac{k+3}{2}}}{\Gamma\left(\frac{k+5}{2}\right)}-t,\ \ x_2(t)=-\sum_{k=0}^{+\infty}\frac{t^{\frac{k+3}{2}}}{\Gamma\left(\frac{k+5}{2}\right)}-\frac{2}{\sqrt{\pi}}\sqrt{t}+3t$$

$$x_3(t)=-\frac{4}{\sqrt{\pi}}\sqrt{t}+\mathrm{t},\ \ x_4(t)=\frac{2}{\sqrt{\pi}}\sqrt{t}-t$$

该解满足初始条件 $\boldsymbol{x}(0)=\boldsymbol{0}$，解的图像如图 4-3 和 4-4 所示。

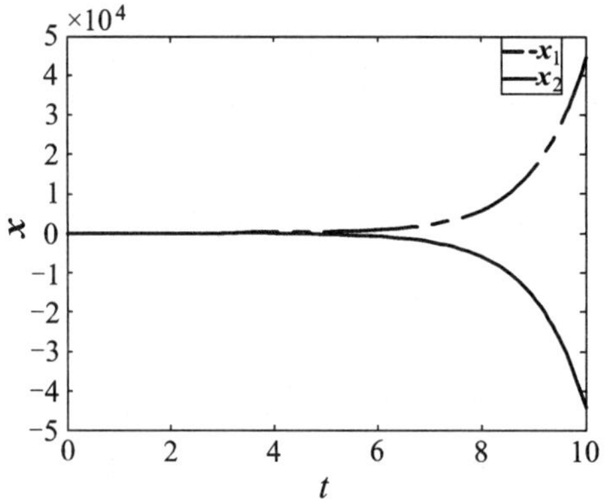

图 4-3　例 4.4 解的 x_1, x_2

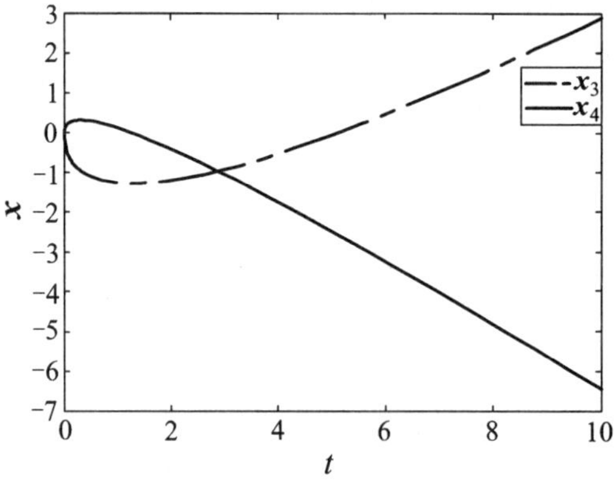

图 4-4　例 4.4 解的 x_3, x_4

4.3 分数阶广义线性定常系统的分布解

在第 4.2 节,我们在初值相容条件下研究了分数阶广义线性定常系统（4.3）的解的性质以及经典解的形式。但当初值不相容时，就要考虑系统的分布解，然而，分数阶广义线性系统分布解的研究还不够完善。我们知道，广义线性系统可以分解为慢子系统和快子系统两部分，其中慢子系统的解具有经典形式，不含有分布函数；快子系统部分由于经过 Laplace 变换后含有 s 的多项式项，其 Laplace 逆变换导致快子系统具有包含狄拉克函数 $\delta(t)$ 及其整数阶导数组合的分布解[60]。而分数阶广义线性系统的快子系统经过 Laplace 逆变换后也含有 s 的多项式（分数次幂），因此，分数阶广义线性系统快子系统是否也有分布解呢？如果有，分布解的形式如何？关于这些问题，已有的研究工作[97]并未给出理想解答。本节基于狄拉克函数 $\delta(t)$ 的 Caputo 导数及其 Laplace（逆）变换，研究分数阶广义线性系统的分布解，试图对上述问题做出完整的回答。

4.3.1 狄拉克函数的 Caputo 导数及其 Laplace 变换

研究表明，狄拉克函数 $\delta(t)$ 及其 Caputo 导数是研究分数阶广义线性系统分布解的基础，下面首先介绍狄拉克函数 $\delta(t)$ 及其 Caputo 分数阶导数的基本定义及相关性质。

狄拉克函数 $\delta(t)$ 不是通常意义下的经典函数，而是一种广义函数（又称分布）。一般来说，$\delta(t)$ 的定义如下：

定义 4.3[52] $\delta(t)=0,(t\neq 0)$，且 $\int_{-\infty}^{+\infty}\delta(t)\mathrm{d}t=1$。

$\delta(t)$ 的常用性质有[52]：

性质 4.3 设函数 $f(t)$在包含 0 的区间$[a, b]$上连续，则有

$$\int_a^b f(t)\delta(t)\mathrm{d}t=f(0)$$

特别地，$\int_a^b \delta(t)\mathrm{d}t=1$，从而有

$$\int_{-1}^{t}\delta(\tau)\mathrm{d}\tau=u(t)=\begin{cases}1, & t\geqslant 0\\ 0, & t<0\end{cases}$$

于是函数 $\delta(t)$ 可以看成函数 $u(t)$（单位阶跃函数）的导函数。

性质 4.4 $\delta^{(i)}(t)$ 是 $\delta(t)$ 的 i 阶导数($i\in\mathbb{N}$)，同样有

$$\delta^{(i)}(t)=0,\ t\neq 0$$

而且若函数 $f(t)$ 在包含 0 的区间 $[a, b]$ 上连续，在 $t=0$ 处 i 阶可导，则有

$$\int_a^b f(t)\delta^{(i)}(t)\mathrm{d}t=(-1)^i f^{(i)}(0)$$

性质 4.5[52,98] $\delta^{(i)}(t)$ 的 Laplace 变换为

$$\mathscr{L}(\delta^{(i)}(t))=s^i,\ i\in\mathbb{N}$$

特别地，$\mathscr{L}(\delta(t))$=1。

此外，性质 4.6 及等价性质 4.6′ 给出了常用函数 t^α 的 Laplace 变换。

性质 4.6[99] 当 $\alpha>-1$ 时，$\mathscr{L}(t^\alpha)=\dfrac{\Gamma(\alpha+1)}{s^{\alpha+1}}$，$u(t)$ 是单位阶跃函数。

性质 4.6' 当 $\alpha<0$ 时，$\mathscr{L}^{-1}(s^\alpha)=\mathscr{L}^{-1}\left(\dfrac{1}{s^{-\alpha}}\right)=\dfrac{t^{-\alpha-1}}{\Gamma(-\alpha)}$。

下面研究 δ 函数的 Caputo 导数 ${}_0^C\mathrm{D}_t^{(\alpha)}\delta(t)$ 的 Laplace 变换问题。利用 Caputo 导数概念，自然有如下的 ${}_0^C\mathrm{D}_t^{(\alpha)}\delta(t)$ 概念：

$${}_0^C D_t^{(\alpha)}\delta(t)=\begin{cases} {}_0I_t^{(-\alpha)}\delta(t)=\dfrac{1}{\Gamma(-\alpha)}\displaystyle\int_0^t(t-\tau)^{-\alpha-1}\delta(\tau)\mathrm{d}\tau, & \alpha<0 \\ \delta^{(m)}(t), & \alpha=m,\ m\in\mathbb{N} \\ {}_0^C\mathrm{D}_t^{(\alpha-m)}\mathrm{D}^{(m)}\delta(t)=\dfrac{1}{\Gamma(m-\alpha)}\displaystyle\int_0^t(t-\tau)^{m-\alpha-1}\delta^{(m)}(\tau)\mathrm{d}\tau, & \\ & 0\leqslant m-1<\alpha<m,\ m\in\mathbb{N}^+ \end{cases}$$

结合上述定义和前述性质，不难得到 ${}_0^C\mathrm{D}_t^{(\alpha)}\delta(t), (\alpha\notin\mathbb{N})$ 的解析形式，即以下定理。

定理 4.5 ${}_0^C\mathrm{D}_t^{(\alpha)}\delta(t)=\dfrac{1}{\Gamma(-\alpha)}\dfrac{1}{t^{\alpha+1}}\ (\alpha\notin\mathbb{N})$。

证明 根据上述 ${}_0^C\mathrm{D}_t^{(\alpha)}\delta(t)$ 定义中 α 的不同取值，分以下情况讨论：

（1）若 $\alpha<0$，由 ${}_0^C\mathrm{D}_t^{(\alpha)}\delta(t)$ 的定义及性质 4.3，有

$$
\begin{aligned}
{}_0^C\mathrm{D}_t^{(\alpha)}\delta(t) &= \frac{1}{\Gamma(-\alpha)}\int_0^t (t-\tau)^{-\alpha-1}\delta(\tau)\mathrm{d}\tau \\
&= \frac{1}{\Gamma(-\alpha)}(t-\tau)^{-\alpha-1}\Big|_{\tau=0} = \frac{1}{\Gamma(-\alpha)}\frac{1}{t^{\alpha+1}}
\end{aligned}
$$

（2）若 $0\leqslant m-1<\alpha<m,\ m\in\mathbb{N}^+$，由 ${}_0^C\mathrm{D}_t^{(\alpha)}\delta(t)$ 的定义及性质 4.4 有

$$
\begin{aligned}
{}_0^C\mathrm{D}_t^{(\alpha)}\delta(t) &= {}_0^C\mathrm{D}_t^{(\alpha-m)}\mathrm{D}^{(m)}\delta(t) \\
&= \frac{1}{\Gamma(m-\alpha)}\int_0^t (t-\tau)^{m-\alpha-1}\delta^{(m)}(\tau)\mathrm{d}\tau \\
&= \frac{(-1)^m}{\Gamma(m-\alpha)}\frac{\mathrm{d}^m(t-\tau)^{m-\alpha-1}}{\mathrm{d}\tau^m}\Bigg|_{\tau=0} \\
&= \frac{(-1)^{m-1}(m-\alpha-1)}{\Gamma(m-\alpha)}\frac{\mathrm{d}^{m-1}(t-\tau)^{m-\alpha-2}}{\mathrm{d}\tau^{m-1}}\Bigg|_{\tau=0} \\
&= \frac{(-1)^{m-1}}{\Gamma(m-\alpha-1)}\frac{\mathrm{d}^{m-1}(t-\tau)^{-(\alpha+1)+m-1}}{\mathrm{d}\tau^{m-1}}\Bigg|_{\tau=0} \\
&= \cdots \\
&= \frac{(-1)^{m-m}}{\Gamma(m-\alpha-m)}(t-\tau)^{-(\alpha+1)+m-m}\Bigg|_{\tau=0} = \frac{1}{\Gamma(-\alpha)}\frac{1}{t^{\alpha+1}}
\end{aligned}
$$

显然，当 $\alpha>-1\ (\alpha\notin\mathbb{N})$ 时，${}_0^C\mathrm{D}_t^{(\alpha)}\delta(t)$ 将会随着时间的增加而趋于 0，这一良好性质会在后面的系统稳定性分析中起作用。

利用上述定义和性质，我们还可以得到函数 $\delta(t)$ 的 Caputo 分数阶导数 ${}_0^C\mathrm{D}_t^{(\alpha)}\delta(t)$ 的 Laplace 变换 $\mathscr{L}\left[{}_0^C\mathrm{D}_t^{(\alpha)}\delta(t):s\right]$，即定理 4.6。

定理 4.6 $\mathscr{L}\left[{}_0^C\mathrm{D}_t^{(\alpha)}\delta(t):s\right]=s^\alpha,\alpha\in\mathbb{R}$。

证明 针对 ${}_0^C\mathrm{D}_t^{(\alpha)}\delta(t)$ 定义中 α 的不同取值分类讨论。

（1）当$\alpha<0$时：

$$\begin{aligned}\mathscr{L}\left[{}_{0}^{C}\mathrm{D}_{t}^{(\alpha)}\delta(t):s\right]&=\mathscr{L}\left[{}_{0}I_{t}^{(-\alpha)}\delta(t):s\right]\\&=\mathscr{L}\left[\frac{1}{\Gamma(-\alpha)}\int_{0}^{t}(t-\tau)^{-\alpha-1}\delta(\tau)\mathrm{d}\tau:s\right]\\&=\frac{1}{\Gamma(-\alpha)}\mathscr{L}\left[t^{-\alpha-1}*\delta(t)\right]\\&=\frac{1}{\Gamma(-\alpha)}\mathscr{L}(t^{-\alpha-1})\cdot\mathscr{L}\left[\delta(t)\right]\end{aligned}$$

由于$-\alpha-1>-1$，利用性质 4.6，得到

$$\mathscr{L}\left[{}_{0}^{C}D_{t}^{(\alpha)}\delta(t):s\right]=\frac{1}{\Gamma(-\alpha)}\cdot\frac{\Gamma(-\alpha)}{s^{-\alpha}}=s^{\alpha}$$

（2）当$\alpha=m,\ m\in\mathbb{N}$时，由性质 4.5 知$\mathscr{L}\left(\delta^{(m)}(t)\right)=s^{m}$。

（3）当$0\leqslant m-1<\alpha<m,\ m\in\mathbb{N}^{+}$时：

$$\begin{aligned}\mathscr{L}\left[{}_{0}^{C}\mathrm{D}_{t}^{(\alpha)}\delta(t):s\right]&=\mathscr{L}\left[\frac{1}{\Gamma(m-\alpha)}\int_{0}^{t}(t-\tau)^{m-\alpha-1}\delta^{(m)}(\tau)\mathrm{d}\tau:s\right]\\&=\frac{1}{\Gamma(m-\alpha)}\mathscr{L}\left[t^{m-\alpha-1}*\delta^{(m)}(t)\right]\\&=\frac{1}{\Gamma(m-\alpha)}\mathscr{L}(t^{m-\alpha-1})\cdot\mathscr{L}\left[\delta^{(m)}(t)\right]\end{aligned}$$

由于$m-1<\alpha<m$，所以$-1<m-\alpha-1<0$，于是利用性质 4.6 和性质 4.5 得到

$$\begin{aligned}\mathscr{L}\left[{}_{0}^{C}\mathrm{D}_{t}^{(\alpha)}\delta(t):s\right]&=\frac{1}{\Gamma(m-\alpha)}\mathscr{L}(t^{m-\alpha-1})\cdot\mathscr{L}\left[\delta^{(m)}(t)\right]\\&=\frac{1}{\Gamma(m-\alpha)}\cdot\frac{\Gamma(m-\alpha)}{s^{m-\alpha}}\cdot s^{m}=s^{\alpha}\end{aligned}$$

定理 4.6 将函数$\delta^{(i)}(t),\ i\in\mathbb{N}$的 Laplace 变换推广至${}_{0}^{C}\mathrm{D}_{t}^{(\alpha)}\delta(t),\ \alpha\in\mathbb{R}$的 Laplace 变换。性质 4.5 给出了$\mathscr{L}(\delta^{(i)}(t))=s^{i},\ i\in\mathbb{N}$，而定理 4.6 证明

了 $\mathscr{L}\left[{}_0^C\mathrm{D}_t^{(\alpha)}\delta(t)\right]=s^\alpha$，$\alpha\in\mathbb{R}$。易见，$\delta(t)$ 的整数阶导数和 Caputo 分数阶导数的 Laplace 变换在形式上保持一致，$\delta(t)$ 分数阶导数的 Laplace 变换是其整数阶导数的 Laplace 变换的推广。

对定理 4.6 施行 Laplace 逆变换，可以得到推论 4.1。

推论 4.1 $\mathscr{L}^{-1}(s^\alpha)={}_0^C\mathrm{D}_t^{(\alpha)}\delta(t)$，$\alpha\in\mathbb{R}$。

推论 4.1 的重要性在于它给出了当 $\alpha>0$ 时，$\mathscr{L}^{-1}(s^\alpha)={}_0^C\mathrm{D}_t^{(\alpha)}\delta(t)$ 的结论。事实上，当 $\alpha<0$ 时，

$$\mathscr{L}^{-1}(s^\alpha)=\mathscr{L}^{-1}\left(\frac{1}{s^{-\alpha}}\right)=\frac{t^{-\alpha-1}}{\Gamma(-\alpha)}\quad（性质 4.6'）$$

这正是定理 4.6 证明的第（1）部分。通过引入广义分布函数 $\delta(t)$ 及其分数阶导数 ${}_0^C\mathrm{D}_t^{(\alpha)}\delta(t)$，定理 4.6 得到了 $s^\alpha,\alpha\in\mathbb{R}$ 的 Laplace 逆变换（象原函数），这也为工程应用中系统分析、微分方程的求解提供了便利。

4.3.2 慢子系统的解和快子系统的分布解

考虑如下分数阶广义线性定常系统：

$$\begin{cases}\boldsymbol{E}\,{}_0^C\mathrm{D}_t^{(\alpha)}\boldsymbol{x}(t)=\boldsymbol{A}\boldsymbol{x}(t)+\boldsymbol{B}\boldsymbol{u}(t),\ \ \boldsymbol{x}(0)=\boldsymbol{x}_0 & (4.12.1)\\ y(t)=\boldsymbol{C}\boldsymbol{x}(t)+\boldsymbol{D}\boldsymbol{u}(t) & (4.12.2)\end{cases}\tag{4.12}$$

其中 $\boldsymbol{x}(t),\boldsymbol{y}(t),\boldsymbol{u}(t)$ 分别是系统的状态变量、输出变量和控制输入变量，维数分别为 $\boldsymbol{x}(t)\in\mathbb{R}^n,\boldsymbol{y}(t)\in\mathbb{R}^m,\boldsymbol{u}(t)\in\mathbb{R}^r$；系数矩阵 $\boldsymbol{E},\boldsymbol{A}\in\mathbb{R}^{n\times n}$，$\boldsymbol{B}\in\mathbb{R}^{n\times r}$，$\boldsymbol{C}\in\mathbb{R}^{m\times n}$，$\boldsymbol{D}\in\mathbb{R}^{m\times r}$，其中分数阶导数采用 Caputo 导数，导数阶数 $0<\alpha<1$。考虑到系统（4.12）解的存在唯一性，假设矩阵对 $(\boldsymbol{E},\boldsymbol{A})$ 是正则的。

求解分数阶广义线性定常系统（4.12）的关键在于求其子系统（4.12.1）的解。由于系数矩阵 $(\boldsymbol{E},\boldsymbol{A})$ 是正则的，故存在可逆变换矩阵 $\boldsymbol{P}_1$ 和 $\boldsymbol{P}_2$，使得矩阵对 $(\boldsymbol{E},\boldsymbol{A})$ 经过受限等价变换后，具有如下形式：

$$(\boldsymbol{E},\boldsymbol{A})\sim\boldsymbol{P}_1(\boldsymbol{E},\boldsymbol{A})\boldsymbol{P}_2=(\boldsymbol{P}_1\boldsymbol{E}\boldsymbol{P}_2,\boldsymbol{P}_1\boldsymbol{A}\boldsymbol{P}_2)=\left(\begin{bmatrix}\boldsymbol{I}&\boldsymbol{0}\\\boldsymbol{0}&\boldsymbol{N}\end{bmatrix},\begin{bmatrix}\boldsymbol{A}_1&\boldsymbol{0}\\\boldsymbol{0}&\boldsymbol{I}\end{bmatrix}\right)$$

其中 N 是一个幂零矩阵，即设其指数为 h，有 $N^i \neq 0, N^h = 0, i = 1,2,\cdots,h-1$。

将系统（4.12.1）左乘 P_1，令 $x = P_2[x_1, x_2]^{\mathrm{T}}$，该系统可等价变换为系统（4.13.1）($0<\alpha \leqslant 1$)：

$$\begin{cases} {}_0^C\mathrm{D}_t^{(\alpha)} x_1(t) = A_1 x_1(t) + B_1 u(t), \ \ x_1(0) = x_{10} & (4.13.1) \\ N\, {}_0^C\mathrm{D}_t^{(\alpha)} x_2(t) = x_2(t) + B_2 u(t), x_2(0) = x_{20} & (4.13.2) \end{cases} \qquad (4.13)$$

与一般的广义线性系统相对应，我们把系统（4.13）的子系统（4.13.1）也称为分数阶广义线性系统的慢子系统，而子系统（4.13.2）称为分数阶广义线性系统的快子系统。下面分别讨论分数阶广义线性系统的快子系统和慢子系统的解。

显然，慢子系统（4.13.1）是一般分数阶微分系统，它的解在定理 3.8 中给出了明确的结论，这里不再赘述。下面重点讨论分数阶广义线性系统的快子系统（4.13.2）的解。关于系统（4.13.2）的解，我们给出如下定理。

定理 4.7 分数阶广义线性系统的快子系统（$0<\alpha<1$）：

$$N\, {}_0^{\mathrm{C}}\mathrm{D}_t^{(\alpha)} x_2(t) = x_2(t) + B_2 u(t), \ \ x_2(0) = x_{20} \qquad (4.13.2)$$

的解如下：

$$x_2(t, u, x_{20}) = x_{2i}(t, x_{20}) + x_{2u}(t, u) \qquad (4.14)$$

其中

$$x_{2i}(t, x_{20}) = -\sum_{k=1}^{h-1} N^k\, {}_0^C\mathrm{D}_t^{(k\alpha-1)} \delta(t) x_{20} \qquad (4.15)$$

$$x_{2u}(t, u) = -\sum_{k=0}^{h-1} N^k B_2 \left[{}_0^C\mathrm{D}_t^{(k\alpha)} u(t) + \sum_{i=0}^{l_k-1} {}_0^C\mathrm{D}_t^{(k\alpha-1-i)} \delta(t) u^{(i)}(0) \right] \qquad (4.16)$$

式中 h 是幂零矩阵 N 的指数，$l_k = \lceil k\alpha \rceil$，$k = 0,1,2,\cdots,h-1$。

证明 对快子系统两边施行 Laplace 变换，则有

$$N(s^{\alpha} X_2(s) - s^{\alpha-1} x_2(0)) = I X_2(s) + B_2 U(s) \qquad (4.17)$$

移项整理得

$$(\boldsymbol{N}s^{\alpha}-\boldsymbol{I})\boldsymbol{X}_2(s)=\boldsymbol{N}s^{\alpha-1}\boldsymbol{x}_2(0)+\boldsymbol{B}_2\boldsymbol{U}(s)$$

进而有

$$\boldsymbol{X}_2(s)=(\boldsymbol{N}s^{\alpha}-\boldsymbol{I})^{-1}\left[\boldsymbol{N}s^{\alpha-1}\boldsymbol{x}_2(0)+\boldsymbol{B}_2\boldsymbol{U}(s)\right]$$

对 $(\mathrm{s}^{\alpha}\boldsymbol{N}-\boldsymbol{I})^{-1}$ 利用 Neumann 级数展开，即

$$(\boldsymbol{N}s^{\alpha}-\boldsymbol{I})^{-1}=-\sum_{k=0}^{\infty}\boldsymbol{N}^k s^{\alpha k}$$

同时考虑到矩阵 $\boldsymbol{N}$ 的幂零性质且指数为 h，上述展开式可以简化为有限项的和

$$(\boldsymbol{N}\mathrm{s}^{\alpha}-\boldsymbol{I})^{-1}=-\sum_{k=0}^{h-1}\boldsymbol{N}^k s^{\alpha k}$$

将其代入上式中，则有

$$\begin{aligned}\boldsymbol{X}_2(s)&=-\sum_{k=0}^{h-1}\boldsymbol{N}^k s^{\alpha k}\left[\boldsymbol{N}s^{\alpha-1}\boldsymbol{x}_2(0)+\boldsymbol{B}_2\boldsymbol{U}(s)\right]\\&=-\sum_{k=0}^{h-1}\left[\boldsymbol{N}^{k+1}s^{(k+1)\alpha-1}\boldsymbol{x}_2(0)+\boldsymbol{N}^k s^{\alpha k}\boldsymbol{B}_2\boldsymbol{U}(s)\right]\\&=-\sum_{k=0}^{h-1}\boldsymbol{N}^{k+1}s^{(k+1)\alpha-1}\boldsymbol{x}_2(0)-\sum_{k=0}^{h-1}\boldsymbol{N}^k s^{k\alpha}\boldsymbol{B}_2\boldsymbol{U}(s)\\&=-\sum_{k=1}^{h-1}\boldsymbol{N}^k s^{k\alpha-1}\boldsymbol{x}_2(0)-\sum_{k=0}^{h-1}\boldsymbol{N}^k s^{k\alpha}\boldsymbol{B}_2\boldsymbol{U}(s)\end{aligned} \tag{4.18}$$

利用推论 4.1，对上式两边同时进行 Laplace 逆变换，可得

$$\begin{aligned}\boldsymbol{x}_2(t)&=\mathscr{L}^{-1}\left\{-\sum_{k=1}^{h-1}\boldsymbol{N}^k s^{k\alpha-1}\boldsymbol{x}_2(0)-\sum_{k=0}^{h-1}\boldsymbol{N}^k s^{k\alpha}\boldsymbol{B}_2\boldsymbol{U}(s)\right\}\\&=-\sum_{k=1}^{h-1}\boldsymbol{N}^k\mathscr{L}^{-1}\left[s^{k\alpha-1}\right]\boldsymbol{x}_2(0)-\mathscr{L}^{-1}\left[\sum_{k=0}^{h-1}\boldsymbol{N}^k s^{k\alpha}\boldsymbol{B}_2\boldsymbol{U}(s)\right]\\&=-\sum_{k=1}^{h-1}\boldsymbol{N}^k\,{}_0^C\mathrm{D}_t^{(k\alpha-1)}\delta(t)\boldsymbol{x}_{20}-\mathscr{L}^{-1}\left[\sum_{k=0}^{h-1}\boldsymbol{N}^k s^{k\alpha}\boldsymbol{B}_2\boldsymbol{U}(s)\right]\end{aligned} \tag{4.19}$$

下面计算 $\mathscr{L}^{-1}\left[\sum_{k=0}^{h-1} \boldsymbol{N}^k s^{k\alpha} \boldsymbol{B}_2 \boldsymbol{U}(s)\right]$。考虑到：

$$\mathscr{L}\left[{}_0^C\mathrm{D}_t^{(k\alpha)}\boldsymbol{u}(t)\right] = s^{k\alpha}\boldsymbol{U}(s) - \sum_{i=0}^{l_k-1} s^{k\alpha-1-i}\boldsymbol{u}^{(i)}(0),\ (l_k - 1 < k\alpha \leqslant l_k, l_k \in \mathbb{N}^+)$$

移项得

$$s^{k\alpha}\boldsymbol{U}(s) = \mathscr{L}\left[{}_0^C\mathrm{D}_t^{(k\alpha)}\boldsymbol{u}(t)\right] + \sum_{i=0}^{l_k-1} s^{k\alpha-1-i}\boldsymbol{u}^{(i)}(0)$$

于是

$$\begin{aligned}\mathscr{L}^{-1}\left[s^{k\alpha}\boldsymbol{U}(s)\right] &= \mathscr{L}^{-1}\left\{\mathscr{L}\left[{}_0^C\mathrm{D}_t^{(k\alpha)}\boldsymbol{u}(t)\right] + \sum_{i=0}^{l_k-1} s^{k\alpha-1-i}\boldsymbol{u}^{(i)}(0)\right\} \\ &= {}_0^C\mathrm{D}_t^{(k\alpha)}\boldsymbol{u}(t) + \sum_{i=0}^{l_k-1} {}_0^C\mathrm{D}_t^{(k\alpha-1-i)}\delta(t)\boldsymbol{u}^{(i)}(0)\end{aligned} \tag{4.20}$$

从而得到

$$\mathscr{L}^{-1}\left[\sum_{k=0}^{h-1} \boldsymbol{N}^k s^{k\alpha} \boldsymbol{B}_2 \boldsymbol{U}(s)\right] = \sum_{k=0}^{h-1} \boldsymbol{N}^k \boldsymbol{B}_2 \left[{}_0^C\mathrm{D}_t^{(k\alpha)}\boldsymbol{u}(t) + \sum_{i=0}^{l_k-1} {}_0^C\mathrm{D}_t^{(k\alpha-1-i)}\delta(t)\boldsymbol{u}^{(i)}(0)\right]$$

将上式代入式（4.19），得到快子系统（4.13.2）的解：

$$\boldsymbol{x}_2(t) = -\sum_{k=1}^{h-1} \boldsymbol{N}^k\, {}_0^C\mathrm{D}_t^{(k\alpha-1)}\delta(t)\boldsymbol{x}_{20} - \sum_{k=0}^{h-1} \boldsymbol{N}^k \boldsymbol{B}_2 \left[{}_0^C\mathrm{D}_t^{(k\alpha)}\boldsymbol{u}(t) + \sum_{i=0}^{l_k-1} {}_0^C\mathrm{D}_t^{(k\alpha-1-i)}\delta(t)\boldsymbol{u}^{(i)}(0)\right]$$

显然

$$\boldsymbol{x}_2(t, \boldsymbol{u}, \boldsymbol{x}_{20}) = \boldsymbol{x}_{2i}(t, \boldsymbol{x}_{20}) + \boldsymbol{x}_{2u}(t, \boldsymbol{u})$$

其中

$$\boldsymbol{x}_{2i}(t, \boldsymbol{x}_{20}) = -\sum_{k=1}^{h-1} \boldsymbol{N}^k\, {}_0^C\mathrm{D}_t^{(k\alpha-1)}\delta(t)\boldsymbol{x}_{20}$$

$$\boldsymbol{x}_{2u}(t, u) = -\sum_{k=0}^{h-1} \boldsymbol{N}^k \boldsymbol{B}_2 \left[{}_0^C\mathrm{D}_t^{(k\alpha)}\boldsymbol{u}(t) + \sum_{i=0}^{l_k-1} {}_0^C\mathrm{D}_t^{(k\alpha-1-i)}\delta(t)\boldsymbol{u}^{(i)}(0)\right]$$

证毕。

易见，快子系统（4.13.2）的解含有分布函数 $\delta(t)$ 及控制输入 $\boldsymbol{u}(t)$ 的 Caputo 分数阶导数的线性组合，它是分布解。

4.3.3 分数阶广义线性定常系统的分布解及结构

综合定理 3.8 和定理 4.7，同时考虑到系统（4.12.1）和（4.13）之间的受限等价关系，对于系统（4.12.1）的解有如下定理。

定理 4.8 正则分数阶广义线性系统 $(0<\alpha<1)$：

$$\boldsymbol{E}\,{}_0^C\mathrm{D}_t^{(\alpha)}\boldsymbol{x}(t)=\boldsymbol{A}\boldsymbol{x}(t)+\boldsymbol{B}\boldsymbol{u}(t),\ \boldsymbol{x}(0)=\boldsymbol{x}_0$$

经受限等价变换

$$(\boldsymbol{E},\boldsymbol{A})\sim\boldsymbol{P}_1(\boldsymbol{E},\boldsymbol{A})\boldsymbol{P}_2=(\boldsymbol{P}_1\boldsymbol{E}\boldsymbol{P}_2,\boldsymbol{P}_1\boldsymbol{A}\boldsymbol{P}_2)=\left(\begin{bmatrix}\boldsymbol{I} & \boldsymbol{0}\\ \boldsymbol{0} & \boldsymbol{N}\end{bmatrix},\begin{bmatrix}\boldsymbol{A}_1 & \boldsymbol{0}\\ \boldsymbol{0} & \boldsymbol{I}\end{bmatrix}\right)$$

后，等价于系统：

$$\begin{cases}{}_0^C\mathrm{D}_t^{(\alpha)}\boldsymbol{x}_1(t)=\boldsymbol{A}_1\boldsymbol{x}_1(t)+\boldsymbol{B}_1\boldsymbol{u}(t),\ \ \boldsymbol{x}_1(0)=\boldsymbol{x}_{10}\\ \boldsymbol{N}\,{}_0^C\mathrm{D}_t^{(\alpha)}\boldsymbol{x}_2(t)=\boldsymbol{x}_2(t)+\boldsymbol{B}_2\boldsymbol{u}(t),\ \ \boldsymbol{x}_2(0)=\boldsymbol{x}_{20}\end{cases}$$

而系统（4.12.1）具有如下分布解：

$$\boldsymbol{x}(t,\boldsymbol{x}_0,\boldsymbol{u})=\boldsymbol{P}_2\begin{bmatrix}\boldsymbol{x}_1\\ \boldsymbol{x}_2\end{bmatrix}=\boldsymbol{P}_2\begin{bmatrix}\boldsymbol{x}_{1i}(t,\boldsymbol{x}_{10})+\boldsymbol{x}_{1u}(t,\boldsymbol{u})\\ \boldsymbol{x}_{2i}(t,\boldsymbol{x}_{20})+\boldsymbol{x}_{2u}(t,\boldsymbol{u})\end{bmatrix}$$

其中，$\boldsymbol{x}_{1i}(t,\boldsymbol{x}_{10})=\varPhi_0(t)\boldsymbol{x}_{10}=\sum\limits_{k=0}^{\infty}\dfrac{\boldsymbol{A}_1^k t^{k\alpha}}{\Gamma(k\alpha+1)}\boldsymbol{x}_{10}=\boldsymbol{E}_\alpha(\boldsymbol{A}_1 t^\alpha)\boldsymbol{x}_{10}$，是慢子系统对初值的响应，

$\boldsymbol{x}_{1u}(t,\boldsymbol{u})=\int_0^t\varPhi(t-\tau)\boldsymbol{B}_1\boldsymbol{u}(\tau)\mathrm{d}\tau$，是慢子系统对输入 $\boldsymbol{u}(t)$的响应，其中 $\varPhi(t)=\sum\limits_{k=0}^{\infty}\dfrac{\boldsymbol{A}_1^k t^{(k+1)\alpha-1}}{\Gamma\left[(k+1)\alpha\right]}$；

$x_{2i}(t,\boldsymbol{x}_{20})=-\sum\limits_{k=1}^{h-1}\boldsymbol{N}^k\,{}_0^C\mathrm{D}_t^{(k\alpha-1)}\delta(t)\boldsymbol{x}_{20}$，是快子系统对初值的响应，

$x_{2u}(t,\boldsymbol{u})=-\sum\limits_{k=0}^{h-1}\boldsymbol{N}^k\boldsymbol{B}_2\left[{}_0^C\mathrm{D}_t^{(k\alpha)}\boldsymbol{u}(t)+\sum\limits_{i=0}^{l_k-1}{}_0^C\mathrm{D}_t^{(k\alpha-1-i)}\delta(t)\boldsymbol{u}^{(i)}(0)\right]$，是快子系统

对输入的响应；

h 是幂零矩阵 $\boldsymbol{N}$ 的指数，$l_k = \lceil k\alpha \rceil$，$k = 0,1,2,\cdots,h-1$。

定理 4.8 说明，从系统结构分解的角度来说，分数阶广义线性系统的解可以表示为

$$\begin{aligned}\boldsymbol{x}(t,\boldsymbol{x}_0,\boldsymbol{u}) &= \boldsymbol{P}_2\begin{bmatrix}\boldsymbol{x}_{1i}(t,\boldsymbol{x}_{10})+\boldsymbol{x}_{1u}(t,\boldsymbol{u})\\ \boldsymbol{x}_{2i}(t,\boldsymbol{x}_{20})+\boldsymbol{x}_{2u}(t,\boldsymbol{u})\end{bmatrix}\\ &= \left[\boldsymbol{P}_{21},\boldsymbol{0}\right]\begin{bmatrix}\boldsymbol{x}_{1i}(t,\boldsymbol{x}_{10})+\boldsymbol{x}_{1u}(t,\boldsymbol{u})\\ \boldsymbol{0}\end{bmatrix}+\left[\boldsymbol{0},\boldsymbol{P}_{22}\right]\begin{bmatrix}\boldsymbol{0}\\ \boldsymbol{x}_{2i}(t,\boldsymbol{x}_{20})+\boldsymbol{x}_{2u}(t,\boldsymbol{u})\end{bmatrix}\end{aligned} \tag{4.21}$$

可见，与一般广义线性系统相似[59, 60]，分数阶广义线性系统的解包含了慢子系统的解（这部分可看成是对矩阵指数响应的推广）和快子系统的解（含有分布函数及控制输入的分数阶导数）。分数阶广义线性系统的解是一般广义线性系统的解的分数阶推广。

另外，与线性系统及一般广义线性系统相比，分数阶广义线性系统的解的结构虽然复杂，但线性系统的本质特点，即系统解的叠加原理[100]仍然成立。从线性系统的解的结构角度来看，分数阶广义线性系统的解，即全响应，可以分解成：

$$\boldsymbol{x}(t,\boldsymbol{x}_0,\boldsymbol{u}) = \boldsymbol{P}_2\begin{bmatrix}\boldsymbol{x}_{1i}(t,\boldsymbol{x}_{10})+\boldsymbol{x}_{1u}(t,\boldsymbol{u})\\ \boldsymbol{x}_{2i}(t,\boldsymbol{x}_{20})+\boldsymbol{x}_{2u}(t,\boldsymbol{u})\end{bmatrix} = \boldsymbol{P}_2\begin{bmatrix}\boldsymbol{x}_{1i}(t,\boldsymbol{x}_{10})\\ \boldsymbol{x}_{2i}(t,\boldsymbol{x}_{20})\end{bmatrix}+\boldsymbol{P}_2\begin{bmatrix}\boldsymbol{x}_{1u}(t,\boldsymbol{u})\\ \boldsymbol{x}_{2u}(t,\boldsymbol{u})\end{bmatrix} \tag{4.22}$$

在系统结构参数（矩阵）确定的情况下，式（4.22）的第一部分仅反映系统的初始状态 $\boldsymbol{x}_0$ 的作用，不反映系统输入 $\boldsymbol{u}(t)$的作用，它是零输入响应，物理上表征系统在初始状态下的自由运动。而式（4.22）的第二部分仅反映系统输入 $\boldsymbol{u}(t)$ 的作用，不反映初始状态 $\boldsymbol{x}_0$ 的作用，它是零状态响应，物理上表征系统在外部输入激励下的强迫运动。因此，分数阶广

义线性系统的全响应也是系统对初值响应（零输入响应）及系统对输入响应（零状态响应）的叠加。线性系统的解的叠加性质在分数阶广义线性系统中仍然成立。

目前，波兰学者 Kaczorek T 对分数阶广义线性系统解的研究构成了该领域的研究主体，但一些结果值得商榷。比如，文献[94]对该文中公式（17）施行 Laplace 逆变换得到系统解（18）（文中公式）时，认为 $\mathscr{L}^{-1}\left[s^{i\alpha}\boldsymbol{U}(s)\right]=\dfrac{\mathrm{d}^{i\alpha}}{\mathrm{d}t^{i\alpha}}\boldsymbol{u}(t)$，这实际上相当于遗漏了本书中公式（4.20）右边的第二项，逆变换并不完整。该文中，公式（17）和（18）的推导还用到了 $\mathscr{L}^{-1}\left[s^{(i+1)\alpha-1}\boldsymbol{x}_{20}\right]=\dfrac{\mathrm{d}^{(i+1)\alpha-1}}{\mathrm{d}t^{(i+1)\alpha-1}}\boldsymbol{x}_{20}$ 的结论，该结论的正确性也有待讨论。

4.3.4 实例及仿真

例 4.5（快子系统的分布解） 考察系统：

$$\begin{bmatrix}0 & 1\\ 0 & 0\end{bmatrix}{}_0^{\mathrm{C}}\mathrm{D}_t^{(0.5)}\boldsymbol{x}(t)=\boldsymbol{x}(t)+\begin{bmatrix}-1\\ 1\end{bmatrix}\boldsymbol{u}(t),\ \boldsymbol{x}_0=\begin{bmatrix}\boldsymbol{x}_{10}\\ \boldsymbol{x}_{20}\end{bmatrix}$$

的解。

解 显然，这是第 4.3.2 节所讨论的快子系统，其幂零矩阵 $\boldsymbol{N}=\begin{bmatrix}0 & 1\\ 0 & 0\end{bmatrix}$，指数 $h=2$，$\boldsymbol{B}=\begin{bmatrix}-1\\ 1\end{bmatrix}$，系统含有 $\alpha=0.5$ 阶导数。由定理 4.7 可知，其分布解为

$$\boldsymbol{x}(t,\boldsymbol{u},\boldsymbol{x}_0)=\boldsymbol{x}_i(t,\boldsymbol{x}_0)+\boldsymbol{x}_u(t,\boldsymbol{u})$$

式中

$$\begin{aligned}\boldsymbol{x}_i(t,\boldsymbol{x}_0)&=-\sum_{k=1}^{1}\boldsymbol{N}^k\,{}_0^C\mathrm{D}_t^{(k\alpha-1)}\delta(t)\boldsymbol{x}_0=-\boldsymbol{N}\,{}_0^C\mathrm{D}_t^{(-0.5)}\delta(t)\boldsymbol{x}_0\\&=\begin{bmatrix}-{}_0^C\mathrm{D}_t^{(-0.5)}\delta(t)\boldsymbol{x}_{20}\\ \boldsymbol{0}\end{bmatrix}\end{aligned}$$

$$
\begin{aligned}
\boldsymbol{x}_u(t,\boldsymbol{u}) &= -\sum_{k=0}^{1}\boldsymbol{N}^k\boldsymbol{B}\left[{}_0^C\mathrm{D}_t^{(k\alpha)}\boldsymbol{u}(t)+\sum_{i=0}^{l_k-1}{}_0^C\mathrm{D}_t^{(k\alpha-1-i)}\delta(t)\boldsymbol{u}^{(i)}(0)\right]\\
&= -\boldsymbol{B}\boldsymbol{u}(t)-\boldsymbol{N}\boldsymbol{B}\left[{}_0^C\mathrm{D}_t^{(0.5)}\boldsymbol{u}(t)+{}_0^C\mathrm{D}_t^{(-0.5)}\delta(t)\boldsymbol{u}(0)\right]\\
&= \begin{bmatrix}\boldsymbol{u}(t)\\ -\boldsymbol{u}(t)\end{bmatrix}-\begin{bmatrix}{}_0^C\mathrm{D}_t^{(0.5)}\boldsymbol{u}(t)+{}_0^C\mathrm{D}_t^{(-0.5)}\delta(t)\boldsymbol{u}(0)\\ \boldsymbol{0}\end{bmatrix}\\
&= \begin{bmatrix}\boldsymbol{u}(t)-{}_0^C\mathrm{D}_t^{(0.5)}\boldsymbol{u}(t)-{}_0^C\mathrm{D}_t^{(-0.5)}\delta(t)\boldsymbol{u}(0)\\ -\boldsymbol{u}(t)\end{bmatrix}
\end{aligned}
$$

因此

$$
\boldsymbol{x}(t,\boldsymbol{u},\boldsymbol{x}_0)=\begin{bmatrix}\boldsymbol{x}_1(t)\\ \boldsymbol{x}_2(t)\end{bmatrix}=\begin{bmatrix}-{}_0^C\mathrm{D}_t^{(-0.5)}\delta(t)x_{20}+\boldsymbol{u}(t)-{}_0^C\mathrm{D}_t^{(0.5)}\boldsymbol{u}(t)-{}_0^C\mathrm{D}_t^{(-0.5)}\delta(t)\boldsymbol{u}(0)\\ -\boldsymbol{u}(t)\end{bmatrix}
$$

下面验证解的正确性。原系统等价于

$$
\begin{cases}{}_0^C\mathrm{D}_t^{(0.5)}\boldsymbol{x}_2(t)=\boldsymbol{x}_1(t)-\boldsymbol{u}(t) & （1）\\ \boldsymbol{0}=\boldsymbol{x}_2(t)+\boldsymbol{u}(t) & （2）\end{cases}
$$

$\boldsymbol{x}_2(t)$ 的正确性显然. 将解中的 $\boldsymbol{x}_1(t)$ 代入（1）式，并对（1）式两边进行 0.5 阶积分有

$$
\begin{aligned}
\boldsymbol{x}_2(t)-\boldsymbol{x}_{20} &= -\boldsymbol{x}_{20}+{}_0^C\mathrm{D}_t^{(-0.5)}\boldsymbol{u}(t)-(\boldsymbol{u}(t)-\boldsymbol{u}(0))-\boldsymbol{u}(0)-{}_0^C\mathrm{D}_t^{(-0.5)}\boldsymbol{u}(t)\\
&= -\boldsymbol{u}(t)-\boldsymbol{x}_{20}
\end{aligned}
$$

考虑到 $\boldsymbol{x}_2(t)=\boldsymbol{u}(t)$， $\boldsymbol{x}_1(t)$ 的正确性得到验证。

例 4.6（分数阶广义线性系统的分布解） 考察如下分数阶广义线性系统的解：

$$
\boldsymbol{E}\,{}_0^\mathrm{C}\mathrm{D}_t^{(0.8)}\boldsymbol{x}(t)=\boldsymbol{A}\boldsymbol{x}(t)+\boldsymbol{B}\boldsymbol{u}(t),\ \ \boldsymbol{x}(0)=\boldsymbol{x}_0
$$

其中

$$
\boldsymbol{E}=\begin{bmatrix}0&0&0&1\\5&2&4&2\\3&2&3&3\\2&0&1&0\end{bmatrix},\ \boldsymbol{A}=\begin{bmatrix}8&-1&3&0\\10&-7&0&4\\15&-7&2&3\\1&-1&0&1\end{bmatrix},\ \boldsymbol{B}=\begin{bmatrix}1\\0\\-1\\1\end{bmatrix}
$$

解 因为 $\det(s\boldsymbol{E}-\boldsymbol{A})=-s^2\neq 0,(s\neq 0)$，即矩阵对 $(\boldsymbol{E},\boldsymbol{A})$ 是正则的，于

是存在可逆矩阵：

$$\boldsymbol{P}_1=\begin{bmatrix}-2 & -3 & 3 & 4\\ 4 & 7 & -6 & -9\\ 0 & 0 & 0 & 1\\ 1 & 1 & -1 & -1\end{bmatrix},\ \boldsymbol{P}_2=\begin{bmatrix}2 & -1 & -2 & -1\\ 3 & -1 & -3 & -2\\ -4 & 2 & 4 & 3\\ 1 & 0 & 0 & -1\end{bmatrix}$$

使矩阵对$(\boldsymbol{E},\boldsymbol{A})$的受限等价变换为

$$(\boldsymbol{E},\boldsymbol{A})\sim \boldsymbol{P}_1(\boldsymbol{E},\boldsymbol{A})\boldsymbol{P}_2=(\boldsymbol{P}_1\boldsymbol{E}\boldsymbol{P}_2,\boldsymbol{P}_1\boldsymbol{A}\boldsymbol{P}_2)=\left(\begin{bmatrix}1 & 0 & 0 & 0\\ 0 & 1 & 0 & 0\\ 0 & 0 & 0 & 1\\ 0 & 0 & 0 & 0\end{bmatrix},\begin{bmatrix}1 & -1 & 0 & 0\\ 1 & -1 & 0 & 0\\ 0 & 0 & 1 & 0\\ 0 & 0 & 0 & 1\end{bmatrix}\right)$$

从而原系统变换为

$$\begin{cases}\begin{bmatrix}1 & 0\\ 0 & 1\end{bmatrix}{}_0^C\mathrm{D}_t^{(0.8)}\boldsymbol{x}_1(t)=\begin{bmatrix}1 & -1\\ 1 & -1\end{bmatrix}\boldsymbol{x}_1(t)+\begin{bmatrix}-1\\ 1\end{bmatrix}\boldsymbol{u}(t) & (1)\\ \begin{bmatrix}0 & 1\\ 0 & 0\end{bmatrix}{}_0^C\mathrm{D}_t^{(0.8)}\boldsymbol{x}_2(t)=\begin{bmatrix}1 & 0\\ 0 & 1\end{bmatrix}\boldsymbol{x}_2(t)+\begin{bmatrix}1\\ 1\end{bmatrix}\boldsymbol{u}(t) & (2)\end{cases}$$

注意到$\begin{bmatrix}1 & -1\\ 1 & -1\end{bmatrix}^2=\begin{bmatrix}0 & 0\\ 0 & 0\end{bmatrix}$，慢子系统（1）的解为零输入响应和零状态响应的叠加：

$$\begin{aligned}\boldsymbol{x}_1(t)&=\boldsymbol{x}_{1i}(t,\boldsymbol{x}_{10})+\boldsymbol{x}_{1u}(t,\boldsymbol{u})=\boldsymbol{\varPhi}_0(t)\boldsymbol{x}_{10}+\int_0^t\boldsymbol{\varPhi}(t-\tau)\boldsymbol{B}_1\boldsymbol{u}(\tau)\mathrm{d}\tau\\ &=\left(I+\frac{1}{\Gamma(1.8)}\begin{bmatrix}1 & -1\\ 1 & -1\end{bmatrix}t^{0.8}\right)\boldsymbol{x}_{10}+\int_0^t\left(\frac{(t-\tau)^{-0.2}}{\Gamma(0.8)}\boldsymbol{I}+\frac{(t-\tau)^{0.6}}{\Gamma(1.6)}\begin{bmatrix}1 & -1\\ 1 & -1\end{bmatrix}\right)\begin{bmatrix}-1\\ 1\end{bmatrix}\boldsymbol{u}(\tau)\mathrm{d}\tau\end{aligned}$$

快子系统（2）的解也为零输入响应和零状态响应的叠加：

$$\boldsymbol{x}_2(t)=\boldsymbol{x}_{2i}(t,\boldsymbol{x}_{10})+\boldsymbol{x}_{2u}(t,\boldsymbol{u})$$

其中

$$\boldsymbol{x}_{2i}(t,\boldsymbol{x}_{20})=-\sum_{k=1}^{1}\boldsymbol{N}^k\,{}_0^C\mathrm{D}_t^{(k\alpha-1)}\delta(t)\boldsymbol{x}_{20}=-\begin{bmatrix}0 & 1\\ 0 & 0\end{bmatrix}{}_0^C\mathrm{D}_t^{(-0.2)}\delta(t)\boldsymbol{x}_{20}$$

$$
\begin{aligned}
\boldsymbol{x}_{2u}(t,\boldsymbol{u})&=-\sum_{k=0}^{1}\boldsymbol{N}^k\boldsymbol{B}_2\left[{}_0^C\mathrm{D}_t^{(k\alpha)}\boldsymbol{u}(t)+\sum_{i=0}^{l_k-1}{}_0^C\mathrm{D}_t^{(k\alpha-1-i)}\delta(t)\boldsymbol{u}^{(i)}(0)\right]\\
&=-\begin{bmatrix}1\\1\end{bmatrix}\boldsymbol{u}(t)-\begin{bmatrix}1\\0\end{bmatrix}\left[{}_0^C\mathrm{D}_t^{(0.8)}\boldsymbol{u}(t)+{}_0^C\mathrm{D}_t^{(-0.2)}\delta(t)\boldsymbol{u}(0)\right]\\
&=-\begin{bmatrix}\boldsymbol{u}(t)\\\boldsymbol{u}(t)\end{bmatrix}-\begin{bmatrix}{}_0^C\mathrm{D}_t^{(0.8)}\boldsymbol{u}(t)+{}_0^C\mathrm{D}_t^{(-0.2)}\delta(t)\boldsymbol{u}(0)\\\boldsymbol{0}\end{bmatrix}
\end{aligned}
$$

特别地，若取 $\boldsymbol{u}(t)=\begin{cases}1, & t\geqslant 0\\0, & t<0\end{cases}$，$\boldsymbol{x}_{10}=\boldsymbol{x}_{20}=\begin{bmatrix}1\\1\end{bmatrix}$，经计算可得

$$
\boldsymbol{x}_1(t)=\begin{bmatrix}1\\1\end{bmatrix}+\frac{t^{0.8}}{0.8\Gamma(0.8)}\begin{bmatrix}-1\\1\end{bmatrix}-\frac{t^{1.6}}{0.8\Gamma(1.6)}\begin{bmatrix}1\\1\end{bmatrix}
$$

$$
\boldsymbol{x}_2(t)=-\frac{1}{\Gamma(0.2)t^{0.8}}\begin{bmatrix}1\\0\end{bmatrix}-\begin{bmatrix}1\\1\end{bmatrix}-\frac{1}{\Gamma(0.2)t^{0.8}}\begin{bmatrix}1\\0\end{bmatrix}
$$

$\boldsymbol{x}_1(t)$ 和 $\boldsymbol{x}_2(t)$ 及其内部的线性叠加关系如图 4-5 ~ 4-10 所示。说明：图中括号内的数字表示所描述状态向量的分量，比如，$x_{1i}(1), x_{1i}(2)$ 分别表示 $\boldsymbol{x}_1(t)$ 中由初值引起的响应 x_{1i} 的第 1 分量和第 2 分量；$x_{1u}(1), x_{1u}(2)$ 分别表示 $\boldsymbol{x}_1(t)$ 中由输入 $\boldsymbol{u}$ 引起的响应 x_{1u} 的第 1 分量和第 2 分量。其余各图的图例标注也类似，不再赘述。

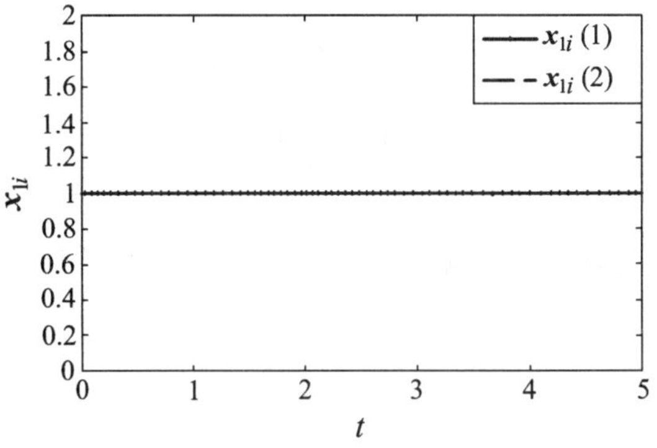

图 4-5　$\boldsymbol{x}_1(t)$ 的零输入响应

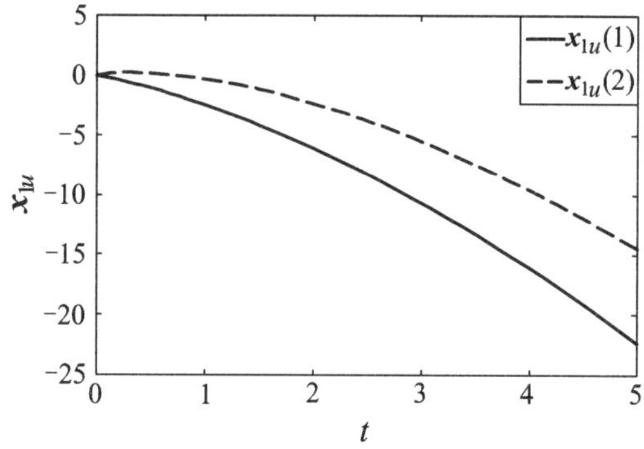

图 4-6　$\boldsymbol{x}_1(t)$ 的零状态响应

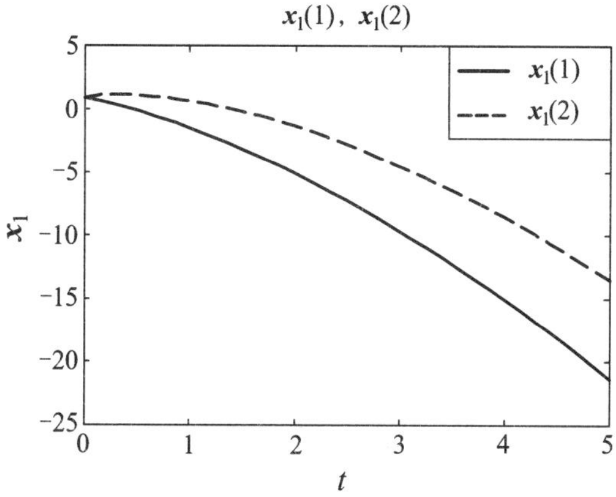

图 4-7　$\boldsymbol{x}_1(t)$的全响应

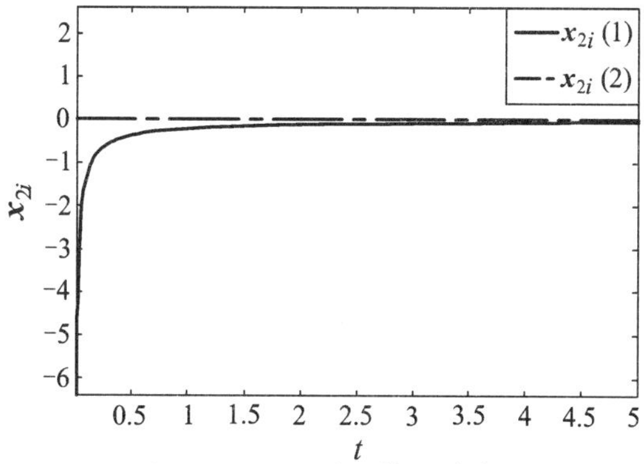

图 4-8　$\boldsymbol{x}_2(t)$的零输入响应

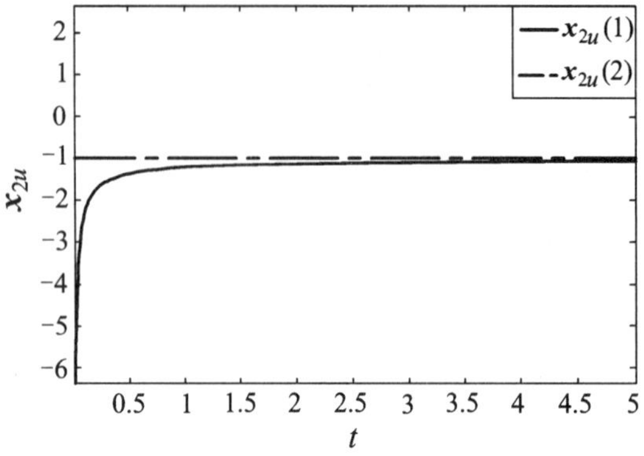

图 4-9　$\boldsymbol{x}_2(t)$的零状态响应

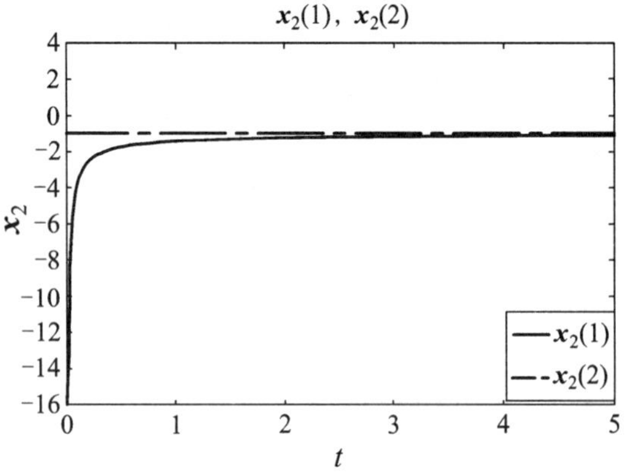

图 4-10　$\boldsymbol{x}_2(t)$的全响应

于是，例 4.6 的解为

$$\boldsymbol{x}(t)=\boldsymbol{P}_2\begin{bmatrix}\boldsymbol{x}_1(t)\\ \boldsymbol{x}_2(t)\end{bmatrix}=\begin{pmatrix}2 & -1 & -2 & -1\\ 3 & -1 & -3 & -2\\ -4 & 2 & 4 & 3\\ 1 & 0 & 0 & -1\end{pmatrix}\begin{bmatrix}\boldsymbol{x}_1(t)\\ \boldsymbol{x}_2(t)\end{bmatrix}$$

本节我们利用狄拉克函数 Caputo 分数阶导数的 Laplace（逆）变换，研究了分数阶广义线性系统的分布解，探讨了系统解的结构和性质。在提出狄拉克函数的 Caputo 分数阶导数定义 ${}_0^C\mathrm{D}_t^{(\alpha)}\delta(t)$ 后，研究了 ${}_0^C\mathrm{D}_t^{(\alpha)}\delta(t)$

的 Laplace（逆）变换，得到 $\mathscr{L}^{-1}(s^{\alpha}) = {}_0^C\mathrm{D}_t^{(\alpha)}\delta(t)$，$\alpha \in \mathbb{R}$，利用 $\mathscr{L}^{-1}(s^{\alpha})$ 成功地导出分数阶广义线性系统的分布解。研究表明，分数阶广义线性系统的解是一般广义线性系统的解的推广，在形式上也更为复杂，但系统全响应仍然是系统对初值响应（零输入响应）和对输入响应（零状态响应）的叠加，系统解仍然满足线性系统的叠加原理。最后通过两个实例，分别阐明了分数阶广义系统快子系统的分布解和分数阶广义线性系统解的具体形式，验证了系统叠加原理的正确性。

4.4 求解分数阶微分代数系统的 Adomian 分解法

作为分数阶广义线性系统的一般形式，分数阶微分代数系统一般具有 $F(t, x, x^{(\alpha)}) = 0$ 的形式，常被用于刻画诸如多体系统等系统模型。因此，快速高效的对微分代数系统进行求解对微分代数系统的实际应用具有重要意义。本节讨论如何将求解非线性方程的经典方法，即 Adomian 分解法用于求解（分数阶）微分代数系统。首先探讨求解具有线性代数约束整数阶微分代数系统的 Adomian 分解法，然后研究如何将 Adomian 分解法用于一般分数阶微分代数系统（代数约束可为非线性）的求解。

4.4.1 求解整数阶微分代数系统的 Adomian 分解法

目前，微分代数系统的解法主要用数值解法[101,102]。此外，文献[55]还研究了微分代数系统的微分变换解法，得到了级数形式的近似解析解。另外，自 G. Adomian 提出求解非线性方程的 Adomian 分解方法以来，Adomian 分解方法在解微分方程方面取得了很大的成功[103,104]。Adomian 分解法能够得到级数形式的解析解，而且收敛快，计算简单，具有类似于泰勒级数展开的直观意义等优点。因此，这里讨论利用 Adomian 分解法求形如：

$$
\begin{cases}
y_i'(t)=f_i(t,y_1,y_2,\cdots,y_n),\ i=1,2,3,\cdots,l & (4.23.1)\\
L_j(y_1,y_2,\cdots,y_n)=0,\ j=l+1,l+2,\cdots,n & (4.23.2)\\
y_i(0)=c_i
\end{cases}
\tag{4.23}
$$

的微分代数系统的级数解，其中，代数约束 L_j 为线性函数，变量 $y_i(t),(i=1,2,3,\cdots,l)$ 为微分变量，$y_j(t),(j=l+1,\cdots,n)$ 为代数变量，并假设约束（4.23.1）和（4.23.2）是相容的。

本节回顾求解微分方程的 Adomian 分解法，然后探讨求解整数阶微分代数系统的 Adomian 分解法，最后给出相关算例来验证该方法的准确性和有效性。

首先回顾求解系统微分方程部分，也就是方程（4.23.1）的 Adomian 分解法。对（4.23.1）方程两边同时运用积分算子 $If(t)=\int_0^t f(t)\mathrm{d}t$，有

$$
y_i(t)=y_i(0)+I\left[f_i(t,y_1,y_2,\cdots,y_n)\right],\ i=1,2,3,\cdots,l \tag{4.24}
$$

由 Adomian 分解法，解 $y_i(t)$ 可以表示为级数形式：

$$
y_i(t)=\sum_{m=0}^{+\infty}y_{im}(t) \tag{4.25}
$$

此外，$f_i(t,y_1,y_2,\cdots,y_n)$ 可分解为一列 Adomian 多项式 A_{im} 的和：

$$
f_i(t,y_1,y_2,\cdots,y_n)=\sum_{m=0}^{\infty}A_{im},\ i=1,2,3,\cdots,l \tag{4.26}
$$

综合（4.24）、（4.25）和（4.26）可得，当 $i=1,2,3,\cdots,l$ 时，一方面有

$$
\begin{aligned}
y_i(t)&=y_i(0)+I\left[f_i(t,y_1,y_2,\cdots,y_n)\right]=y_i(0)+I\left[\sum_{m=0}^{\infty}A_{im}\right]\\
&=y_i(0)+IA_{i0}+IA_{i1}+\cdots+IA_{im}+\cdots
\end{aligned}
$$

另一方面有

$$y_i(t)=\sum_{m=0}^{+\infty} y_{im}(t)=y_{i0}(t)+y_{i1}(t)+\cdots+y_{i(m+1)}(t)+\cdots$$

对比以上两式，显然有以下递推关系成立：

$$\begin{cases} y_{i0}(t)=y_i(0) \\ y_{i1}(t)=IA_{i0} \\ \cdots\cdots\cdots\cdots \\ y_{i(m+1)}(t)=IA_{im} \end{cases} \tag{4.27}$$

其中 A_{im} 的确定依赖于 $(y_{10},\cdots,y_{1m};\ y_{20},\cdots,y_{2m};\ y_{n0},\cdots,y_{nm})$，引入参数 λ，A_{im} 可如下确定：

$$A_{im}=\frac{1}{m!}\frac{\mathrm{d}^m}{\mathrm{d}\lambda^m}\left[f_i\left(t,\sum_{k=0}^{\infty}y_{1k}\lambda^k,\sum_{k=0}^{\infty}y_{2k}\lambda^k,\cdots,\sum_{k=0}^{\infty}y_{nk}\lambda^k\right)\right]_{\lambda=0} \tag{4.28}$$

结合式（4.27）和（4.28）不难得到以下系统求解的递推公式：

$$\begin{cases} y_{i0}(t)=c_i \\ A_{im}=\left[\dfrac{1}{m!}\dfrac{\mathrm{d}^m}{\mathrm{d}\lambda^m}f_i\left(t,\sum\limits_{k=0}^{\infty}y_{1k}\lambda^k,\sum\limits_{k=0}^{\infty}y_{2k}\lambda^k,\cdots,\sum\limits_{k=0}^{\infty}y_{nk}\lambda^k\right)\right]_{\lambda=0} \\ y_{i(m+1)}(t)=IA_{im} \\ y_i(t)=\sum\limits_{m=0}^{+\infty}y_{im}(t) \end{cases} \tag{4.29}$$

式中 $m=0,1,2,\cdots,\infty;\ i=1,2,\cdots,l$。

实际计算中，常取 $y_i(t)$ 的前 K 项部分和作为近似解，即

$$\tilde{y}_{iK}(t)=\sum_{m=0}^{K-1}y_{im}(t)$$

取极限有

$$\lim_{K\to\infty}\tilde{y}_{iK}(t)=\lim_{K\to\infty}\sum_{m=0}^{K-1}y_{im}(t)=\sum_{m=0}^{\infty}y_{im}(t)=y_i(t) \tag{4.30}$$

由于微分代数系统在微分方程（4.23.1）的基础上增加了代数约束（4.23.2），因此，用 Adomian 方法求解微分代数系统的难点在于如何处理其代数约束部分（4.23.2）。一种直接的想法是联立代数约束方程组，解出 $y_{jm}(t),(j=l+1,\cdots,n,m=1,2,\cdots)$，然后代入微分部分，从而将系统转化为仅含微分约束的纯微分系统，再利用 Adomian 方法求解。这种方法有其可行之处，同时也存在不足。不足之处在于求解得到 $y_j(t)$，将其代入微分部分后，确定 Adomian 多项式的复杂度会增加。因为在 $f_i(t,y_1,y_2,\cdots,y_n)$ 中，若 $y_j(t),(j=l+1,\cdots,n)$ 和 $y_i(t),(i=1,\cdots,l)$ 是相互独立的变量，求导确定 Adomian 多项式相对简单，然而解出 $y_j(t)=\varphi_j(y_1,\cdots,y_l)$ 后，$f_i(t,y_1,y_2,\cdots,y_n)$ 会变为以下形式的复合函数：

$$f_i(t,y_1,y_2,\cdots,y_n)=f_i(t,y_1,\cdots,y_l,\varphi_1(y_1,\cdots,y_l),\varphi_2(y_1,\cdots,y_l),\cdots,\varphi_{n-l}(y_1,\cdots,y_l)) \quad (4.31)$$

这样即使在线性代数约束情况下，确定 Adomian 多项式时求复合函数的导数特别是求其高阶导数的过程会变得非常复杂，计算复杂度显著增加。

事实上，代数变量初值的确定相对容易。由于 $y_{i0}(t)=y_i(0),(i=1,2,\cdots,n)$ 满足代数约束（4.23.2），于是不难由（4.23.2）用初值 $y_i(0),(i=1,\cdots,l)$ 来计算 $y_j(0),(j=l+1,\cdots,n)$。直接令 $y_{j0}(t)=y_j(0),(j=l+1,\cdots,n)$，从而使 A_{i0} 得以确定，再利用递推公式（4.29），进一步得到 $y_{i1}(t),(i=1,\cdots,l)$。

由于代数约束部分没有微分算子，不能通过积分进行递推，故 $y_{jm}(t),(j=l+1,\cdots,n,m=1,2,\cdots)$ 的确定比较困难。为了既能利用代数约束得到 $y_{jm}(t)$，又不增加计算 Adomian 多项式的复杂度，至少在线性代数约束这一简单情况下能得到理想解，自然想到能否将各个变量之间的代数约束关系转化为变量级数解中各相应分量之间的关系?不难证明，当代数约束为线性时，这种线性关系是可以保持的，即有如下性质。

性质 4.7 设微分代数系统（4.23）中各变量具有如下级数形式解：

$$y_k(t)=\sum_{m=0}^{+\infty}y_{km}(t),\quad k=1,2,\cdots,n$$

则变量 $y_1, y_2, \cdots, y_n$ 满足线性约束：

$$L_j(y_1, y_2, \cdots, y_n) = 0, \quad j = l+1, l+2, \cdots, n$$

的充分条件是：对任意 $m = 0, 1, \cdots, \infty$，都满足：

$$L_j(y_{1m}, y_{2m}, \cdots, y_{nm}) = 0, \quad j = l+1, l+2, \cdots, n \tag{4.32}$$

证明 约束 $L_j(y_1, y_2, \cdots, y_n) = 0, (j = l+1, \cdots, n)$ 为线性，可以设为

$$L_j(y_1, y_2, \cdots, y_n) = a_{j1}y_1 + a_{j2}y_2 + \cdots + a_{jn}y_n = 0, \quad j = l+1, l+2, \cdots, n \tag{4.33}$$

将 $y_k(t) = \sum_{m=0}^{+\infty} y_{km}(t), (k = 1, 2, \cdots, n)$ 代入式（4.33），对于任意 $j = l+1, l+2, \cdots, n$ 有

$$\begin{aligned} & a_{j1}y_1 + a_{j2}y_2 + \cdots + a_{jn}y_n = 0 \\ \Leftrightarrow\ & a_{j1}\sum_{m=0}^{+\infty} y_{1m}(t) + a_{j2}\sum_{m=0}^{+\infty} y_{2m}(t) + \cdots + a_{jn}\sum_{m=0}^{+\infty} y_{nm}(t) = 0 \end{aligned} \tag{4.34}$$

设上式中各级数的收敛半径分别为 $R_1, \cdots, R_n$，记 $R = \min\{R_1, R_2, \cdots, R_n\}$，则当 $t \in (-R, R)$ 时，式（4.34）可整理为如下等价形式：

$$\begin{aligned} \sum_{m=0}^{+\infty}\sum_{k=1}^{n} a_{jk}y_{km}(t) &= \sum_{m=0}^{+\infty}\left[a_{j1}y_{1m}(t) + a_{j2}y_{2m}(t) + \cdots + a_{jn}y_{nm}(t)\right] \\ &= \sum_{m=0}^{+\infty} L_j(y_{1m}, y_{2m}, \cdots, y_{nm}) = 0 \end{aligned} \tag{4.35}$$

于是，若对任意 $m = 0, 1, \cdots, \infty$，都有

$$L_j(y_{1m}, y_{2m}, \cdots, y_{nm}) = 0, \; j = l+1, \cdots, n$$

则式（4.35）显然成立。由于式（4.33）、（4.34）、（4.35）等价，故式（4.33）也成立，从而

$$L_j(y_1, y_2, \cdots, y_n) = 0, \quad j = l+1, l+2, \cdots, n$$

由性质 4.7 可知，对任意 $m=0,1,\cdots,\infty$，

$$L_j(y_{1m},y_{2m},\cdots,y_{nm})=0,\ \ j=l+1,l+2,\cdots,n$$

可以保证各变量满足线性约束：

$$L_j(y_1,y_2,\cdots,y_n)=0,\ \ j=l+1,l+2,\cdots,n$$

于是可以利用式（4.32）解出 $y_{jm}(t),(j=l+1,\cdots,n)$ 据此得到 A_{im}，进而完成式（4.29）的递推计算，最终得到整个系统的解。

下面通过具有线性代数约束的微分代数系统的例子说明上述方法的有效性和实用性。

例 4.7 解微分代数系统：

$$\begin{cases}\dfrac{\mathrm{d}y_1(t)}{\mathrm{d}t}=2y_2^2(t),\ y_1(0)=1\\ y_1(t)+2y_2(t)=0\end{cases}$$

解 易知，这个微分代数系统的精确解为 $y_1(t)=\dfrac{2}{2-t}$，$y_2(t)=\dfrac{-1}{2-t}$。运用上述方法，由式（4.28）计算微分部分的 Adomian 多项式如下：

$$A_{10}=2y_{20}^2,\ A_{11}=4y_{20}y_{21},\ A_{12}=2y_{21}^2+4y_{20}y_{22},\ A_{13}=4y_{21}y_{22}+4y_{20}y_{23} \tag{4.36}$$

没有关于 $y_2(t)$ 的微分约束，故无须计算 $A_{2m},m=0,1,\cdots$。

由性质 4.7 的分析过程可知：

$$y_{10}(t)=y_1(0)=1,\ \ y_{20}(t)=-\frac{1}{2}$$

则

$$A_{10}=2y_{20}^2=\frac{1}{2},\ y_{11}=\int_0^t A_{10}\mathrm{d}t=\frac{1}{2}t,\ y_{21}=-\frac{1}{4}t \tag{4.37}$$

$$A_{11}=4y_{20}y_{21}=\frac{1}{2}t,\ y_{12}=\int_0^t A_{11}\mathrm{d}t=\frac{1}{4}t^2,\ y_{22}=-\frac{1}{8}t^2 \tag{4.38}$$

$$A_{12}=2y_{21}^2+4y_{20}y_{22}=\frac{3}{8}t^2,\ y_{13}=\int_0^t A_{12}\mathrm{d}t=\frac{1}{8}t^3,\ y_{23}=-\frac{1}{16}t^3 \tag{4.39}$$

$$A_{13}=4y_{21}y_{22}+4y_{20}y_{23}=\frac{1}{4}t^3,\ y_{14}=\int_0^t A_{13}\mathrm{d}t=\frac{1}{16}t^4,\ y_{24}=-\frac{1}{32}t^4 \tag{4.40}$$

于是，得到两个解的五级近似：

$$y_1(t)\doteq 1+\frac{1}{2}t+\frac{1}{4}t^2+\frac{1}{8}t^3+\frac{1}{16}t^4=\sum_{n=0}^{4}\left(\frac{1}{2}\right)^n t^n$$

$$y_2(t)\doteq -\frac{1}{2}-\frac{1}{4}t-\frac{1}{8}t^2-\frac{1}{16}t^3-\frac{1}{32}t^4=\sum_{n=0}^{4}\left(-\frac{1}{2}\right)\times\left(\frac{1}{2}\right)^n t^n$$

事实上，这两个五级近似正是精确解：

$$y_1(t)=\frac{1}{1-\frac{1}{2}t}=\frac{2}{2-t},\quad y_2(t)=\left(-\frac{1}{2}\right)\times\frac{1}{1-\frac{1}{2}t}=\frac{-1}{2-t} \tag{4.41}$$

的 Taylor 展开式的前五项，这说明用上述方法求解微分代数系统是正确有效的。

归纳 $y_1(t), y_2(t)$ 中各项的规律，可以得到系统的精确级数解。当 $t\in(-2,2)$ 时，

$$y_1(t)=\sum_{n=0}^{\infty}\left(\frac{1}{2}\right)^n t^n=\frac{1}{1-\frac{1}{2}t}=\frac{2}{2-t}$$

$$y_2(t)=\sum_{n=0}^{\infty}\left(-\frac{1}{2}\right)\times\left(\frac{1}{2}\right)^n t^n=\frac{-1}{2-t}$$

例 4.8 解微分代数系统：

$$\begin{cases} y_2'(t)=ty_1(t),\ y_1(0)=1 \\ y_1(t)+ky_2(t)=0 \end{cases}$$

解 系统 $y_{10}(t)=y_1(0)=1$，$y_{20}(t)=y_2(0)=-\dfrac{1}{k}$，于是有

$$A_{20}=ty_{10},\quad A_{21}=ty_{11},\quad A_{22}=ty_{12},\quad A_{23}=ty_{13}$$

$$y_{21}=\int_0^t A_{20}\mathrm{d}t=\int_0^t t\mathrm{d}t=\frac{1}{2}t^2\,,\quad y_{11}=-\frac{k}{2}t^2$$

$$y_{22}=\int_0^t A_{21}\mathrm{d}t=-\frac{k}{2}\int_0^t t^3\mathrm{d}t=-\frac{k}{8}t^4\,,\quad y_{12}=\frac{k^2}{8}t^4$$

$$y_{23}=\int_0^t A_{22}\mathrm{d}t=\frac{k^2}{8}\int_0^t t^5\mathrm{d}t=\frac{k^2}{48}t^6\,,\quad y_{13}=-\frac{k^3}{48}t^6$$

$$y_{24}=\int_0^t A_{23}\mathrm{d}t=-\frac{k^3}{48}\int_0^t t^7\mathrm{d}t=-\frac{k^3}{384}t^8\,,\quad y_{14}=\frac{k^4}{384}t^8$$

观察以上各分量，不难得到解的规律：

$$y_{2m}=(-k)^{(m-1)}\frac{t^{2m}}{2^m m!},\ y_{1m}=(-k)^m\frac{t^{2m}}{2^m m!},\ m=1,2,\cdots$$

由于规定 $0!=1$，因此，系统解可以写为如下包含 y_{10},y_{20} 的级数形式：

$$\begin{cases} y_1(t)=\sum\limits_{m=0}^{\infty}y_{1m}=\sum\limits_{m=0}^{\infty}(-k)^m\dfrac{t^{2m}}{2^m m!} \\ y_2(t)=\sum\limits_{m=0}^{\infty}y_{2m}=\sum\limits_{m=0}^{\infty}(-k)^{(m-1)}\dfrac{t^{2m}}{2^m m!} \end{cases}$$

此解也不再是近似解，而是微分代数系统的精确级数解，其正确性可直接由 $y_2(t)$ 求导验证。

针对整数阶微分代数系统，本节提出了一种基于 Adomian 分解的求级数解方法。该方法的计算过程既避免了复合函数求高阶导数的复杂运算，又能有效利用系统的线性代数约束，确定解的各个分量，最终得到系统解。这些算例说明该方法方便有效，并且能够根据级数解的规律得到系统精确解的级数表示。另外，如何将这种方法进行适当推广，比如推广到代数约束为非线性，值得进行深入研究。

4.4.2 求解分数阶微分代数系统的 Adomian 分解法

自 G. Adomian 提出求解非线性方程的 Adomian 分解法以来，Adomian

分解法也被成功地用于求解分数阶微分方程。1993 年，Arora H L 等首次给出了利用 Adomian 分解法求解分数阶微分方程的方法，并且取得了成功[105]。其后，Shawagfeh N T 重点研究了分数阶线性微分方程的 Adomian 分解法[106]。2005 年，V. Daftardar-Gejji 等从控制系统角度讨论了线性分数阶微分系统的解，通过例子阐明了该方法的敛散性[107]。国内学者也做了非常有意义的研究，如李常品等利用 Adomian 分解法研究了分数阶 Navier-Stokes 方程的解法[108]，他们还基于修改的 Adomian 分解法研究了分数阶方程组的有效尺度效应[109]。基于以上原因，这里研究利用 Adomian 分解法求形如：

$$\begin{cases} {}_0^C\mathrm{D}_t^{\alpha_i} x_i(t) = f_i(t, x_1, x_2, \cdots, x_n),\ i = 1,2,3,\cdots,l & (4.42.1) \\ g_j(x_1, x_2, \cdots, x_n) = 0,\ j = l+1, l+2, \cdots, n & (4.42.2) \\ x_i^{(k)}(0) = c_i^{(k)},\ k = 1,2,\cdots,[\alpha_i].\ \alpha_i > 0 & (4.42.3) \end{cases} \tag{4.42}$$

的分数阶微分代数系统的级数解。假设约束（4.42.1）和（4.42.2）满足相容性，变量 $x_i(t), (i = 1,2,3,\cdots,l)$ 为微分变量， $x_j(t), (j = l+1,\cdots,n)$ 称为代数变量。本段探讨求解分数阶微分代数系统的 Adomian 分解法，最后给出相关算例加以验证。

首先考虑系统微分部分，即方程（4.42.1）的求解。对其两边同时运用 α_i 阶积分算子 J^{α_i} ，有

$$x_i(t) = \sum_{k=0}^{[\alpha_i]} \frac{c_i^{(k)}}{k!} t^k + J^{\alpha_i}\left[f_i(t, x_1, x_2, \cdots, x_n)\right],\ i = 1,2,3,\cdots,l \tag{4.43}$$

由 Adomian 分解法， $x_i(t)$ 的解可以表示为级数形式：

$$x_i(t) = \sum_{m=0}^{+\infty} x_{im}(t) \tag{4.44}$$

$f_i(t, x_1, x_2, \cdots, x_n)$ 可分解为 Adomian 多项式之和：

$$f_i(t, x_1, x_2, \cdots, x_n) = \sum_{m=0}^{\infty} A_{im},\ i = 1,2,3,\cdots,l \tag{4.45}$$

引入参数 λ， A_{im} 可按如下方式确定：

$$A_{im}=\frac{1}{m!}\frac{\mathrm{d}^m}{\mathrm{d}\lambda^m}\left[f_i\left(t,\sum_{k=0}^{\infty}x_{1k}\lambda^k,\sum_{k=0}^{\infty}x_{2k}\lambda^k,\cdots,\sum_{k=0}^{\infty}x_{nk}\lambda^k\right)\right]_{\lambda=0} \quad (4.46)$$

将式（4.45）、（4.46）代入式（4.43）得

$$x_i(t)=\sum_{m=0}^{+\infty}x_{im}(t)=\sum_{k=0}^{[\alpha_i]}\frac{c_i^{(k)}}{k!}t^k+\sum_{m=0}^{+\infty}J^{\alpha_i}A_{im},\ \ i=1,2,3,\cdots,l$$

因此，对于 $m=0,1,2,\cdots,\infty; i=1,2,\cdots,l$ ，微分部分（4.42.1）的求解递推公式如下：

$$\begin{cases}x_{i0}(t)=\sum_{k=0}^{[\alpha_i]}\frac{c_i^{(k)}}{k!}t^k\\ A_{im}=\frac{1}{m!}\left[\frac{\mathrm{d}^m}{\mathrm{d}\lambda^m}f_i\left(t,\sum_{k=0}^{\infty}x_{1k}\lambda^k,\sum_{k=0}^{\infty}x_{2k}\lambda^k,\cdots,\sum_{k=0}^{\infty}x_{nk}\lambda^k\right)\right]_{\lambda=0}\\ x_{i(m+1)}(t)=J^{\alpha_i}A_{im}\\ x_i(t)=\sum_{m=0}^{+\infty}x_{im}(t)\end{cases} \quad (4.47)$$

在实际计算中，常常取 $x_i(t)$ 的前 K 项部分和作为近似解，即

$$\tilde{x}_{iK}(t)=\sum_{m=0}^{K-1}x_{im}(t)$$

下面讨论代数约束（4.42.2）对系统求解过程的影响。同上节整数阶微分代数系统求解情况类似，这里也不适合直接由代数方程组解出 $x_j(t),(j=l+1,\cdots,n,m=1,2,\cdots)$ 后代入微分部分，将系统转化为只含有分数阶导数的分数阶微分系统，并利用 Adomian 方法求解。

借鉴上节处理方法，我们不考虑 $x_i(t),\ (i=1,\cdots,l)$ 与 $x_j(t),\ (j=l+1,\cdots,n)$ 间的整体关系，而从它们级数解中相应分量之间的关系入手。下面分析系统变量中各分量的确定。

假设代数约束（4.42.2）能够由 $x_i(t),(i=1,2,\cdots,l)$ 确定 $x_j(t),(j=l+1,\cdots,n)$ 的隐函数组。对于初值条件而言，由于相容性， $x_{i0}(t)=x_i(0),(i=1,2,\cdots,l)$

满足式（4.42.2），于是可以由初值 $x_i(0),(i=1,\cdots,l)$ 求出 $x_j(0),(j=l+1,\cdots,n)$。此外，代数约束部分没有微分算子，不需要两边同时运用积分算子，故可以直接令 $x_{j0}(t)=x_j(0),(j=l+1,\cdots,n)$，从而使 A_{i0} 得以确定。利用递推公式（4.47），进一步得到 $x_{i1}(t),(i=1,\cdots,l)$。而 $x_{j1}(t),(j=l+1,\cdots,n)$ 的确定并不方便，于是 A_{i1} 的计算变得困难，并对后续 $x_{i(m+1)}(t), x_{j(m+1)}(t),(m=1,2,\cdots)$ 的确定影响较大。

为了既能利用代数约束得到 $x_{jm}(t),(m=1,2,\cdots)$，又不至于增加系统的计算复杂度，至少在线性代数约束的简单情况下能得到理想解。现在考虑以下参考方法。设 $x_{i(m-1)}(t),(i=1,2,\cdots n)$ 已知，积分可得 $x_{im}(t),(i=1,\cdots,l)$，需要确定 $x_{jm}(t),(j=l+1,\cdots,n)$。注意到常取 $x_i(t)$ 的前 K 项和作近似，自然要求 m+1 级近似 $\tilde{x}_{i(m+1)}(t)=\sum_{k=0}^{m} x_{ik},(i=1,\cdots,n)$ 满足代数约束（4.42.2）是合理的，也就是：

$$g_j\left(\tilde{x}_{1(m+1)},\tilde{x}_{2(m+1)},\cdots,\tilde{x}_{n(m+1)}\right)=g_j\left(\sum_{k=0}^{m}x_{1k},\sum_{k=0}^{m}x_{2k},\cdots,\sum_{k=0}^{m}x_{nk}\right)=0,$$
$$j=l+1,l+2,\cdots,n \tag{4.48}$$

由于 $x_{ik}(t),(k=0,1,\cdots,m-1;\ i=1,\cdots,n)$ 及 $x_{im}(t),(i=1,\cdots,l)$ 已知，这就为确定 $x_{jm}(t),(j=l+1,\cdots,n)$ 提供了方便。

当代数约束（4.42.2）是线性约束时，上述算法变得很简便。

假设代数约束 $g_j=0$ 都是线性的，从而约束（4.42.2）可写为矩阵形式：

$$\boldsymbol{A}_{ji}\overline{\boldsymbol{X}}=\boldsymbol{0} \tag{4.49}$$

其中 $\boldsymbol{A}_{ji}=\left\{a_{ji}\right\}_{(n-l)\times n}$ 为行满秩系数矩阵，$\overline{\boldsymbol{X}}=(x_1,x_2,\cdots,x_n)^{\mathrm{T}}$。

考虑到各线性约束中因素 t 的作用，首先讨论 $x_{j0}(t),(j=l+1,\cdots,n)$ 的确定。令 $\boldsymbol{A}_{ji}=\left[\boldsymbol{A}_{1(n-l)\times l}\vdots\boldsymbol{A}_{2(n-l)\times(n-l)}\right]$，且 $\boldsymbol{A}_2$ 满秩，而且

$$\overline{\boldsymbol{X}}_0=(x_{10},x_{20},\cdots,x_{n0})^{\mathrm{T}},\quad \overline{\boldsymbol{X}}_{i0}=(x_{10},\cdots,x_{l0})^{\mathrm{T}},\quad \overline{\boldsymbol{X}}_{j0}=(x_{(l+1)0},x_{(l+2)0},\cdots,x_{n0})^{\mathrm{T}}$$

将它们代入式（4.49）得

$$\left[\boldsymbol{A}_{1(n-l)\times(l+1)}\vdots\boldsymbol{A}_{2(n-l)\times(n-l)}\right]\overline{\boldsymbol{X}}_0=\boldsymbol{0}$$

从而

$$\overline{\boldsymbol{X}}_{j0}=-\boldsymbol{A}_2^{-1}\times\boldsymbol{A}_1\overline{\boldsymbol{X}}_{i0} \tag{4.50}$$

于是，进一步可以由 $\overline{\boldsymbol{X}}_{i0}$ 和 $\overline{\boldsymbol{X}}_{j0}$ 通过递推式（4.47）确定 $\overline{\boldsymbol{X}}_{i1}$。

其次，对 $x_i(t),(i=1,\cdots,n)$，取二项近似 $\tilde{x}_{i2}(t)$，代入式（4.49）得

$$\left[\boldsymbol{A}_{1(n-l)\times(l+1)}\vdots\boldsymbol{A}_{2(n-l)\times(n-l)}\right]\left(\overline{\boldsymbol{X}}_0+\overline{\boldsymbol{X}}_1\right)=\boldsymbol{0} \tag{4.51}$$

其中 $\overline{\boldsymbol{X}}_1=(x_{11},x_{21},\cdots,x_{n1})^{\mathrm{T}}$。由 $\left[\boldsymbol{A}_{1(n-l)\times l}\vdots\boldsymbol{A}_{2(n-l)\times(n-l)}\right]\overline{\boldsymbol{X}}_0=\boldsymbol{0}$ 可知，式（4.51）等价于：

$$\left[\boldsymbol{A}_{1(n-l)\times l}\vdots\boldsymbol{A}_{2(n-l)\times(n-l)}\right]\overline{\boldsymbol{X}}_1=\boldsymbol{0} \tag{4.52}$$

进而可以由 $\overline{\boldsymbol{X}}_{i1}=(x_{11},\cdots,x_{l1})^{\mathrm{T}}$，解得 $\overline{\boldsymbol{X}}_{j1}=(x_{(l+1)1},x_{(l+2)1},\cdots,x_{n1})^{\mathrm{T}}$ 如下：

$$\overline{\boldsymbol{X}}_{j1}=-\boldsymbol{A}_2^{-1}\times\boldsymbol{A}_1\overline{\boldsymbol{X}}_{i1} \tag{4.53}$$

同理有

$$\overline{\boldsymbol{X}}_{jm}=-\boldsymbol{A}_2^{-1}\times\boldsymbol{A}_1\overline{X}_{im} \tag{4.54}$$

因此，$\overline{\boldsymbol{X}}_{jm}(t),\ (j=l+1,\cdots,n,m\geqslant 2)$ 可由其与 $x_{1m},x_{2m},\cdots,x_{lm}$ 的线性关系确定。$\overline{\boldsymbol{X}}_{jm}(t)$ 确定后可完成 A_{im} 的计算，进而由递推公式（4.47）完成 $x_{i(m+1)}(t),(i=1,\cdots,n)$ 的计算，最终得到整个系统的解。下面给出几个具体算例，验证我们的计算方法。

例 4.9 考察附加线性代数约束的分数阶微分代数系统：

$$\begin{cases}{}_0^C\mathrm{D}_t^{\alpha}x_2(t)=tx_1(t)\\ x_1(t)+kx_2(t)=0\\ x_1(0)=1\end{cases}$$

的解。

解 此系统的 $x_{10}(t)=x_1(0)=1$，$x_{20}(t)=x_2(0)=-\dfrac{1}{k}$。其 Adomian 多项式为

$$A_{20}=tx_{10}\text{ ， }A_{21}=tx_{11}\text{ ， }A_{22}=tx_{12}\text{ ， }A_{23}=tx_{13}$$

利用线性代数约束有

$$x_{21}=J^{\alpha}A_{20}=\frac{\Gamma(2)}{\Gamma(2+\alpha)}t^{(1+\alpha)}$$

$$x_{11}=-k\frac{\Gamma(2)}{\Gamma(2+\alpha)}t^{(1+\alpha)}$$

$$x_{22}=J^{\alpha}A_{21}=-k\frac{\Gamma(2)\Gamma(3+\alpha)}{\Gamma(2+\alpha)\Gamma(3+2\alpha)}t^{(2+2\alpha)}=-k\frac{\Gamma(2)(2+\alpha)}{\Gamma(3+2\alpha)}t^{(2+2\alpha)}$$

$$x_{12}=k^2\frac{\Gamma(2)(2+\alpha)}{\Gamma(3+2\alpha)}t^{(2+2\alpha)}$$

$$x_{23}=J^{\alpha}A_{22}=k^2\frac{\Gamma(2)(2+\alpha)\Gamma(4+2\alpha)}{\Gamma(3+2\alpha)\Gamma(4+3\alpha)}t^{(3+3\alpha)}=k^2\frac{\Gamma(2)(2+\alpha)(3+2\alpha)}{\Gamma(4+3\alpha)}t^{(3+3\alpha)}$$

$$x_{13}=-k^3\frac{\Gamma(2)(2+\alpha)(3+2\alpha)}{\Gamma(4+3\alpha)}t^{(3+3\alpha)}$$

$$\begin{aligned}x_{24}=J^{\alpha}A_{23}&=-k^3\frac{\Gamma(2)(2+\alpha)(3+2\alpha)\Gamma(5+3\alpha)}{\Gamma(4+3\alpha)\Gamma(5+4\alpha)}t^{(4+4\alpha)}\\&=-k^3\frac{\Gamma(2)(2+\alpha)(3+2\alpha)(4+3\alpha)}{\Gamma(5+4\alpha)}t^{(4+4\alpha)}\end{aligned}$$

$$x_{14}=k^4\frac{\Gamma(2)(2+\alpha)(3+2\alpha)(4+3\alpha)}{\Gamma(5+4\alpha)}t^{(4+4\alpha)}$$

归纳以上各项规律，可得

$$x_{2m}=(-k)^{(m-1)}\frac{\Gamma(2)(2+\alpha)(3+2\alpha)\cdots[m+(m-1)\alpha]}{\Gamma[(m+1)+m\alpha]}t^{(m+m\alpha)},\ m=1,2,\cdots$$

由于 $\Gamma(2)=1=\Gamma(1+0\alpha)$，上式可以改写为如下更规范并包含 x_{20} 的形式：

$$x_{2m}=(-k)^{(m-1)}\frac{\Gamma(-\alpha)\Gamma(1+0\alpha)(2+\alpha)(3+2\alpha)\cdots[m+(m-1)\alpha]}{\Gamma(-\alpha)\Gamma[(m+1)+m\alpha]}t^{(m+m\alpha)},$$

$$m=0,1,2,\cdots$$

简记为

$$x_{2m}=(-k)^{(m-1)}\frac{\prod_{i=0}^{m}\Gamma\left[i+(i-1)\alpha\right]}{\Gamma(-\alpha)\Gamma\left[(m+1)+m\alpha\right]}t^{(m+m\alpha)},\ m=0,1,2,\cdots$$

从而

$$x_{1m}=(-k)^{(m)}\frac{\prod_{i=0}^{m}\Gamma\left[i+(i-1)\alpha\right]}{\Gamma(-\alpha)\Gamma\left[(m+1)+m\alpha\right]}t^{(m+m\alpha)},\ m=0,1,2,\cdots$$

于是得到系统解：

$$\begin{cases}x_1(t)=\sum_{m=0}^{\infty}x_{1m}=\sum_{m=0}^{\infty}(-k)^{(m)}\frac{\prod_{i=0}^{m}\Gamma\left[i+(i-1)\alpha\right]}{\Gamma(-\alpha)\Gamma\left[(m+1)+m\alpha\right]}t^{(m+m\alpha)}\\ x_2(t)=\sum_{m=0}^{\infty}x_{2m}=\sum_{m=0}^{\infty}(-k)^{(m-1)}\frac{\prod_{i=0}^{m}\Gamma\left[i+(i-1)\alpha\right]}{\Gamma(-\alpha)\Gamma\left[(m+1)+m\alpha\right]}t^{(m+m\alpha)}\end{cases}$$

此解已不再是近似解，而是系统的精确解，其正确性可直接由 $x_2(t)$ 求 Caputo 导数验证。

例 4.10 考察附加非线性约束的分数阶微分代数系统：

$$\begin{cases}{}_0^C\mathrm{D}_t^{\alpha}x_1=2x_2^2\\ (x_2-1)^2=x_1\\ x_1(0)=0\end{cases}$$

的解。

解 此系统的 $x_{10}=x_1(0)=0$，$x_{20}=1$，其 Adomian 多项式如下：

$$A_{10}=2x_{20}^2,\quad A_{11}=4x_{20}x_{21},\quad A_{12}=2x_{21}^2+4y_{20}y_{22},\quad A_{13}=4x_{21}x_{22}+4x_{20}x_{22}$$

由递推算法知

$$x_{11}=J^{\alpha}A_{10}=\frac{2}{\Gamma(\alpha+1)}t^{\alpha}$$

为了计算 x_{12}，令二级截断 $\tilde{x}_{12}(t)=x_{10}+x_{11},\tilde{x}_{22}(t)=x_{20}+x_{21}$ 满足非线性

代数约束：

$$(x_{20}+x_{21}-1)^2=x_{10}+x_{11}$$

注意到 $x_{10}=x_1(0)=0, x_{20}=1$，有

$$x_{21}=\sqrt{\frac{2}{\Gamma(\alpha+1)}}t^{\frac{\alpha}{2}}$$

于是

$$A_{11}=4x_{20}x_{21}=4\sqrt{\frac{2}{\Gamma(\alpha+1)}}t^{\frac{\alpha}{2}}$$

进而

$$x_{12}=J^{\alpha}A_{11}=4\sqrt{\frac{2}{\Gamma(\alpha+1)}}\frac{\Gamma\left(\frac{\alpha}{2}+1\right)}{\Gamma\left(\frac{3\alpha}{2}+1\right)}t^{\frac{3\alpha}{2}}=\frac{4}{3}\sqrt{\frac{2}{\Gamma(\alpha+1)}}\frac{\Gamma\left(\frac{\alpha}{2}\right)}{\Gamma\left(\frac{3\alpha}{2}\right)}t^{\frac{3\alpha}{2}}$$

为了计算 x_{22}，令三级截断 $\tilde{x}_{13}(t)=x_{10}+x_{11}+x_{12}$，$\tilde{x}_{23}(t)=x_{20}+x_{21}+x_{22}$ 满足代数约束：

$$(x_{20}+x_{21}+x_{22}-1)^2=x_{10}+x_{11}+x_{12}$$

注意到

$$x_{10}=0, x_{20}=1，\quad x_{11}=\frac{2}{\Gamma(\alpha+1)}t^{\alpha}$$

$$x_{21}=\sqrt{\frac{2}{\Gamma(\alpha+1)}}t^{\frac{\alpha}{2}}，\quad x_{12}=\frac{4}{3}\sqrt{\frac{2}{\Gamma(\alpha+1)}}\frac{\Gamma\left(\frac{\alpha}{2}\right)}{\Gamma\left(\frac{3\alpha}{2}\right)}t^{\frac{3\alpha}{2}}$$

可得

$$x_{22}=\left(\sqrt{\frac{4}{3}\sqrt{\frac{2}{\Gamma(\alpha+1)}}\frac{\Gamma\left(\frac{\alpha}{2}\right)}{\Gamma\left(\frac{3\alpha}{2}\right)}t^{\frac{\alpha}{2}}+\frac{2}{\Gamma(\alpha+1)}}-\sqrt{\frac{2}{\Gamma(\alpha+1)}}\right)t^{\frac{\alpha}{2}}$$

两者的三级截断近似：

$$x_1=\frac{2}{\Gamma(\alpha+1)}t^{\alpha}+\frac{4}{3}\sqrt{\frac{2}{\Gamma(\alpha+1)}}\frac{\Gamma\left(\frac{\alpha}{2}\right)}{\Gamma\left(\frac{3\alpha}{2}\right)}t^{\frac{3\alpha}{2}}$$

$$x_2=1+\sqrt{\frac{2}{\Gamma(\alpha+1)}}t^{\frac{\alpha}{2}}+\left(\sqrt{\frac{4}{3}\sqrt{\frac{2}{\Gamma(\alpha+1)}}\frac{\Gamma\left(\frac{\alpha}{2}\right)}{\Gamma\left(\frac{3\alpha}{2}\right)}t^{\frac{\alpha}{2}}+\frac{2}{\Gamma(\alpha+1)}}-\sqrt{\frac{2}{\Gamma(\alpha+1)}}\right)t^{\frac{\alpha}{2}}$$

本节提出了一种求解分数阶微分代数系统的 Adomian 分解法，该方法的计算过程避免了复合函数求高阶导数的麻烦。对于线性代数约束而言，系统解的整体性质可以逐项转化为对各分量的性质分别进行研究，然后再综合还原系统的整体解。这些算例说明代数约束为线性时求解效果良好，并且在理想情况下能够根据解的规律得到系统精确解的级数表示。当代数约束为非线性时，用该方法得到级数解的低级截断近似比较顺利，而求高级截断近似会出现困难，可以考虑利用多步法进行改进，同时也需要进一步研究加以完善。

4.5 小 结

本章主要研究分数阶广义线性定常系统的运动分析，也就是系统解的存在唯一性和解的具体形式。

研究工作从控制系统解的基本理论着手，以 Lebesgue 数为工具，完善了 Khalil 教授关于控制系统局部 Lipschitz 性质的推广工作，继而以受限等价变换为工具，研究了分数阶广义线性定常系统解的存在唯一性。我们将分数阶广义线性定常系统转化成 Weierstrass-Kronecker 标准型后，证明了正则性能保证系统存在唯一解。我们得到了分数阶广义线性定常系统的经典解和分布解的具体形式，系统解的结构仍然满足叠加原理。

本章最后还讨论了求解整数阶和分数阶微分代数系统的 Adomian 分解法。

第5章 分数阶广义线性定常系统的能控（观）性及其观测器设计

第 4 章主要讨论了分数阶广义线性定常系统的运动分析问题，在明确了分数阶广义线性系统解的存在性和唯一性问题的基础上，着重研究了分数阶广义线性系统的经典解和分布解，包括解的形式、解的结构和求解方法。众所周知，线性控制系统的运动分析构成了系统能控性、能观性和观测器设计问题的基础，本章我们就以分数阶广义线性定常系统的运动分析为基础，研究和讨论分数阶广义线性定常系统的能控性和能观性，以及系统观测器的设计等控制问题。

5.1 分数阶广义线性定常系统的能控性

本节讨论如下形式的分数阶广义线性定常系统：

$$\begin{cases} \boldsymbol{E}\,{}_{0}^{C}\mathrm{D}_{t}^{(\alpha)}\boldsymbol{x}(t)=\boldsymbol{A}\boldsymbol{x}(t)+\boldsymbol{B}\boldsymbol{u}(t),\ \ \boldsymbol{x}(0)=\boldsymbol{x}_0 & (5.1.1) \\ \boldsymbol{y}(t)=\boldsymbol{C}\boldsymbol{x}(t)+\boldsymbol{D}\boldsymbol{u}(t) & (5.1.2) \end{cases} \qquad (5.1)$$

其中 $\boldsymbol{x}(t), \boldsymbol{y}(t), \boldsymbol{u}(t)$ 分别是系统的状态变量、输出变量和控制输入变量，维数分别为 $\boldsymbol{x}(t)\in\mathbb{R}^n$，$\boldsymbol{y}(t)\in\mathbb{R}^m$，$\boldsymbol{u}(t)\in\mathbb{R}^r$；系数矩阵 $\boldsymbol{E},\boldsymbol{A}\in\mathbb{R}^{n\times n}$，$\boldsymbol{B}\in\mathbb{R}^{n\times r}$，$\boldsymbol{C}\in\mathbb{R}^{m\times n}$，$\boldsymbol{D}\in\mathbb{R}^{m\times r}$；分数阶导数采用 Caputo 导数，阶数 $0<\alpha<1$。考虑到系统（5.1）解的存在唯一性，假设矩阵对 $(\boldsymbol{E},\boldsymbol{A})$ 是正则的。

对系统（5.1）左乘 $\boldsymbol{P}_1$，令 $\boldsymbol{x}=\boldsymbol{P}_2\left[\boldsymbol{x}_1,\boldsymbol{x}_2\right]^{\mathrm{T}}$，该系统可等价变换为如下系统：

$$\begin{cases} {}_{0}^{C}\mathrm{D}_{t}^{(\alpha)}\boldsymbol{x}_1(t)=\boldsymbol{A}_1\boldsymbol{x}_1(t)+\boldsymbol{B}_1\boldsymbol{u}(t),\ \ \boldsymbol{x}_1(0)=\boldsymbol{x}_{10} & (5.2.1) \\ \boldsymbol{N}\,{}_{0}^{C}\mathrm{D}_{t}^{(\alpha)}\boldsymbol{x}_2(t)=\boldsymbol{x}_2(t)+\boldsymbol{B}_2\boldsymbol{u}(t),\ \ \boldsymbol{x}_2(0)=\boldsymbol{x}_{20} & (5.2.2) \end{cases} \qquad (5.2)$$

其中 $\boldsymbol{x}_1(t)\in\mathbb{R}^{n_1}$, $\boldsymbol{x}_2(t)\in\mathbb{R}^{n_2}$, $\boldsymbol{A}_1\in\mathbb{R}^{n_1\times n_1}$, $\boldsymbol{B}_1\in\mathbb{R}^{n_1\times r}$, $\boldsymbol{N}\in\mathbb{R}^{n_2\times n_2}$, $B_2\in\mathbb{R}^{n_2\times r}$；$\boldsymbol{N}$ 是一个幂零矩阵，即设其指数为 h，有 $\boldsymbol{N}^h=\boldsymbol{0}$，$\boldsymbol{N}^i\neq\boldsymbol{0}$，$i=1,2,\cdots,h-1$。系统（5.2.1）和（5.2.2）分别是系统（5.2）的慢子系统和快子系统。

我们首先借鉴线性系统的能控性概念，明确分数阶广义线性定常系统(5.1)能控性的基本概念，然后研究探讨分数阶广义线性定常系统(5.1)能控性的判断问题，给出系统能控性的判据。

5.1.1 分数阶广义线性定常系统的能控性

类似于线性系统能控性[57-58, 100]的概念，分数阶广义线性定常系统（5.1）的能控性（完全能控性）定义如下：

定义 5.1 若对于初始时刻 $t_0\in T$ 的一个非零初始状态 $\boldsymbol{x}_0$，存在一个时刻 $t_1\in T, t_1>t_0$ 和一个无约束的容许控制 $\boldsymbol{u}(t), t\in[t_0,t_1]$，使系统（5.1）的状态由 x_0 转移到 t_1 时刻 $x(t_1)=\boldsymbol{0}$，则称此 $\boldsymbol{x}_0$ 在 t_0 时刻是能控的。

定义 5.2 若状态空间中的所有非零状态在 t_0，$t_0\in T$ 时刻都是能控的，则称系统（5.1）在时刻 t_0 是完全能控的。

5.1.2 分数阶广义线性定常系统的能控性判据

分数阶广义线性定常系统（5.2）的慢子系统（5.2.1）实际上是一般的分数阶线性系统，如第 3 章所述，目前，其能控性判定已经有比较明确的结论，即下面的引理。

引理 5.1[110] 分数阶广义线性系统（5.2）的慢子系统（5.2.1）完全能控的充要条件是：

$$\operatorname{rank}\boldsymbol{Q}_{C_1}=\operatorname{rank}\left[\boldsymbol{B}_1,\boldsymbol{A}_1\boldsymbol{B}_1,\cdots,\boldsymbol{A}_1^{n_1-1}\boldsymbol{B}_1\right]=n_1$$

下面研究分数阶广义线性定常系统（5.2）的快子系统（5.2.2）的能控性问题。结合第 4 章分数阶广义线性系统的运动分析，特别是快子系统部分的分布解，我们给出快子系统的能控性判定定理，即定理 5.1：

定理 5.1 分数阶广义线性系统（5.2）的快子系统（5.2.2）完全能控的充要条件是：

$$\operatorname{rank} \boldsymbol{Q}_{C_2} = \operatorname{rank}\left[\boldsymbol{B}_2, \boldsymbol{N}\boldsymbol{B}_2, \cdots, \boldsymbol{N}^{h-1}\boldsymbol{B}_2\right] = n_2 \tag{5.3}$$

即，矩阵 $\boldsymbol{Q}_{C_2} = [\boldsymbol{B}_2, \boldsymbol{N}\boldsymbol{B}_2, \cdots, \boldsymbol{N}^{h-1}\boldsymbol{B}_2]$ 是行满秩的。

证明 根据定义 5.1，即需要证明存在控制输入 $\boldsymbol{u}(t)$ 能够使系统（5.2.2）的状态由 x_{20} 转移到原点 **0**。由定理 4.7 可知，快子系统（5.2.2）的解为

$$\boldsymbol{x}_2(t) = -\sum_{k=1}^{h-1}\boldsymbol{N}^k\, {}_0^C\mathrm{D}_t^{(k\alpha-1)}\delta(t)\boldsymbol{x}_{20} - \sum_{k=0}^{h-1}\boldsymbol{N}^k\boldsymbol{B}_2\left[{}_0^C\mathrm{D}_t^{(k\alpha)}\boldsymbol{u}(t) + \sum_{i=0}^{l_k-1}{}_0^C D_t^{(k\alpha-1-i)}\delta(t)\boldsymbol{u}^{(i)}(0)\right]$$

欲使 $\boldsymbol{x}_2(t) = \boldsymbol{0}$，即要求存在输入 $\boldsymbol{u}(t)$ 满足：

$$\begin{aligned}&-\sum_{k=1}^{h-1}\boldsymbol{N}^k\, {}_0^C\mathrm{D}_t^{(k\alpha-1)}\delta(t)\boldsymbol{x}_{20} - \sum_{k=0}^{h-1}\boldsymbol{N}^k\boldsymbol{B}_2\, {}_0^C\mathrm{D}_t^{(k\alpha)}\boldsymbol{u}(t)\\ &-\sum_{k=0}^{h-1}\boldsymbol{N}^k\boldsymbol{B}_2\left[\sum_{i=0}^{l_k-1}{}_0^C\mathrm{D}_t^{(k\alpha-1-i)}\delta(t)\boldsymbol{u}^{(i)}(0)\right] = \boldsymbol{0}\end{aligned} \tag{5.4}$$

也就是

$$\begin{aligned}&-\sum_{k=1}^{h-1}\boldsymbol{N}^k\, {}_0^C\mathrm{D}_t^{(k\alpha-1)}\delta(t)\boldsymbol{x}_{20} - \sum_{k=0}^{h-1}\boldsymbol{N}^k\boldsymbol{B}_2\left[\sum_{i=0}^{l_k-1}{}_0^C\mathrm{D}_t^{(k\alpha-1-i)}\delta(t)\boldsymbol{u}^{(i)}(0)\right]\\ &= \sum_{k=0}^{h-1}\boldsymbol{N}^k\boldsymbol{B}_2\, {}_0^C\mathrm{D}_t^{(k\alpha)}\boldsymbol{u}(t)\end{aligned}$$

考虑到上式左边各项都具有确定的数值，令左边为 $\tilde{\boldsymbol{x}}_{20}$，则上式进一步可以表示为

$$\tilde{\boldsymbol{x}}_{20} = \sum_{k=0}^{h-1}\boldsymbol{N}^k\boldsymbol{B}_2\, {}_0^C\mathrm{D}_t^{(k\alpha)}\boldsymbol{u}(t) = \left[\boldsymbol{B}_2, \boldsymbol{N}\boldsymbol{B}_2, \cdots, \boldsymbol{N}^{h-1}B_2\right]\begin{bmatrix}\boldsymbol{u}(t)\\ {}_0^C\mathrm{D}_t^{(\alpha)}\boldsymbol{u}(t)\\ \vdots\\ {}_0^C\mathrm{D}_t^{((h-1)\alpha)}\boldsymbol{u}(t)\end{bmatrix} \tag{5.5}$$

此外，考虑到所给的 $\tilde{\boldsymbol{x}}_{20}$ 是任意的，要求存在满足上式的控制输入 $\boldsymbol{u}(t)$，当且仅当矩阵 $\boldsymbol{Q}_{C_2} = \left[\boldsymbol{B}_2, \boldsymbol{N}\boldsymbol{B}_2, \cdots, \boldsymbol{N}\boldsymbol{B}_2^{h-1}\right]$ 是行满秩的（此时，增广矩阵的秩

等于系数矩阵的秩），即

$$\operatorname{rank} \boldsymbol{Q}_{C_2} = \operatorname{rank}\left[\boldsymbol{B}_2, \boldsymbol{N}\boldsymbol{B}_2, \cdots, \boldsymbol{N}^{h-1}\boldsymbol{B}_2\right] = n_2$$

证毕！

定理 5.1 是判定分数阶广义线性系统快子系统能控性的基础性定理。以此为基础，我们可以得到更为简洁的 PBH 秩判据。

推论 5.1（PBH 秩判据） 分数阶广义线性系统（5.2）的快子系统（5.2.2）完全能控的充要条件是：$\operatorname{rank}[\boldsymbol{N}, \boldsymbol{B}_2] = n_2$。

证明 由线性系统的 PBH 秩判据可知，定理 5.1 的能控性条件等价于矩阵 $[\lambda\boldsymbol{I} - N \vdots \boldsymbol{B}_2]$ 对于矩阵 $\boldsymbol{N}$ 的每一个特征值 λ_i，都有

$$\operatorname{rank}[\lambda_i\boldsymbol{I} - \boldsymbol{N} \vdots \boldsymbol{B}_2] = n_2$$

此外，考虑到幂零矩阵 $\boldsymbol{N}$ 的特殊结构，可知其特征值 λ_i 均等于 0，于是定理 5.1 的能控性条件等价于

$$\operatorname{rank}[-\boldsymbol{N}, \boldsymbol{B}_2] = \operatorname{rank}[\boldsymbol{N}, \boldsymbol{B}_2] = n_2$$

证毕！

明确了分数阶广义线性系统慢子系统和快子系统的能控性条件，我们自然可以得到分数阶广义线性系统的能控性判定定理，即定理 5.2。

定理 5.2 分数阶广义线性定常系统（5.2）完全能控的充要条件是其慢子系统和快子系统均完全能控，即：

$$\begin{cases} \operatorname{rank} \boldsymbol{Q}_{C_1} = \operatorname{rank}\left[\boldsymbol{B}_1, \boldsymbol{A}_1\boldsymbol{B}_1, \cdots, \boldsymbol{A}_1^{n_1-1}\boldsymbol{B}_1\right] = n_1 \\ \operatorname{rank} Q_{C_2} = \operatorname{rank}\left[\boldsymbol{B}_2, \boldsymbol{N}\boldsymbol{B}_2, \cdots, \boldsymbol{N}^{h-1}\boldsymbol{B}_2\right] = n_2 \end{cases} \tag{5.6}$$

例 5.1 考察分数阶广义线性定常系统：

$$\boldsymbol{E}\,{}_0^C\mathrm{D}_t^{(\alpha)}\boldsymbol{x}(t) = \boldsymbol{A}\boldsymbol{x}(t) + \boldsymbol{B}\boldsymbol{u}(t); \boldsymbol{x}(0) = \boldsymbol{x}_0,\ 0 < \alpha < 1$$

的能控性，其中参数矩阵：

$$\boldsymbol{E} = \begin{bmatrix} 2 & 0 & 0 & 1 \\ 1 & 0 & -1 & 0 \\ -2 & 3 & 0 & 5 \\ 2 & -2 & 0 & -3 \end{bmatrix},\ \boldsymbol{A} = \begin{bmatrix} 4 & 0 & -2 & 1 \\ 0 & -1 & 2 & 1 \\ -7 & 3 & -1 & 2 \\ 7 & -2 & -1 & -1 \end{bmatrix},\ \boldsymbol{B} = \begin{bmatrix} -1 & 1 & 4 & -3 \\ -3 & 0 & -3 & 0 \end{bmatrix}^{\mathrm{T}}$$

解 取变换矩阵：

$$P_1=\frac{1}{3}\begin{bmatrix}2&0&-1&-3\\-3&0&3&3\\0&3&0&0\\-1&0&2&3\end{bmatrix},\ P_2=\frac{1}{4}\begin{bmatrix}2&-3&-1&-2\\4&-4&-4&-8\\2&-3&-1&-6\\0&2&2&4\end{bmatrix}$$

则原系统可以被等价地变换为

$$\begin{cases}{}_0^C\mathrm{D}_t^{(\alpha)}\boldsymbol{x}_1(t)=\boldsymbol{A}_1\boldsymbol{x}_1(t)+\boldsymbol{B}_1\boldsymbol{u}(t)\\ \boldsymbol{N}\,{}_0^C\mathrm{D}_t^{(\alpha)}\boldsymbol{x}_2(t)=\boldsymbol{x}_2(t)+\boldsymbol{B}_2\boldsymbol{u}(t)\end{cases}$$

其中参数矩阵为 $\boldsymbol{A}_1=\begin{bmatrix}0&1\\-1&2\end{bmatrix}$，$\boldsymbol{B}_1=\begin{bmatrix}1&-1\\2&0\end{bmatrix}$，$\boldsymbol{N}=\begin{bmatrix}0&1\\0&0\end{bmatrix}$，$\boldsymbol{B}_2=\begin{bmatrix}1&0\\0&-1\end{bmatrix}$。

慢子系统部分的能控性矩阵

$$\boldsymbol{Q}_{C_1}=\left[\boldsymbol{B}_1\ \boldsymbol{A}_1\boldsymbol{B}_1\right]=\begin{bmatrix}1&-1&2&0\\2&0&3&1\end{bmatrix}$$

显然，它是行满秩的（秩等于 2），因此慢子系统是能控的。快子系统部分的

$$\boldsymbol{Q}_{C_2}=\left[\boldsymbol{B}_2\ \boldsymbol{N}\boldsymbol{B}_2\right]=\begin{bmatrix}1&0&0&-1\\0&-1&0&0\end{bmatrix}$$

它也是行满秩的，于是快子系统也能控。综合这两个子系统的能控性，由定理 5.2 可知，例 5.1 的系统是完全能控的。

下面讨论具体控制策略。由于慢子系统的能控性比较成熟，我们重点关注快子系统

$$\boldsymbol{N}\,{}_0^C\mathrm{D}_t^{(\alpha)}\boldsymbol{x}_2(t)=\boldsymbol{x}_2(t)+\boldsymbol{B}_2\boldsymbol{u}(t)$$

的控制策略问题。

将快子系统展开后为

$$\begin{cases}{}_0^C\mathrm{D}_t^{(\alpha)}x_{22}(t)=x_{21}+u_1\\ 0=x_{22}-u_2\end{cases}$$

显然

$$x_{22}=u_2\,,\quad x_{21}={}_0^C\mathrm{D}_t^{(\alpha)}x_{22}(t)-u_1={}_0^C\mathrm{D}_t^{(\alpha)}u_2(t)-u_1$$

只需适当选择控制输入 u_1,u_2，就能够让这两个状态变量在有限时间内趋向于 0。

比如，取分段连续的控制输入

$$u_1=\begin{cases}\dfrac{c_2\Gamma(2\alpha+1)}{\Gamma(\alpha+1)}(t-1)^{\alpha}-c_1(t-1)^{2\alpha}, & 0<t<1\\ 0, & t\geqslant 1\end{cases},\quad u_2=\begin{cases}c_2(t-1)^{2\alpha}, & 0<t<1\\ 0, & t\geqslant 1\end{cases}$$

则显然有：

当 $0<t<1$ 时，

$$x_{22}=u_2=c_2(t-1)^{2\alpha},\quad x_{21}={}_0^C\mathrm{D}_t^{(\alpha)}x_{22}^{(\alpha)}(t)-u_1={}_0^C\mathrm{D}_t^{(\alpha)}u_2^{(\alpha)}(t)-u_1=c_1(t-1)^{2\alpha}$$

当 $t\geqslant 1$ 时，

$$x_{22}=x_{21}=0$$

这样就可以将 $\begin{bmatrix}x_{21}\\x_{22}\end{bmatrix}$ 从任意初值状态 $\begin{bmatrix}c_1\\c_2\end{bmatrix}$ 在有限时间 $[0,1]$ 内驱动到原点 $\begin{bmatrix}0\\0\end{bmatrix}$。

假设初始状态 $\begin{bmatrix}c_1\\c_2\end{bmatrix}=\begin{bmatrix}3\\2\end{bmatrix}$，导数阶数 $\alpha=0.6$，则可以确定控制变量为：

当 $0<t<1$ 时，

$$\boldsymbol{u}(t)=\begin{bmatrix}u_1\\u_2\end{bmatrix}=\begin{bmatrix}\dfrac{2\Gamma(1.2+1)}{\Gamma(0.6+1)}(t-1)^{0.6}-3(t-1)^{1.2}\\ 2(t-1)^{1.2}\end{bmatrix}$$

当 $t\geqslant 1$ 时，

$$\boldsymbol{u}(t)=\begin{bmatrix}u_1\\u_2\end{bmatrix}=\begin{bmatrix}0\\0\end{bmatrix}$$

相应的状态变量为：

当 $0<t<1$ 时，$\begin{bmatrix}x_{21}\\x_{22}\end{bmatrix}=\begin{bmatrix}3(t-1)^{1.2}\\2(t-1)^{1.2}\end{bmatrix}$；

当 $t\geqslant 1$ 时，$\begin{bmatrix}x_{21}\\x_{22}\end{bmatrix}=\begin{bmatrix}0\\0\end{bmatrix}$。

图 5-1 和图 5-2 分别给出了导数阶数为 $\alpha=0.6$ 和 $\alpha=0.2$ 时的控制效果。

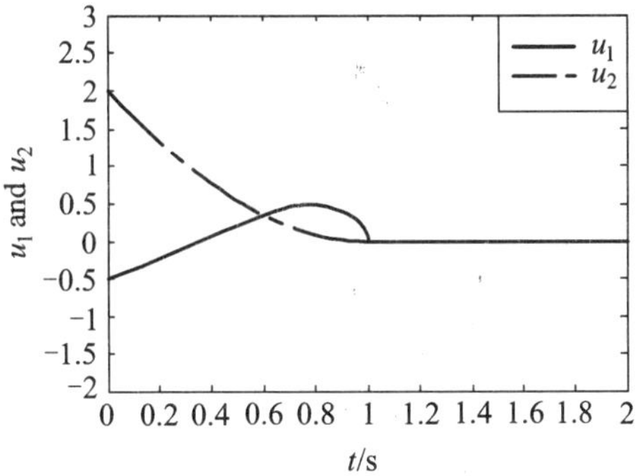

（a）导数阶数为 0.6 时的 u_1, u_2

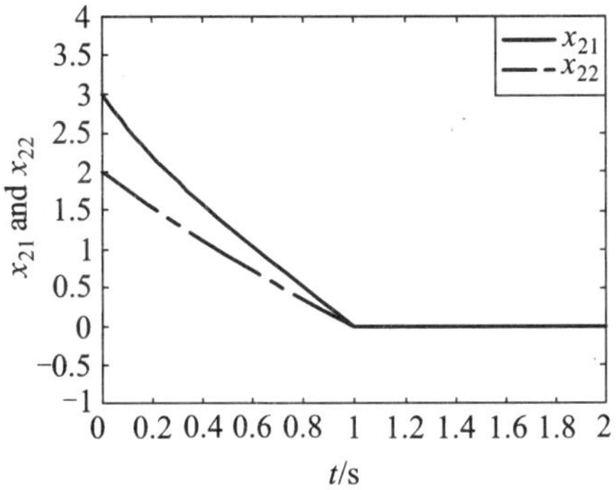

（b）导数阶数为 0.6 时的 x_{21}, x_{22}

图 5-1

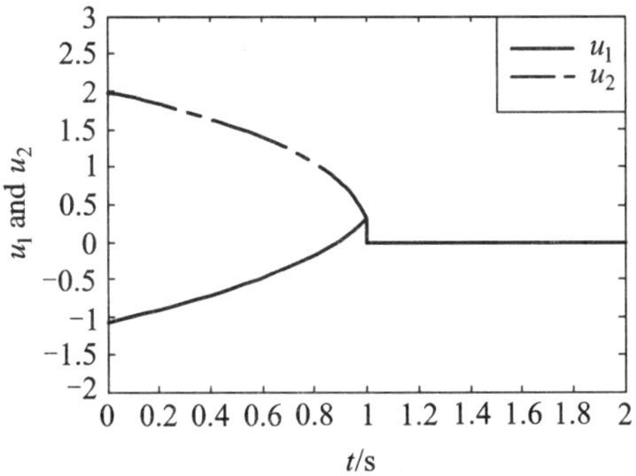

（a）导数阶数为 0.2 时的 u_1, u_2

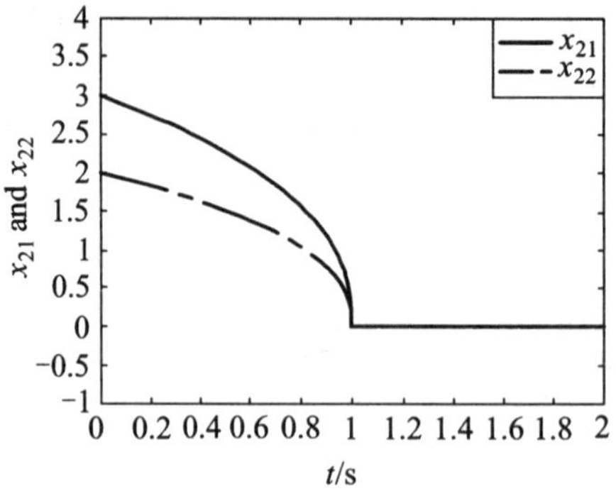

（b）导数阶数为 0.2 时的 x_{21}, x_{22}

图 5-2

5.2 分数阶广义线性定常系统的能观性

除了系统的能控性，能观性也是分数阶广义线性系统的另一个基础性控制问题。本节首先提出讨论分数阶广义线性系统能观性的基本概念，然后依据能观性概念，讨论并证明分数阶广义线性系统能观性的判定准则。

5.2.1 分数阶广义线性定常系统的能观性

考虑到，一方面系统的能观性是系统的内在固有属性，不受外界控制输入 $\boldsymbol{u}(t)$ 的影响；另一方面，分数阶广义线性系统的运动轨迹是系统分别对初始状态 $\boldsymbol{x}_0$ 和外界控制输入 $\boldsymbol{u}(t)$ 两部分响应的叠加，且系统对外界控制输入 $\boldsymbol{u}(t)$ 的响应是可以控制的，因此，本节在讨论系统能观性时，不考虑外界控制输入 $\boldsymbol{u}(t)$ 的影响。本节考虑的分数阶广义线性定常系统形式如下：

$$\begin{cases} \boldsymbol{E}\,{}_{0}^{C}\mathrm{D}_t^{(\alpha)}\boldsymbol{x}(t) = \boldsymbol{A}\boldsymbol{x}(t),\ \ \boldsymbol{x}(0) = \boldsymbol{x}_0 & (5.7.1) \\ \boldsymbol{y}(t) = \boldsymbol{C}\boldsymbol{x}(t) & (5.7.2) \end{cases} \tag{5.7}$$

为方便起见，系统（5.7）经过受限等价变换可等价地变换为如下系统：

$$\begin{cases} {}_0^C\mathrm{D}_t^{(\alpha)}\boldsymbol{x}_1(\boldsymbol{t})=\boldsymbol{A}_1\boldsymbol{x}_1(t),\ \boldsymbol{x}_1(0)=\boldsymbol{x}_{10} & (5.8.1)\\ \boldsymbol{y}_1(t)=\boldsymbol{C}_1\boldsymbol{x}_1(\boldsymbol{t}) & (5.8.2)\\ \boldsymbol{N}\,{}_0^C\mathrm{D}_t^{(\alpha)}\boldsymbol{x}_2(\boldsymbol{t})=\boldsymbol{x}_2(t),\ \boldsymbol{x}_2(0)=\boldsymbol{x}_{20} & (5.8.3)\\ \boldsymbol{y}_2(t)=\boldsymbol{C}_2\boldsymbol{x}_2(\boldsymbol{t}) & (5.8.4)\\ \boldsymbol{y}=\boldsymbol{y}_1+\boldsymbol{y}_2 & (5.8.5) \end{cases} \tag{5.8}$$

其中 $\boldsymbol{x}_1(t)\in\mathbb{R}^{n_1}$，$\boldsymbol{x}_2(t)\in\mathbb{R}^{n_2}$，$\boldsymbol{y}_1(t)\in\mathbb{R}^{m_1}$，$\boldsymbol{y}_2(t)\in\mathbb{R}^{m_2}$，$\boldsymbol{A}\in\mathbb{R}^{n_1\times n_1}$，$\boldsymbol{N}\in\mathbb{R}^{n_2\times n_2}$，$\boldsymbol{C}_1\in\mathbb{R}^{m_1\times n_1}$，$\boldsymbol{C}_2\in\mathbb{R}^{m_2\times n_2}$；$\boldsymbol{N}$ 是一个幂零矩阵，即设其指数为 h，有 $\boldsymbol{N}^h=\boldsymbol{0},\ \boldsymbol{N}^i\neq\boldsymbol{0},\ i=1,2,\cdots,h-1$；Caputo 导数阶数 $0<\alpha<1$。系统（5.8.1）和（5.8.2）是系统（5.8）的慢子系统，系统（5.8.3）和（5.8.4）是系统（5.8）的快子系统。

根据线性系统能观性[57-58, 100]概念，下面给出分数阶广义线性系统的能观性定义。

定义 5.3 对于分数阶广义线性系统(5.7)的一个非零初始状态 $\boldsymbol{x}(t_0)$，$t_0\in T$，若存在一个时刻 $t_1\in T$，$t_1>t_0$，使得在观测时间 $t\in[t_0,t_1]$ 内的输出 $\boldsymbol{y}(t)$能够唯一确定初始状态 $\boldsymbol{x}(t_0)$，则称此状态 $\boldsymbol{x}(t_0)$是能观的。

定义 5.4 若状态空间中的所有非零初始状态 $\boldsymbol{x}(t_0)$，$t_0\in T$ 都是能观的，则称系统（5.7）是（状态）完全能观的，简称能观的。

5.2.2 分数阶广义线性定常系统的能观性判据

分数阶广义线性定常系统（5.8）的慢子系统（5.8.1）和（5.8.2），实际上是一般的分数阶线性系统，第 3 章的定理 3.12 给出了分数阶线性定常系统的能观性判定判据，因此，慢子系统（5.8.1）和（5.8.2）的能观性已经明确，即如下引理。

引理 5.2[110] 系统（5.8）的慢子系统（5.8.1）和（5.8.2）是完全能观的充要条件是：

$$\operatorname{rank} \boldsymbol{Q}_{O_1} = \operatorname{rank}\begin{bmatrix} \boldsymbol{C}_1 \\ \boldsymbol{C}_1\boldsymbol{A}_1 \\ \vdots \\ \boldsymbol{C}_1\boldsymbol{A}_1^{n_1-1} \end{bmatrix} = n_1$$

下面以第 4 章分数阶广义线性系统的运动分析，特别是其快子系统的分布解的研究为基础，给出分数阶广义线性系统快子系统能观性的秩判据，即定理 5.3。

定理 5.3 系统（5.8）的快子系统（5.8.3）和（5.8.4）完全能观的充要条件是：

$$\operatorname{rank} \boldsymbol{Q}_{O_2} = \operatorname{rank}\begin{bmatrix} \boldsymbol{C}_2 \\ \boldsymbol{C}_2\boldsymbol{N} \\ \vdots \\ \boldsymbol{C}_2\boldsymbol{N}^{h-1} \end{bmatrix} = n_2 \tag{5.9}$$

证明 根据系统能观性定义，即需要证明存在时刻 $t_f \in T$，$t_f > 0$，使得在观测时间 $t \in [0, t_f]$ 内的输出 $\boldsymbol{y}_2(t)$ 能够唯一确定初始状态 $\boldsymbol{x}_2(0)$。

若 $\operatorname{rank}[\boldsymbol{C}_2] = n_2$，定理结论显然成立，此时 $\boldsymbol{x}_2(0) = \boldsymbol{C}_2^{-1}\boldsymbol{y}_2(t)$，亦即立即可以从系统输出 $\boldsymbol{y}_2(t)$ 唯一确定 $\boldsymbol{x}_2(0)$。下面证明 $\operatorname{rank}[\boldsymbol{C}_2] = n_2$ 的情况，不失一般性，假设 $\boldsymbol{C}_2$ 的行数 $m_2 < n_2$。

由定理 4.7 可知，快子系统（5.8.3）的解为

$$\boldsymbol{x}_2(t) = -\sum_{k=1}^{h-1} \boldsymbol{N}^k \, {}_0^C\mathrm{D}_t^{(k\alpha-1)} \delta(t) \boldsymbol{x}_2(0)$$

上式右边 ${}_0^C\mathrm{D}_t^{(k\alpha-1)}\delta(t), (k = 1, 2, \cdots, h-1)$ 均具有确定的数值，故输出 $y_2(t)$ 为

$$\begin{aligned} \boldsymbol{y}_2(t) = \boldsymbol{C}_2\boldsymbol{x}_2(t) &= -\boldsymbol{C}_2 \sum_{k=1}^{h-1} \boldsymbol{N}^k \, {}_0^C\mathrm{D}_t^{(k\alpha-1)} \delta(t) \boldsymbol{x}_2(0) \\ &= -\sum_{k=1}^{h-1} \boldsymbol{C}_2 \boldsymbol{N}^k \, {}_0^C\mathrm{D}_t^{(k\alpha-1)} \delta(t) \boldsymbol{x}_2(0) \end{aligned}$$

其矩阵形式可以表示为

$$
\boldsymbol{y}_2(t) = -\left[{}_0^C\mathrm{D}_t^{(\alpha-1)}\delta(t)\boldsymbol{I}_{m_2}, {}_0^C\mathrm{D}_t^{(2\alpha-1)}\delta(t)\boldsymbol{I}_{m_2}, \cdots, {}_0^C\mathrm{D}_t^{((h-1)\alpha-1)}\delta(t)\boldsymbol{I}_{m_2} \right] \begin{bmatrix} \boldsymbol{C}_2\boldsymbol{N} \\ \boldsymbol{C}_2\boldsymbol{N}^2 \\ \vdots \\ \boldsymbol{C}_2\boldsymbol{N}^{h-1} \end{bmatrix} \boldsymbol{x}_2(0)
$$

由于 $m_2 < n_2$，此时方程没有唯一解。因此，需要增加不同时刻的输出 $\boldsymbol{y}_2(t)$，构成具有 n_2 个方程的方程组。我们将 $t=0$ 时刻的系统输出 $\boldsymbol{y}_2(0)=\boldsymbol{C}_2\boldsymbol{x}_2(0)$ 加入到方程组中，有

$$
\begin{bmatrix} \boldsymbol{y}_2(0) \\ \boldsymbol{y}_2(t_1) \\ \vdots \\ \boldsymbol{y}_2(t_f) \end{bmatrix}
= -\begin{bmatrix} \boldsymbol{I} & & & \\ & {}_0^C\mathrm{D}_{t_1}^{(\alpha-1)}\delta(t)\boldsymbol{I}_{m_2} & {}_0^C\mathrm{D}_{t_1}^{(2\alpha-1)}\delta(t)\boldsymbol{I}_{m_2}, \cdots, & {}_0^C\mathrm{D}_{t_1}^{((h-1)\alpha-1)}\delta(t)\boldsymbol{I}_{m_2} \\ & \vdots & \vdots & \vdots \\ & {}_0^C\mathrm{D}_{t_f}^{(\alpha-1)}\delta(t)\boldsymbol{I}_{m_2} & {}_0^C\mathrm{D}_{t_f}^{(2\alpha-1)}\delta(t)\boldsymbol{I}_{m_2}, \cdots, & {}_0^C\mathrm{D}_{t_f}^{((h-1)\alpha-1)}\delta(t)\boldsymbol{I}_{m_2} \end{bmatrix} \begin{bmatrix} \boldsymbol{C}_2 \\ \boldsymbol{C}_2\boldsymbol{N} \\ \boldsymbol{C}_2\boldsymbol{N}^2 \\ \vdots \\ \boldsymbol{C}_2\boldsymbol{N}^{h-1} \end{bmatrix} \boldsymbol{x}_2(0)
$$

上式也可以写成

$$
\boldsymbol{Y} = \boldsymbol{M}\boldsymbol{x}_2(0) = \boldsymbol{M}_0\boldsymbol{Q}_{O_2}\boldsymbol{x}_2(0) \tag{5.10}
$$

式中

$$
\boldsymbol{Y} = \begin{bmatrix} \boldsymbol{y}_2(0) \\ \boldsymbol{y}_2(t_1) \\ \vdots \\ \boldsymbol{y}_2(t_f) \end{bmatrix}
$$

$$
\boldsymbol{M}_0 = -\begin{bmatrix} \boldsymbol{I} & & & \\ & {}_0^C\mathrm{D}_{t_1}^{(\alpha-1)}\delta(t)\boldsymbol{I}_{m_2} & {}_0^C\mathrm{D}_{t_1}^{(2\alpha-1)}\delta(t)\boldsymbol{I}_{m_2}, \cdots, & {}_0^C\mathrm{D}_{t_1}^{((h-1)\alpha-1)}\delta(t)\boldsymbol{I}_{m_2} \\ & \vdots & \vdots & \vdots \\ & {}_0^C\mathrm{D}_{t_f}^{(\alpha-1)}\delta(t)\boldsymbol{I}_{m_2} & {}_0^C\mathrm{D}_{t_f}^{(2\alpha-1)}\delta(t)\boldsymbol{I}_{m_2}, \cdots, & {}_0^C\mathrm{D}_{t_f}^{((h-1)\alpha-1)}\delta(t)\boldsymbol{I}_{m_2} \end{bmatrix}
$$

欲使式（5.10）具有唯一解，其充要条件是系数矩阵 $\boldsymbol{M}$ 和增广矩阵 $[\boldsymbol{M} \vdots \boldsymbol{Y}]$ 具有相同的秩且秩等于 n_2，故

$$\operatorname{rank} \boldsymbol{M}=\operatorname{rank}(\boldsymbol{M}_0 \boldsymbol{Q}_{O_2})=n_2$$

又由乘积矩阵秩的性质 $n_2=\operatorname{rank} \boldsymbol{M}_0 \boldsymbol{Q}_{O_2} \leqslant \min(\operatorname{rank} \boldsymbol{M}_0, \operatorname{rank} \boldsymbol{Q}_{O_2})$ 可知

$$\operatorname{rank} \boldsymbol{Q}_{O_2} \geqslant n_2$$

又 $\boldsymbol{Q}_{O_2} \in \mathbb{R}^{m_2 h \times n_2}$ 有 n_2 列，故

$$\operatorname{rank} \boldsymbol{Q}_{O_2} \leqslant n_2$$

结合以上两者得到：$\operatorname{rank} \boldsymbol{Q}_{O_2}=n_2$。证毕。

以此为基础，我们可以得到快子系统的能观性 PBH 秩判据。

推论 5.2（PBH 秩判据） 分数阶广义线性系统（5.8）的快子系统（5.8.3）和（5.8.4）完全能观的充要条件是：

$$\operatorname{rank}\begin{bmatrix}\boldsymbol{C} \\ \boldsymbol{N}\end{bmatrix}=n_2 \tag{5.11}$$

证明 由线性系统的 PBH 秩判据可知，定理 5.3 的能观性条件等价于矩阵 $\begin{bmatrix}\boldsymbol{C} \\ \lambda_i \boldsymbol{I}-\boldsymbol{N}\end{bmatrix}$ 对于矩阵 $\boldsymbol{N}$ 的每一个特征值 λ_i，都有

$$\operatorname{rank}\begin{bmatrix}\boldsymbol{C} \\ \lambda_i \boldsymbol{I}-\boldsymbol{N}\end{bmatrix}=n_2$$

证毕。

此外，考虑到幂零矩阵 $\boldsymbol{N}$ 的特殊结构，可知其特征值 λ_i 均等于 0，于是定理 5.3 的能观性条件等价于

$$\operatorname{rank}\begin{bmatrix}\boldsymbol{C} \\ -\boldsymbol{N}\end{bmatrix}=\operatorname{rank}\begin{bmatrix}\boldsymbol{C} \\ \boldsymbol{N}\end{bmatrix}=n_2$$

我们可以得到分数阶广义线性定常系统的能观性判定定理，即以下定理 5.4。

定理 5.4 分数阶广义线性系统（5.8）完全能观的充要条件是其慢

子系统和快子系统均完全能观，即

$$\operatorname{rank}\boldsymbol{Q}_{O_1}=\operatorname{rank}\begin{bmatrix}\boldsymbol{C}_1\\ \boldsymbol{C}_1\boldsymbol{A}_1\\ \vdots\\ \boldsymbol{C}_1\boldsymbol{A}_1^{n_1-1}\end{bmatrix}=n_1\text{，且}\quad \operatorname{rank}\boldsymbol{Q}_{O_2}=\operatorname{rank}\begin{bmatrix}\boldsymbol{C}_2\\ \boldsymbol{C}_2\boldsymbol{N}\\ \vdots\\ \boldsymbol{C}_2\boldsymbol{N}^{h-1}\end{bmatrix}=n_2 \tag{5.12}$$

例 5.2 考察分数阶广义线性系统：

$$\begin{cases}\boldsymbol{E}\,{}_0^C\mathrm{D}_t^{(\alpha)}\boldsymbol{x}(t)=\boldsymbol{A}\boldsymbol{x}(t);\boldsymbol{x}(0)=\boldsymbol{x}_0\\ \boldsymbol{y}(t)=\boldsymbol{C}\boldsymbol{x}(t),(0<\alpha<1)\end{cases}$$

的能观性，其中参数矩阵：

$$\boldsymbol{E}=\begin{bmatrix}12&1&0&5\\8&-3&0&-3\\-11&7&0&0\\9&-4&0&1\end{bmatrix},\ \boldsymbol{A}=\begin{bmatrix}5&11&0&4\\1&-7&5&-4\\8&7&0&7\\13&-2&0&-9\end{bmatrix},\ \boldsymbol{C}=\begin{bmatrix}-1&-4&15&9\\-18&3&5&-1\end{bmatrix}$$

解 取变换矩阵：

$$\boldsymbol{P}_1=\begin{bmatrix}0.4286&0&-0.2857&-0.1429\\0.2143&0&0.3571&-0.0714\\0.2143&1&0.3571&-0.0714\\-0.0714&0&0.2143&0.3571\end{bmatrix}$$

$$\boldsymbol{P}_2=\begin{bmatrix}0.0750&0.0250&0&0.0875\\-0.0250&0.3250&0&0.1375\\-0.0700&0.1100&0.2000&-0.0150\\0.2250&0.0750&0&-0.2375\end{bmatrix}$$

原系统可以被等价地变换为

$$\begin{cases}{}_0^C\mathrm{D}_t^{(\alpha)}\boldsymbol{x}_1(t)=\boldsymbol{A}_1\boldsymbol{x}_1(t);\ \ \boldsymbol{y}_1(t)=\boldsymbol{C}_1\boldsymbol{x}_1(t);\ \ \boldsymbol{x}_1(0)=\boldsymbol{x}_{10}\\ \boldsymbol{N}\,{}_0^C\mathrm{D}_t^{(\alpha)}\boldsymbol{x}_2(t)=\boldsymbol{x}_2(t);\ \ \boldsymbol{y}_2(t)=\boldsymbol{C}_2\boldsymbol{x}_2(t);\ \ \boldsymbol{x}_2(0)=\boldsymbol{x}_{20}\end{cases}$$

其中 $\boldsymbol{A}_1=\begin{bmatrix}0 & 1\\ 1 & 2\end{bmatrix}, \boldsymbol{C}_1=\begin{bmatrix}1 & 1\\ -2 & 1\end{bmatrix}, \boldsymbol{C}_2=\begin{bmatrix}3 & -3\\ 1 & -1\end{bmatrix}, \boldsymbol{N}=\begin{bmatrix}0 & 1\\ 0 & 0\end{bmatrix}$。

利用 MATLAB 的 obsv(A_1, C_1)命令，可得慢子系统的能观性矩阵：

$$\boldsymbol{Q}_{O_1}=\begin{bmatrix}1 & 1\\ -2 & 1\\ 1 & 3\\ 1 & 0\end{bmatrix}$$

显然，它是列满秩的（秩等于 2）。同样，利用 obsv(N, C_2)命令，可得快子系统的能观性矩阵：

$$\boldsymbol{Q}_{O_2}=\begin{bmatrix}3 & -3\\ 1 & -1\\ 0 & 3\\ 0 & 1\end{bmatrix}$$

它也是列满秩的。于是，综合两者可知，例 5.2 的系统是完全能观的。

该系统的第一部分，即慢子系统的能观性属于正常分数阶线性系统的能观性问题，这里不再赘述。下面分析其第二部分，即快子系统部分的能观性。

假设快子系统的初值为 $\boldsymbol{x}_2(0)=\begin{bmatrix}\boldsymbol{x}_{21}(0)\\ \boldsymbol{x}_{22}(0)\end{bmatrix}$，初始时刻的输出

$$\boldsymbol{y}_2(0)=\boldsymbol{C}_2\boldsymbol{x}_2(0)=\boldsymbol{C}_2\begin{bmatrix}\boldsymbol{x}_{21}(0)\\ \boldsymbol{x}_{22}(0)\end{bmatrix}=\begin{bmatrix}3\boldsymbol{x}_{21}(0)-3\boldsymbol{x}_{22}(0)\\ \boldsymbol{x}_{21}(0)-\boldsymbol{x}_{22}(0)\end{bmatrix}$$

显然，$\boldsymbol{y}_2(0)$ 的两个分量存在比例关系，其有效值仅有一个，只能确定 $\boldsymbol{x}_{21}(0)-\boldsymbol{x}_{22}(0)$，而不能确定 $\boldsymbol{x}_{21}(0)$ 和 $\boldsymbol{x}_{22}(0)$ 的值。此时需要增加输出 $\boldsymbol{y}_2(t)$ 的采点数量。设增加采点为 t_1 时刻的输出，则

$$\begin{aligned}\boldsymbol{y}_2(t_1)&=\boldsymbol{C}_2\boldsymbol{x}_2(t_1)=-\boldsymbol{C}_2\boldsymbol{N}\,{}_0^C\mathrm{D}_{t_1}^{(k\alpha-1)}\delta(t)\boldsymbol{x}_2(0)\\ &=-\begin{bmatrix}0 & 3\,{}_0^C\mathrm{D}_{t_1}^{(k\alpha-1)}\delta(t)\boldsymbol{x}_{22}(0)\\ 0 & {}_0^C\mathrm{D}_{t_1}^{(k\alpha-1)}\delta(t)\boldsymbol{x}_{22}(0)\end{bmatrix}\end{aligned}$$

此解的两个分量也存在比例关系，有效值也仅有一个，但是该解可以确定 $\boldsymbol{x}_{22}(0)$ 的值。再联立前面已经确定的 $\boldsymbol{x}_{21}(0)-\boldsymbol{x}_{22}(0)$ 的值，从而可以确定 $\boldsymbol{x}_{21}(0)$ 的值，这样就完全重构了系统初值。

直观来看，快子系统矩阵 $\boldsymbol{C}_2=\begin{bmatrix}3 & -3\\ 1 & -1\end{bmatrix}$ 的列秩为 1，无法保证快子系统的能观性，但是 $\boldsymbol{Q}_{O_2}=\begin{bmatrix}\boldsymbol{C}_2\\ \boldsymbol{C}_2\boldsymbol{N}\end{bmatrix}=\begin{bmatrix}3 & -3\\ 1 & -1\\ 0 & 3\\ 0 & 1\end{bmatrix}$ 的列秩为 2，从而可以保证快子系统的能观性。

5.3 对偶分数阶广义线性定常系统的能控性、能观性

由线性系统理论我们知道，对偶线性系统之间的能控性和能观性有内在联系，这为研究线性系统的能控性和能观性提供了极大的便利。本节讨论分数阶广义线性定常系统的对偶系统以及对偶系统之间的能控性、能观性内在关系。

5.3.1 分数阶广义线性定常系统的对偶系统

考虑分数阶广义线性系统：

$$\begin{cases}\boldsymbol{E}\,{}_0^C\mathrm{D}_t^{(\alpha)}\boldsymbol{x}(t)=\boldsymbol{A}\boldsymbol{x}(t)+\boldsymbol{B}\boldsymbol{u}(t),\ \ \boldsymbol{x}(0)=\boldsymbol{x}_0 & (5.13.1)\\ \boldsymbol{y}(t)=\boldsymbol{C}\boldsymbol{x}(t) & (5.13.2)\end{cases} \tag{5.13}$$

其中 $\boldsymbol{x}(t),\boldsymbol{y}(t),\boldsymbol{u}(t)$ 的维数分别为 $\boldsymbol{x}(t)\in\mathbb{R}^n,\boldsymbol{y}(t)\in\mathbb{R}^m,\boldsymbol{u}(t)\in\mathbb{R}^r$；系数矩阵 $\boldsymbol{E},\boldsymbol{A}\in\mathbb{R}^{n\times n},\boldsymbol{B}\in\mathbb{R}^{n\times r},\boldsymbol{C}\in\mathbb{R}^{m\times n}$；导数阶数 $0<\alpha<1$。

设矩阵对 $(\boldsymbol{E},\boldsymbol{A})$ 是正则的，则对系统（5.13）左乘 $\boldsymbol{P}_1$，令 $\boldsymbol{x}=\boldsymbol{P}_2[\boldsymbol{x}_1,\boldsymbol{x}_2]^{\mathrm{T}}$，该系统可变换为系统（5.14），其慢子系统为

$$\begin{cases}{}_0^C\mathrm{D}_t^{(\alpha)}\boldsymbol{x}_1(t)=\boldsymbol{A}_1\boldsymbol{x}_1(t)+\boldsymbol{B}_1\boldsymbol{u}(t),\ \boldsymbol{x}_1(0)=\boldsymbol{x}_{10}\\ \boldsymbol{y}_1(t)=\boldsymbol{C}_1\boldsymbol{x}_1(t)\end{cases} \tag{5.14.1}$$

快子系统为

$$\begin{cases} \boldsymbol{N}\,{}_0^C\mathrm{D}_t^{(\alpha)}\boldsymbol{x}_2(t)=\boldsymbol{x}_2(t)+\boldsymbol{B}_2\boldsymbol{u}(t),\ \ \boldsymbol{x}_2(0)=\boldsymbol{x}_{20} \\ \boldsymbol{y}_2(t)=\boldsymbol{C}_2\boldsymbol{x}_2(t) \end{cases} \tag{5.14.2}$$

此外，输出方程为

$$\boldsymbol{y}(t)=\boldsymbol{C}\boldsymbol{x}(t)=\boldsymbol{y}_1(t)+\boldsymbol{y}_2(t)=\boldsymbol{C}_1\boldsymbol{x}_1(t)+\boldsymbol{C}_2\boldsymbol{x}_2(t)$$

系统中：$\boldsymbol{x}_1(t)\in\mathbb{R}^{n_1}$，$\boldsymbol{x}_2(t)\in\mathbb{R}^{n_2}$，$\boldsymbol{u}(t)\in\mathbb{R}^{r}$，$\boldsymbol{A}_1\in\mathbb{R}^{n_1\times n_1}$，$\boldsymbol{B}_1\in\mathbb{R}^{n_1\times r}$，$\boldsymbol{C}_1\in\mathbb{R}^{m\times n_1}$，$\boldsymbol{N}\in\mathbb{R}^{n_2\times n_2}$，$\boldsymbol{B}_2\in\mathbb{R}^{n_2\times r}$，$\boldsymbol{C}_2\in\mathbb{R}^{m\times n_2}$，$\boldsymbol{N}$ 是指数为 h 的幂零矩阵。

定义 5.5 分数阶广义线性系统（5.13）的对偶系统为

$$\begin{cases} \boldsymbol{E}^{\mathrm{T}}\,{}_0^C\mathrm{D}_t^{(\alpha)}\tilde{\boldsymbol{x}}(t)=\boldsymbol{A}^{\mathrm{T}}\tilde{\boldsymbol{x}}(t)+\boldsymbol{C}^{\mathrm{T}}\tilde{\boldsymbol{u}}(t),\ \ \tilde{\boldsymbol{x}}(0)=\tilde{\boldsymbol{x}}_0 \\ \tilde{\boldsymbol{y}}(t)=\boldsymbol{B}^{\mathrm{T}}\tilde{\boldsymbol{x}}(t) \end{cases} \tag{5.15}$$

引理 5.3 指出，将对偶系统（5.15）左乘 $\boldsymbol{P}_2^{\mathrm{T}}$，令 $\tilde{\boldsymbol{x}}=\boldsymbol{P}_1^{\mathrm{T}}\left[\overline{\boldsymbol{x}}_1,\overline{\boldsymbol{x}}_2\right]^{\mathrm{T}}$，该系统可等价变换为具有标准型的系统（5.16）。

引理 5.3 对偶系统（5.15）可变换为具有等价标准型的系统（5.16），其慢子系统为

$$\begin{cases} {}_0^C\mathrm{D}_t^{(\alpha)}\overline{\boldsymbol{x}}_1(t)=\boldsymbol{A}_1^{\mathrm{T}}\overline{\boldsymbol{x}}_1(t)+\boldsymbol{C}_1^{\mathrm{T}}\tilde{\boldsymbol{u}}(t) \\ \tilde{\boldsymbol{y}}_1(t)=\boldsymbol{B}_1^{\mathrm{T}}\overline{\boldsymbol{x}}_1(t) \end{cases} \tag{5.16.1}$$

快子系统为

$$\begin{cases} \boldsymbol{N}^{\mathrm{T}}\,{}_0^C\mathrm{D}_t^{(\alpha)}\overline{\boldsymbol{x}}_2(t)=\overline{\boldsymbol{x}}_2(t)+\boldsymbol{C}_2^{\mathrm{T}}\tilde{\boldsymbol{u}}(t) \\ \tilde{\boldsymbol{y}}_2(t)=\boldsymbol{B}_2^{\mathrm{T}}\overline{\boldsymbol{x}}_2(t) \end{cases} \tag{5.16.2}$$

此外，输出方程为

$$\tilde{\boldsymbol{y}}(t)=\boldsymbol{B}^{\mathrm{T}}\tilde{\boldsymbol{x}}(t)=\tilde{\boldsymbol{y}}_1(t)+\tilde{\boldsymbol{y}}_2(t)=\boldsymbol{B}_1^{\mathrm{T}}\overline{\boldsymbol{x}}_1(t)+\boldsymbol{B}_2^{\mathrm{T}}\overline{\boldsymbol{x}}_2(t)$$

证明 由于原系统（5.13）的矩阵对$(\boldsymbol{E},\boldsymbol{A})$是正则的，故存在可逆矩阵 $\boldsymbol{P}_1$ 和 $\boldsymbol{P}_2$，使得对系统（5.13）左乘 $\boldsymbol{P}_1$，令 $\boldsymbol{x}=\boldsymbol{P}_2\left[\boldsymbol{x}_1,\boldsymbol{x}_2\right]^{\mathrm{T}}$，系统（5.13）可变换成等价标准型。其矩阵关系满足：

$$
\boldsymbol{P}_1\boldsymbol{E}\boldsymbol{P}_2=\begin{bmatrix}\boldsymbol{I} & \boldsymbol{0}\\ \boldsymbol{0} & \boldsymbol{N}\end{bmatrix},\ \boldsymbol{P}_1\boldsymbol{A}\boldsymbol{P}_2=\begin{bmatrix}\boldsymbol{A}_1 & \boldsymbol{0}\\ \boldsymbol{0} & \boldsymbol{I}\end{bmatrix},\ \boldsymbol{P}_1\boldsymbol{B}=\begin{bmatrix}\boldsymbol{B}_1\\ \boldsymbol{B}_2\end{bmatrix},\ \boldsymbol{C}\boldsymbol{P}_2=\begin{bmatrix}\boldsymbol{C}_1 & \boldsymbol{C}_2\end{bmatrix}
$$

对系统（5.15）左乘 $\boldsymbol{P}_2^{\mathrm{T}}$，令 $\tilde{\boldsymbol{x}}=\boldsymbol{P}_1^{\mathrm{T}}\left[\overline{\boldsymbol{x}}_1,\overline{\boldsymbol{x}}_2\right]^{\mathrm{T}}$，该系统可等价变换为

$$
\begin{cases}\boldsymbol{P}_2^{\mathrm{T}}\boldsymbol{E}^{\mathrm{T}}\boldsymbol{P}_1^{\mathrm{T}}\,{}_0^C\mathrm{D}_t^{(\alpha)}\begin{bmatrix}\overline{\boldsymbol{x}}_1(t)\\ \overline{\boldsymbol{x}}_2(t)\end{bmatrix}=\boldsymbol{P}_2^{\mathrm{T}}\boldsymbol{A}^{\mathrm{T}}\boldsymbol{P}_1^{\mathrm{T}}\begin{bmatrix}\overline{\boldsymbol{x}}_1(t)\\ \overline{\boldsymbol{x}}_2(t)\end{bmatrix}+\boldsymbol{P}_2^{\mathrm{T}}\boldsymbol{C}^{\mathrm{T}}\tilde{\boldsymbol{u}}(t)\\ \tilde{\boldsymbol{y}}(t)=\boldsymbol{B}^{\mathrm{T}}\boldsymbol{P}_1^{\mathrm{T}}\begin{bmatrix}\overline{\boldsymbol{x}}_1(t)\\ \overline{\boldsymbol{x}}_2(t)\end{bmatrix}\end{cases}\tag{5.17}
$$

此外，对于上述各个转置矩阵之间的关系，我们有

$$
\boldsymbol{P}_2^{\mathrm{T}}\boldsymbol{E}^{\mathrm{T}}\boldsymbol{P}_1^{\mathrm{T}}=\begin{bmatrix}\boldsymbol{I} & \boldsymbol{0}\\ \boldsymbol{0} & \boldsymbol{N}^{\mathrm{T}}\end{bmatrix},\ \boldsymbol{P}_2^{\mathrm{T}}\boldsymbol{A}^{\mathrm{T}}\boldsymbol{P}_1^{\mathrm{T}}=\begin{bmatrix}\boldsymbol{A}_1^{\mathrm{T}} & \boldsymbol{0}\\ \boldsymbol{0} & \boldsymbol{I}\end{bmatrix}
$$

$$
\boldsymbol{B}^{\mathrm{T}}\boldsymbol{P}_1^{\mathrm{T}}=\begin{bmatrix}\boldsymbol{B}_1^{\mathrm{T}} & \boldsymbol{B}_2^{\mathrm{T}}\end{bmatrix},\ \boldsymbol{P}_2^{\mathrm{T}}\boldsymbol{C}^{\mathrm{T}}=\begin{bmatrix}\boldsymbol{C}_1^{\mathrm{T}}\\ \boldsymbol{C}_2^{\mathrm{T}}\end{bmatrix}
$$

将上述转置后的矩阵关系代入系统（5.17）可得系统（5.16）：

$$
\begin{cases}\begin{bmatrix}\boldsymbol{I} & \boldsymbol{0}\\ \boldsymbol{0} & \boldsymbol{N}^{\mathrm{T}}\end{bmatrix}{}_0^C\mathrm{D}_t^{(\alpha)}\begin{bmatrix}\overline{\boldsymbol{x}}_1(t)\\ \overline{\boldsymbol{x}}_2(t)\end{bmatrix}=\begin{bmatrix}\boldsymbol{A}_1^{\mathrm{T}} & \boldsymbol{0}\\ \boldsymbol{0} & \boldsymbol{I}\end{bmatrix}\begin{bmatrix}\overline{\boldsymbol{x}}_1(t)\\ \overline{\boldsymbol{x}}_2(t)\end{bmatrix}+\begin{bmatrix}\boldsymbol{C}_1^{\mathrm{T}}\\ \boldsymbol{C}_2^{\mathrm{T}}\end{bmatrix}\tilde{\boldsymbol{u}}(t)\\ \tilde{\boldsymbol{y}}(t)=\begin{bmatrix}\boldsymbol{B}_1^{\mathrm{T}} & \boldsymbol{B}_2^{\mathrm{T}}\end{bmatrix}\begin{bmatrix}\overline{\boldsymbol{x}}_1(t)\\ \overline{\boldsymbol{x}}_2(t)\end{bmatrix}\end{cases}
$$

将系统（5.16）展开，可得其慢子系统（5.16.1）：

$$
\begin{cases}{}_0^C\mathrm{D}_t^{(\alpha)}\overline{\boldsymbol{x}}_1(t)=\boldsymbol{A}_1^{\mathrm{T}}\overline{\boldsymbol{x}}_1(t)+\boldsymbol{C}_1^{\mathrm{T}}\tilde{\boldsymbol{u}}(t)\\ \tilde{\boldsymbol{y}}_1(t)=\boldsymbol{B}_1^{\mathrm{T}}\overline{\boldsymbol{x}}_1(t)\end{cases}
$$

和快子系统（5.16.2）：

$$
\begin{cases}\boldsymbol{N}^{\mathrm{T}}\,{}_0^C\mathrm{D}_t^{(\alpha)}\overline{\boldsymbol{x}}_2(t)=\overline{\boldsymbol{x}}_2(t)+\boldsymbol{C}_2^{\mathrm{T}}\tilde{\boldsymbol{u}}(t)\\ \tilde{\boldsymbol{y}}_2(t)=\boldsymbol{B}_2^{\mathrm{T}}\overline{\boldsymbol{x}}_2(t)\end{cases}
$$

证毕。

5.3.2 分数阶广义线性定常系统能控性、能观性的对偶关系

第 5.3.1 节，我们在给出分数阶广义线性定常系统的对偶系统的概念后，得到了在受限等价变换下，对偶系统的等价标准型，即系统（5.16）以及它的慢子系统（5.16.1）和快子系统（5.16.2）。以此为基础，结合 5.1、5.2 节中分数阶广义线性定常系统的能控性、能观性相关判据，我们不难得到分数阶广义线性定常系统的能控性、能观性的对偶关系。

定理 5.5 分数阶广义线性系统（5.14）是完全能控（完全能观）的充要条件是其对偶系统（5.16）完全能观（完全能控）。

证明 由定理 5.2 知，系统（5.14）完全能控的充要条件是

$$\begin{cases}\operatorname{rank}\boldsymbol{Q}_{C_1}=\operatorname{rank}\left[\boldsymbol{B}_1,\boldsymbol{A}_1\boldsymbol{B}_1,\cdots,\boldsymbol{A}_1^{n_1-1}\boldsymbol{B}_1\right]=n_1\\ \operatorname{rank}\boldsymbol{Q}_{C_2}=\operatorname{rank}\left[\boldsymbol{B}_2,\boldsymbol{N}\boldsymbol{B}_2,\cdots,\boldsymbol{N}^{h-1}\boldsymbol{B}_2\right]=n_2\end{cases}$$

上述矩阵转置后，秩保持不变，于是

$$\operatorname{rank}\begin{bmatrix}\boldsymbol{B}_1^{\mathrm{T}}\\ \boldsymbol{B}_1^{\mathrm{T}}\boldsymbol{A}_1^{\mathrm{T}}\\ \vdots\\ \boldsymbol{B}_1^{\mathrm{T}}(\boldsymbol{A}_1^{\mathrm{T}})^{n_1-1}\end{bmatrix}=n_1,\ \text{且}\quad \operatorname{rank}\begin{bmatrix}\boldsymbol{B}_2^{\mathrm{T}}\\ \boldsymbol{B}_2^{\mathrm{T}}\boldsymbol{N}^{\mathrm{T}}\\ \vdots\\ \boldsymbol{B}_2^{\mathrm{T}}(\boldsymbol{N}^{\mathrm{T}})^{h-1}\end{bmatrix}=n_2$$

再由定理 5.4 知，上式正是系统（5.16）完全能观的充要条件，这就证明了系统（5.14）是完全能控的充要条件是其对偶系统（5.16）完全能观。

同理可证，系统（5.14）是完全能观的充要条件是其对偶系统（5.16）完全能控。证毕。

由定理 5.5 可知，分数阶广义线性定常系统的能控性、能观性仍然保持着一般线性系统的对偶关系。因此，对于分数阶广义线性定常系统而言，只要弄清其能控性（或能观性），同时也就可以明确其对偶系统的能观性（或能控性）了。

5.4 分数阶广义线性定常系统的状态观测器

我们知道，线性系统的反馈控制是进一步实现系统镇定、极点配置、系统解耦等系统设计、综合和应用等工作的基础。然而有时由于各种原

因，要直接得到线性系统的状态变量往往并不容易，为此，我们要考虑如何针对给定系统设计出相应的状态观测器问题。本节主要研究正则分数阶广义线性定常系统的状态观测器理论及其设计问题。

现有的分数阶广义线性系统观测器设计方法比较烦琐，不便于工程应用。其中，文献[51]是关于分数阶广义线性系统及其状态观测器设计方面的奠基性工作。该文中提出的观测器设计方法，需要确定 $\boldsymbol{N}, \boldsymbol{J}, \boldsymbol{H}, \boldsymbol{P}, \boldsymbol{Q}, \boldsymbol{F}$ 等六个矩阵，这限制了方法的实用性。不难发现，该观测器设计方法复杂的原因在于，该文章针对分数阶广义线性系统建立的观测器及观测器误差系统都是分数阶线性系统。为了将误差状态方程表现为分数阶线性系统的形式，进而利用分数阶线性系统理论保证误差系统的稳定性，文章引入了较多的矩阵作为参数，这导致观测器设计的复杂性增加。而文献[111]借鉴[51]的思路，研究了含未知输入的分数阶广义非线性系统观测器设计方法，但也存在同样的问题。如果转变思路，将系统状态观测器及其误差系统设计为分数阶广义线性系统的形式，就可以减少参数矩阵的引入，从而得到更加便捷、实用的观测器设计方法。该思路需要以分数阶广义线性系统的稳定性理论为基础。

本节以系统的分布解为基础，首先证明了分数阶广义线性系统的渐近稳定性定理，然后以此为基础，设计出了具有分数阶广义线性系统形式的状态观测器。该观测器仅涉及一个待定列向量，且只需确定其中部分元素，设计方法简单、便捷。最后，仿真实例验证了该观测器对系统状态的重构是准确、有效的。

5.4.1 分数阶广义线性定常系统的稳定性研究

线性系统的状态观测器理论及设计建立在系统稳定性理论基础之上。如前所述，分数阶广义线性系统经过受限等价变换后，可以分解为慢子系统和快子系统两部分，其慢子系统是一个一般分数阶线性系统。因此，一般线性系统和一般分数阶线性系统的稳定性理论构成了分数阶广义线性定常系统稳定性理论的基础。关于线性系统和分数阶线性系统的稳定理论，下面介绍相关基本概念和基础定理。

定义 5.6（线性系统的渐近稳定性或内部稳定性[57]）　考虑如下线性定常系统：

$$\begin{cases}\dot{\boldsymbol{x}}=\boldsymbol{A}\boldsymbol{x}+\boldsymbol{B}\boldsymbol{u},\ \boldsymbol{x}(t_0)=\boldsymbol{x}_0\\ \boldsymbol{y}=\boldsymbol{C}\boldsymbol{x}\end{cases}\tag{5.18}$$

置控制输入 $\boldsymbol{u}(t)=\boldsymbol{0}$，若由任意初始状态 $\boldsymbol{x}(t_0)=\boldsymbol{x}_0$ 引起的零输入响应 $\boldsymbol{x}(t)=\boldsymbol{x}(t_0,\boldsymbol{x}_0,t)$，都随着时间 t 趋向于 $\boldsymbol{0}$，即

$$\lim_{t\to\infty}\boldsymbol{x}(t)=\lim_{t\to\infty}\boldsymbol{x}(t_0,\boldsymbol{x}_0,t)=\boldsymbol{0}$$

则称系统（5.18）在李亚普洛夫意义下是**渐近稳定的**，或者**内部稳定的**。

同样，我们回顾分数阶线性系统的渐近稳定性定义及其稳定性判定定理[79]。

定义 5.7（分数阶线性系统的渐近稳定性）　考虑分数阶线性定常系统：

$$\begin{cases}{}_0^C\mathrm{D}_t^{(\alpha)}\boldsymbol{x}=\boldsymbol{A}\boldsymbol{x},\ \boldsymbol{x}(t_0)=\boldsymbol{x}_0\\ \boldsymbol{y}=\boldsymbol{C}\boldsymbol{x}\end{cases}\tag{5.19}$$

若由任意初始状态 $\boldsymbol{x}(t_0)=\boldsymbol{x}_0$ 引起的零输入响应 $\boldsymbol{x}(t)=\boldsymbol{x}(t_0,\boldsymbol{x}_0,t)$，都随着时间 t 趋向于 $\boldsymbol{0}$，即

$$\lim_{t\to\infty}\boldsymbol{x}(t)=\lim_{t\to\infty}\boldsymbol{x}(t_0,\boldsymbol{x}_0,t)=\boldsymbol{0}$$

则称系统（5.19）在李亚普洛夫意义下是**渐近稳定的**，或者**内部稳定的**。

以下引理 5.4 给出了分数阶线性系统的渐近稳定性判定定理[28, 79]。

引理 5.4（分数阶线性系统的内部稳定性）　分数阶线性定常系统（5.19）是渐近稳定的充要条件是矩阵 $\boldsymbol{A}$ 的所有特征值 λ_i，对于 $\forall i$，都满足：$|\arg(\lambda_i)|\geqslant\dfrac{\alpha\pi}{2}$。

考虑无输入的分数阶广义线性定常系统，我们不难得到分数阶广义线性定常系统的渐近稳定性定义，即定义 5.8。

定义 5.8（分数阶广义线性定常系统的渐近稳定性）　对于形如 5.2 节所述的正则分数阶广义线性系统（5.7）$(0<\alpha<1)$：

$$\begin{cases} \boldsymbol{E}\ {}_0^C\mathrm{D}_t^{(\alpha)}\boldsymbol{x} = \boldsymbol{A}\boldsymbol{x}, \boldsymbol{x}(t_0) = \boldsymbol{x}_0 \\ \boldsymbol{y} = \boldsymbol{C}\boldsymbol{x} \end{cases}$$

若由任意初始状态 $\boldsymbol{x}(t_0)=\boldsymbol{x}_0$ 引起的零输入响应 $\boldsymbol{x}(t)=\boldsymbol{x}(t_0,\boldsymbol{x}_0,t)$，都随着时间 t 趋向于 $\boldsymbol{0}$，即

$$\lim_{t\to\infty}\boldsymbol{x}(t)=\lim_{t\to\infty}\boldsymbol{x}(t_0,\boldsymbol{x}_0,t)=\boldsymbol{0}$$

则称系统（5.7）在李亚普洛夫意义下是**渐近稳定的**，或者**内部稳定的**。

将分数阶广义线性定常系统（5.7）进行受限等价变换，利用引理 5.4，同时考虑到第 4 章给出的分数阶广义线性定常系统的解，即定理 4.7，我们得到了以下关于判定分数阶广义线性定常系统的渐近稳定性定理。

定理 5.6（正则分数阶广义线性定常系统的稳定性定理） 正则分数阶广义线性定常系统（5.7）是渐近稳定的充要条件是经受限等价变换后，其慢子系统系数矩阵的所有特征值 λ_i 都满足：$\left|\arg\left(\lambda_i\right)\right| \geqslant \dfrac{\alpha\pi}{2}$。

证明 正则系统（5.7）的状态方程经过受限等价变换后，其慢子系统和快子系统的方程如下：

慢子系统部分：

$$\begin{cases} {}_0^C\mathrm{D}_t^{(\alpha)}\boldsymbol{x}_1 = \boldsymbol{A}_1\boldsymbol{x}_1 \\ \boldsymbol{x}_1(t_0) = \boldsymbol{x}_{10} \end{cases} \tag{5.20}$$

快子系统部分：

$$\begin{cases} \boldsymbol{N}\ {}_0^C\mathrm{D}_t^{(\alpha)}\boldsymbol{x}_2 = \boldsymbol{x}_2 \\ \boldsymbol{x}_2(t_0) = \boldsymbol{x}_{20} \end{cases} \tag{5.21}$$

显然，慢子系统（5.20）是分数阶线性定常系统，由引理 5.4 可知，该部分渐近稳定的充要条件是矩阵 $\boldsymbol{A}_1$ 的所有特征值 λ_i，对于 $\forall i$，都满足：

$$\left|\arg(\lambda_i)\right| \geqslant \frac{\alpha\pi}{2}$$

由于快子系统（5.21）的控制输入 $\boldsymbol{u}(t)=\boldsymbol{0}$，由定理 4.7 可知，它的解仅含有由初值 $\boldsymbol{x}_{20}$ 引起的响应，即

$$\boldsymbol{x}_{2i}(t,x_{20}) = -\sum_{k=1}^{h-1}\boldsymbol{N}^k\ {}_0^C\mathrm{D}_t^{(k\alpha-1)}\delta(t)\boldsymbol{x}_{20}$$

另外，由定理 4.5，${}_0^C\mathrm{D}_t^{(\alpha)}\delta(t)=\dfrac{1}{\Gamma(-\alpha)}\dfrac{1}{t^{\alpha+1}}$，所以有

$$
{}_0^C\mathrm{D}_t^{(k\alpha-1)}\delta(t)=\frac{1}{\Gamma(1-k\alpha)t^{k\alpha}}
$$

由于$\alpha>0$，因此

$$
\lim_{t\to\infty}{}_0^C\mathrm{D}_t^{(k\alpha-1)}\delta(t)=\lim_{t\to\infty}\frac{1}{\Gamma(1-k\alpha)t^{k\alpha}}=0
$$

从而有

$$
\begin{aligned}
\lim_{t\to\infty}\boldsymbol{x}_{2i}(t,x_{20})&=-\lim_{t\to\infty}\sum_{k=1}^{h-1}\boldsymbol{N}^k\,{}_0^C\mathrm{D}_t^{(k\alpha-1)}\delta(t)\boldsymbol{x}_{20}\\
&=-\sum_{k=1}^{h-1}\boldsymbol{N}^k\left[\lim_{t\to\infty}{}_0^C\mathrm{D}_t^{(k\alpha-1)}\delta(t)\right]\boldsymbol{x}_{20}=0
\end{aligned}
$$

显然，快子系统（5.21）是渐近稳定的。

综合慢子系统和快子系统的渐近稳定性，可见，分数阶广义线性定常系统（5.7）是渐近稳定的充要条件是经受限等价变换后，其慢子系统的系数矩阵 $\boldsymbol{A}_1$ 的所有特征值 λ_i，都满足 $|\arg(\lambda_i)|\geqslant\dfrac{\alpha\pi}{2}$。证毕。

定理 5.6 将分数阶广义线性定常系统稳定性的判定归结为经受限等价变换后，其慢子系统的稳定性，要求其系数矩阵 $\boldsymbol{A}_1$ 的特征值均满足 $|\arg(\lambda_i)|\geqslant\dfrac{\alpha\pi}{2}$。该定理在很大程度上具有理论意义，但从实用角度来说，如果不经过受限等价变换，能直接从矩阵对$(\boldsymbol{E},\boldsymbol{A})$判断出系统的稳定性将具有很大的应用价值。定理 5.7 给出了使用上更为便捷的判定方法。

定理 5.7（正则分数阶广义线性定常系统的稳定性定理） 正则分数阶广义线性定常系统（5.7）是渐近稳定的充要条件是矩阵对$(\boldsymbol{E},\boldsymbol{A})$的任意特征值，即$\forall\lambda_i\in\sigma(\boldsymbol{E},\boldsymbol{A})=\{\lambda\,|\,|\lambda\boldsymbol{E}-\boldsymbol{A}|=0\}$，都有

$$
|\arg(\lambda_i)|\geqslant\frac{\alpha\pi}{2}
$$

证明 由于受限等价变换是非奇异变换，不改变系统的特征值，因此考虑系统经过受限等价变换后的特征值。

可以选取适当的可逆矩阵 $\boldsymbol{P},\boldsymbol{Q}$，使正则系统（5.7）的系数矩阵对

$(\boldsymbol{E},\boldsymbol{A})$ 经受限等价变换后具有 Weierstrass-Kronecker 标准型（4.5），即

$$(\boldsymbol{E},\boldsymbol{A})\sim(\boldsymbol{PEQ},\boldsymbol{PAQ})=\left(\begin{bmatrix}\boldsymbol{I}_1 & \boldsymbol{0}\\ \boldsymbol{0} & \boldsymbol{N}\end{bmatrix},\begin{bmatrix}\boldsymbol{A}_1 & \boldsymbol{0}\\ \boldsymbol{0} & \boldsymbol{I}_2\end{bmatrix}\right)$$

其中 $\boldsymbol{N}$ 是主对角元素均为 0 的幂零矩阵。于是

$$|\boldsymbol{P}||\lambda\boldsymbol{E}-\boldsymbol{A}||\boldsymbol{Q}|=\begin{vmatrix}\lambda\boldsymbol{I}_1-\boldsymbol{A}_1 & \boldsymbol{0}\\ \boldsymbol{0} & \lambda\boldsymbol{N}-\boldsymbol{I}_2\end{vmatrix}=|\lambda\boldsymbol{I}_1-\boldsymbol{A}_1||\lambda\boldsymbol{N}-\boldsymbol{I}_2|$$

考虑到 $\boldsymbol{N}$ 是主对角元素为 0 的上三角阵，设 $\boldsymbol{A}_1$ 是 n_1 阶的，$\boldsymbol{N}$ 是 n_2 阶的，上式可以简化为

$$|\boldsymbol{P}||\lambda\boldsymbol{E}-\boldsymbol{A}||\boldsymbol{Q}|=\begin{vmatrix}\lambda\boldsymbol{I}_1-\boldsymbol{A}_1 & \boldsymbol{0}\\ \boldsymbol{0} & \lambda\boldsymbol{N}-\boldsymbol{I}_2\end{vmatrix}=(-1)^{n_2}|\lambda\boldsymbol{I}_1-\boldsymbol{A}_1|$$

由此可见，经受限等价变换后，系统特征值就是慢子系统的矩阵 $\boldsymbol{A}_1$ 的特征值。因此，原系统（5.7）的矩阵对 $(\boldsymbol{E},\boldsymbol{A})$ 的特征值也就是慢子系统的矩阵 $\boldsymbol{A}_1$ 的特征值。

此外，由定理 5.6 可知，原系统（5.7）是渐近稳定的充要条件是慢子系统系数矩阵 $\boldsymbol{A}_1$ 的所有特征值 λ_i，都满足：$|\arg(\lambda_i)|\geqslant\dfrac{\alpha\pi}{2}$。这等价于原系统的矩阵对 $(\boldsymbol{E},\boldsymbol{A})$ 的任意特征值，即 $\forall\lambda_i\in\sigma(\boldsymbol{E},\boldsymbol{A})=\{\lambda\,|\,|\lambda\boldsymbol{E}-\boldsymbol{A}|=0\}$ 都满足

$$|\arg(\lambda_i)|\geqslant\frac{\alpha\pi}{2}$$

证毕。

5.4.2 分数阶广义线性定常系统的状态观测器及其设计

在第 5.4.1 节，我们得到了分数阶广义线性定常系统的稳定性条件，它为系统观测器的设计奠定了基础，本节讨论分数阶广义线性定常系统状态观测器的概念、存在条件和设计方法。

定义 5.9（分数阶广义线性定常系统的状态观测器） 针对 5.3 节所述的分数阶广义线性系统（5.13）$(0<\alpha<1)$：

$$\begin{cases} \boldsymbol{E}\, {}_0^C\mathrm{D}_t^{(\alpha)}\boldsymbol{x}(t) = \boldsymbol{A}\boldsymbol{x}(t) + \boldsymbol{B}\boldsymbol{u}(t), \quad \boldsymbol{x}(0) = \boldsymbol{x}_0 \\ \boldsymbol{y}(t) = \boldsymbol{C}\boldsymbol{x}(t) \end{cases}$$

如果存在一个以系统（5.13）的控制输入 $\boldsymbol{u}(t)$ 和测量输出 $\boldsymbol{y}(t)$ 为输入的动态系统，对于系统（5.13）从任意初始状态 $\boldsymbol{x}_0$ 出发的运动状态 $\boldsymbol{x}(t)$，该动态系统的状态 $\hat{\boldsymbol{x}}$ 都满足：

$$\lim_{t\to\infty}[\boldsymbol{x}(t) - \hat{\boldsymbol{x}}(t)] = 0 \tag{5.22}$$

则称该动态系统是分数阶广义定常系统（5.13）的一个状态观测器。

定义 5.10（全维状态观测器）形如式（5.23）的动态系统观测器

$$\begin{cases} \boldsymbol{E}\, {}_0^C\mathrm{D}_t^{(\alpha)}\hat{\boldsymbol{x}}(t) = \boldsymbol{A}\hat{\boldsymbol{x}}(t) + \boldsymbol{B}\boldsymbol{u}(t) + \boldsymbol{L}(\boldsymbol{y} - \hat{\boldsymbol{y}}) & (5.23.1) \\ \hat{\boldsymbol{y}}(t) = \boldsymbol{C}\hat{\boldsymbol{x}}(t) & (5.23.2) \end{cases} \tag{5.23}$$

称为分数阶广义线性定常系统（5.13）的全维状态观测器，其中 L 是增益矩阵。

结合第 5.4.1 节中分数阶广义线性定常系统的稳定性定理 5.7，不难证明，分数阶广义定常系统（5.13）存在带输出反馈的全维状态观测器（5.23）的充要条件，即以下定理。

定理 5.8（正则分数阶广义线性定常系统观测器存在性） 正则分数阶广义线性定常系统（5.13）存在带输出反馈的状态观测器（5.23）的充要条件是存在矩阵 $\boldsymbol{L}$，使得 $\forall\lambda_i \in \sigma(\boldsymbol{E}, \boldsymbol{A} - \boldsymbol{L}\boldsymbol{C}) = \{\lambda \,|\, |\lambda\boldsymbol{E} - (\boldsymbol{A} - \boldsymbol{L}\boldsymbol{C})| = 0\}$，都有

$$|\arg(\lambda_i)| \geqslant \frac{\alpha\pi}{2}$$

证明 将系统（5.13）和（5.23）的两个状态方程相减，可得

$$\begin{aligned} \boldsymbol{E}\, {}_0^C\mathrm{D}_t^{(\alpha)}[\boldsymbol{x}(t) - \hat{\boldsymbol{x}}(t)] &= \boldsymbol{A}[\boldsymbol{x}(t) - \hat{\boldsymbol{x}}(t)] - \boldsymbol{L}\boldsymbol{C}[\boldsymbol{x}(t) - \hat{\boldsymbol{x}}(t)] \\ &= (\boldsymbol{A} - \boldsymbol{L}\boldsymbol{C})[\boldsymbol{x}(t) - \hat{\boldsymbol{x}}(t)] \end{aligned} \tag{5.24}$$

作误差变量 $\boldsymbol{e}(t) = \boldsymbol{x}(t) - \hat{\boldsymbol{x}}(t)$，于是式（5.24）可表为

$$E\,{}_0^{\mathrm{C}}\mathrm{D}_t^{(\alpha)}e(t)=(A-LC)e(t) \tag{5.25}$$

由定理 5.7 可知，系统（5.25）渐近稳定，即

$$\lim_{t\to\infty}e(t)=\lim_{t\to\infty}\left[x(t)-\hat{x}(t)\right]=0$$

的充要条件是存在矩阵 L，使得 $\forall\lambda_i\in\sigma(E,A-LC)=\left\{\lambda\middle|\left|\lambda E-(A-LC)\right|=0\right\}$，都有

$$\left|\arg(\lambda_i)\right|\geqslant\frac{\alpha\pi}{2}$$

因此，系统（5.13）存在带输出反馈的状态观测器（5.23）的充要条件也是存在矩阵 L，使得 $\forall\lambda_i\in\sigma(E,A-LC)=\left\{\lambda\middle|\left|\lambda E-(A-LC)\right|=0\right\}$，都有 $\left|\arg(\lambda_i)\right|\geqslant\dfrac{\alpha\pi}{2}$。证毕。

利用定理 5.7 和 5.8 可以判断系统状态观测器的存在性。如果该系统是能够进行极点任意配置的，那么就可以先指定极点位置，然后根据定理 5.8，令 $\left|\lambda E-(A-LC)\right|$ 为相应的特征多项式，确定增益矩阵 L，从而完成观测器的设计。

此外，由定理 5.6 可知，利用受限等价变换，将系统变换为标准型后，快子系统总是渐近稳定的，因此，可以仅考虑针对慢子系统进行观测器的设计，也能得到整个系统的观测器设计方法。具体来说，由于系统（5.25）经等价变换后的快子系统总是渐近稳定的，因此，如果能够对系统（5.25）经等价变换后的慢子系统部分进行任意的极点配置，将系统极点配置到系统的稳定区域范围内，那么就能够在保证系统观测器存在性的同时，完成系统观测器的设计。

直接的想法是将系统（5.25）进行受限等价变换后，对其慢子系统进行极点配置，进而设计出观测器。但是由于（5.25）中的增益矩阵 L 是待定的，欲对其进行等价变换并不方便。另外，如果考虑先对矩阵对 (E,A) 进行受限等价变换，那么方程（5.25）中 LC 的出现会破坏慢子系统和快子系统的良好结构，不利于稳定性的分析和观测器的设计。我们通过适当选择增益矩阵的特殊形式，在先对矩阵对 (E,A) 进行受限等价变

换的情况下，保持方程（5.25）中慢子系统和快子系统的良好结构，完成全维状态观测器的设计。以下定理 5.9 从慢子系统的能观性导出了分数阶广义线性定常系统观测器存在性的判据，同时给出了观测器的设计方法。

定理 5.9（正则分数阶广义线性定常系统观测器的设计） 正则分数阶广义线性定常系统（5.13）在非奇异矩阵 $\boldsymbol{P}_1, \boldsymbol{P}_2$ 的作用下，经过受限等价变换变换为慢子系统(5.14.1)和快子系统(5.14.2)。若慢子系统(5.14.1)是完全能观的，则原系统（5.13）具有形如（5.23）的全维状态观测器。

证明 正则系统（5.13）在非奇异矩阵 $\boldsymbol{P}_1, \boldsymbol{P}_2$ 的作用下，原系数矩阵对 $(\boldsymbol{E}, \boldsymbol{A})$ 经过受限等价变换后，具有 Weierstrass-Kronecker 标准型，即

$$(\boldsymbol{E}, \boldsymbol{A}) \sim (\boldsymbol{P}_1 \boldsymbol{E} \boldsymbol{P}_2, \boldsymbol{P}_1 \boldsymbol{A} \boldsymbol{P}_2) = \left(\begin{bmatrix} \boldsymbol{I}_1 & \boldsymbol{0} \\ \boldsymbol{0} & \boldsymbol{N} \end{bmatrix}, \begin{bmatrix} \boldsymbol{A}_1 & \boldsymbol{0} \\ \boldsymbol{0} & \boldsymbol{I}_2 \end{bmatrix} \right)$$

其中 $\boldsymbol{I}_1 \in \mathbb{R}^{n_1 \times n_1}, \boldsymbol{A}_1 \in \mathbb{R}^{n_1 \times n_1}, \boldsymbol{I}_2 \in \mathbb{R}^{n_2 \times n_2}, \boldsymbol{N} \in \mathbb{R}^{n_2 \times n_2}$，于是状态观测器（5.23）可以表示成

$$\begin{cases} \begin{bmatrix} \boldsymbol{I}_1 & \boldsymbol{0} \\ \boldsymbol{0} & \boldsymbol{N} \end{bmatrix} {}_0^C\mathrm{D}_t^{(\alpha)} \begin{bmatrix} \hat{\boldsymbol{x}}_1(t) \\ \hat{\boldsymbol{x}}_2(t) \end{bmatrix} = \begin{bmatrix} \boldsymbol{A}_1 & \boldsymbol{0} \\ \boldsymbol{0} & \boldsymbol{I}_2 \end{bmatrix} \begin{bmatrix} \hat{\boldsymbol{x}}_1 \\ \hat{\boldsymbol{x}}_2 \end{bmatrix} + \begin{bmatrix} \boldsymbol{B}_1 \\ \boldsymbol{B}_2 \end{bmatrix} \boldsymbol{u}(t) + \begin{bmatrix} \overline{L}_1 \\ \overline{L}_2 \end{bmatrix} \begin{bmatrix} \boldsymbol{x}_1 \\ \boldsymbol{x}_2 \end{bmatrix} - \begin{bmatrix} \overline{L}_1 \\ \overline{L}_2 \end{bmatrix} \begin{bmatrix} \hat{\boldsymbol{x}}_1 \\ \hat{\boldsymbol{x}}_2 \end{bmatrix} \\ \hat{\boldsymbol{y}}(t) = \boldsymbol{C}_1 \hat{\boldsymbol{x}}_1(t) + \boldsymbol{C}_2 \hat{\boldsymbol{x}}_2(t) \end{cases} \tag{5.26}$$

式中

$$\begin{bmatrix} \boldsymbol{B}_1 \\ \boldsymbol{B}_2 \end{bmatrix} = \boldsymbol{P}_1 \boldsymbol{B},\ [\boldsymbol{C}_1\ \boldsymbol{C}_2] = \boldsymbol{C} \boldsymbol{P}_2$$

$$\begin{bmatrix} \overline{\boldsymbol{L}}_1 \\ \overline{\boldsymbol{L}}_2 \end{bmatrix} = \boldsymbol{P}_1 \boldsymbol{L} \boldsymbol{C} \boldsymbol{P}_2 = (\boldsymbol{P}_1 \boldsymbol{L})(\boldsymbol{C} \boldsymbol{P}_2) = \begin{bmatrix} \boldsymbol{L}_1 \\ \boldsymbol{L}_2 \end{bmatrix} [\boldsymbol{C}_1\ \boldsymbol{C}_2], \left(\begin{bmatrix} \boldsymbol{L}_1 \\ \boldsymbol{L}_2 \end{bmatrix} = \boldsymbol{P}_1 \boldsymbol{L} \right)$$

若希望仅考虑慢子系统的稳定性，可以令 $L_2 = \boldsymbol{0}$，于是有

$$\boldsymbol{P}_1 \boldsymbol{L} = \begin{bmatrix} \boldsymbol{L}_1 \\ \boldsymbol{L}_2 \end{bmatrix} = \begin{bmatrix} \boldsymbol{L}_1 \\ \boldsymbol{0} \end{bmatrix}, \quad \begin{bmatrix} \overline{\boldsymbol{L}}_1 \\ \overline{\boldsymbol{L}}_2 \end{bmatrix} = \begin{bmatrix} \boldsymbol{L}_1 \\ \boldsymbol{0} \end{bmatrix} [\boldsymbol{C}_1\ \boldsymbol{C}_2] = \begin{bmatrix} \boldsymbol{L}_1 \boldsymbol{C}_1 & \boldsymbol{L}_1 \boldsymbol{C}_2 \\ \boldsymbol{0} & \boldsymbol{0} \end{bmatrix}$$

于是状态方程（5.26）可以表示为如下形式：

$$\begin{bmatrix} I & 0 \\ 0 & N \end{bmatrix} {}_0^C\mathrm{D}_t^{(\alpha)} \begin{bmatrix} \hat{x}_1(t) \\ \hat{x}_2(t) \end{bmatrix}$$

$$= \begin{bmatrix} A_1 & 0 \\ 0 & I \end{bmatrix} \begin{bmatrix} \hat{x}_1 \\ \hat{x}_2 \end{bmatrix} + \begin{bmatrix} B_1 \\ B_2 \end{bmatrix} u(t) + \begin{bmatrix} L_1C_1 & L_1C_2 \\ 0 & 0 \end{bmatrix} \begin{bmatrix} x_1 \\ x_2 \end{bmatrix} - \begin{bmatrix} L_1C_1 & L_1C_2 \\ 0 & 0 \end{bmatrix} \begin{bmatrix} \hat{x}_1 \\ \hat{x}_2 \end{bmatrix}$$

也就是

$$\begin{bmatrix} I & 0 \\ 0 & N \end{bmatrix} {}_0^C\mathrm{D}_t^{(\alpha)} \begin{bmatrix} \hat{x}_1(t) \\ \hat{x}_2(t) \end{bmatrix}$$

$$= \begin{bmatrix} A_1 - L_1C_1 & -L_1C_2 \\ 0 & I \end{bmatrix} \begin{bmatrix} \hat{x}_1(t) \\ \hat{x}_2(t) \end{bmatrix} + \begin{bmatrix} B_1 \\ B_2 \end{bmatrix} u(t) + \begin{bmatrix} L_1C_1 & L_1C_2 \\ 0 & 0 \end{bmatrix} \begin{bmatrix} x_1 \\ x_2 \end{bmatrix} \tag{5.27}$$

从而

$$\det\left(\lambda \begin{bmatrix} I & 0 \\ 0 & N \end{bmatrix} - \begin{bmatrix} A_1 - L_1C_1 & -L_1C_2 \\ 0 & I \end{bmatrix} \right)$$

$$= \begin{vmatrix} \lambda I - (A_1 - L_1C_1) & L_1C_2 \\ 0 & \lambda N - I \end{vmatrix} = \det\left|\lambda I - (A_1 - L_1C_1)\right| \times (-1)^{n_2}$$

此外，由于慢子系统（5.14.1）是完全能观的，因此其对偶系统完全能控，可对其进行任意极点配置。即存在 L_1^{T}，使得 $\det\left|\lambda I - \left(A_1^{\mathrm{T}} - C_1^{\mathrm{T}}L_1^{\mathrm{T}}\right)\right|$ 的根可以配置到任意点处。考虑到

$$\det\left|\lambda I - \left(A_1 - L_1C_1\right)\right| = \det\left|\lambda I - \left(A_1^{\mathrm{T}} - C_1^{\mathrm{T}}L_1^{\mathrm{T}}\right)\right|$$

因此，$\det\left|\lambda I - (A_1 - L_1C_1)\right|$ 的根也可以进行任意配置。由定理 5.7 可知，通过线性系统的极点配置方法，选择适当的矩阵 L_1，可以使得 $\forall \lambda_i \in \sigma(E, A - LC) = \left\{\lambda \middle| \left|\lambda I - (A_1 - L_1C_1)\right| = 0\right\}$，都有

$$\left|\arg(\lambda_i)\right| \geqslant \frac{\alpha\pi}{2}$$

从而保证状态观测器（5.27）是存在的。又因为受限等价变换是可逆的，

故原状态观测器（5.23）是存在的。证毕。

在进行分数阶广义线性定常系统全维观测器设计时，最重要的是得到增益矩阵 $\boldsymbol{L}$。我们可以先对原系统进行受限等价变换，得到系统的 Weierstrass-Kronecker 标准型。然后利用对偶系统的能控性和能观性关系，确认慢子系统的对偶系统是否满足极点任意配置条件（即对偶系统是完全能控的），进而针对慢子系统部分进行极点配置，求得增益矩阵 $\boldsymbol{L}_1$。最后利用逆变换从 $\boldsymbol{P}_1\boldsymbol{L}=\begin{bmatrix}\boldsymbol{L}_1^{\mathrm{T}} & \boldsymbol{L}_2^{\mathrm{T}}\end{bmatrix}^{\mathrm{T}}=\begin{bmatrix}\boldsymbol{L}_1^{\mathrm{T}} & \boldsymbol{0}\end{bmatrix}^{\mathrm{T}}$，得到

$$\boldsymbol{L}=\boldsymbol{P}_1^{-1}\begin{bmatrix}\boldsymbol{L}_1^{\mathrm{T}} & \boldsymbol{L}_2^{\mathrm{T}}\end{bmatrix}^{\mathrm{T}}=\boldsymbol{P}_1^{-1}\begin{bmatrix}\boldsymbol{L}_1^{\mathrm{T}} & \boldsymbol{0}\end{bmatrix}^{\mathrm{T}}$$

据此设计出原系统的状态观测器。

具体来说，分数阶广义线性定常系统（5.13）全维观测器的设计算法如下：

Step 1. 针对所给系统（5.13），进行受限等价变换，得到 Weierstrass-Kronecker 标准型。

Step 2. 提取矩系统的慢子系统部分系数矩阵 $\boldsymbol{A}_1$ 和输出矩阵 $\boldsymbol{C}_1$，计算 $\overline{\boldsymbol{A}}_1=\boldsymbol{A}_1^{\mathrm{T}},\overline{\boldsymbol{C}}_1=\boldsymbol{C}_1^{\mathrm{T}}$，确认 $(\overline{\boldsymbol{A}}_1,\overline{\boldsymbol{C}}_1)$ 是不是完全能控的，以保证可以进行极点的任意配置。

Step 3. 对 $(\overline{\boldsymbol{A}}_1,\overline{\boldsymbol{C}}_1)$ 和期望的特征值 $\{\overline{\lambda}_1,\overline{\lambda}_2,\cdots,\overline{\lambda}_n\}$（要求其满足 $|\arg(\overline{\lambda}_i)|\geqslant\dfrac{\alpha\pi}{2}$，即极点位于系统的稳定区域），采用线性系统中的极点配置算法，计算 $\det|\lambda\boldsymbol{I}-(\boldsymbol{A}_1-\boldsymbol{L}_1\boldsymbol{C}_1)|$，将 $(\overline{\boldsymbol{A}}_1,\overline{\boldsymbol{C}}_1)$ 的极点配置到期望极点，计算极点配置所用到的增益矩阵 $\boldsymbol{L}_1$。

Step 4. 通过等价逆变换，计算原系统的增益矩阵 $\boldsymbol{L}$：

$$\boldsymbol{L}=\boldsymbol{P}_1^{-1}\begin{bmatrix}\boldsymbol{L}_1^{\mathrm{T}} & \boldsymbol{L}_2^{\mathrm{T}}\end{bmatrix}^{\mathrm{T}}=\boldsymbol{P}_1^{-1}\begin{bmatrix}\boldsymbol{L}_1^{\mathrm{T}} & \boldsymbol{0}\end{bmatrix}^{\mathrm{T}}$$

Step 5. 得到原系统的全维状态观测器：

$$\boldsymbol{E}\,{}_0^{C}\mathrm{D}_t^{(\alpha)}\hat{\boldsymbol{x}}(t)=\boldsymbol{A}\hat{\boldsymbol{x}}(t)+\boldsymbol{B}\boldsymbol{u}(t)+\boldsymbol{L}(\boldsymbol{y}-\hat{\boldsymbol{y}})$$

例 5.3 针对分数阶广义线性定常系统（5.28）设计状态观测器：

$$\begin{cases}\begin{bmatrix}0&1&4&1\\3&2&2&-1\\2&3&-2&-3\\-2&-2&1&2\end{bmatrix}{}_{0}^{C}\mathrm{D}_{t}^{(\alpha)}\begin{bmatrix}x_1(t)\\x_2(t)\\x_3(t)\\x_4(t)\end{bmatrix}=\begin{bmatrix}1&4&-3&-3\\3&5&-2&-4\\-2&-2&1&2\\0&0&0&0\end{bmatrix}\begin{bmatrix}x_1(t)\\x_2(t)\\x_3(t)\\x_4(t)\end{bmatrix}+\begin{bmatrix}0\\1\\-3\\2\end{bmatrix}\boldsymbol{u}(t) & (5.28.1)\\ \boldsymbol{y}=\begin{bmatrix}0&-1&6&3\end{bmatrix}\begin{bmatrix}x_1(t)\\x_2(t)\\x_3(t)\\x_4(t)\end{bmatrix} & (5.28.2)\end{cases}\tag{5.28}$$

解　针对系统（5.28），可以取非奇异变换矩阵：

$$\boldsymbol{P}_1=\begin{bmatrix}0&0&-1&-2\\0&0&-1&-1\\0&1&2&4\\-1&2&3&6\end{bmatrix},\quad \boldsymbol{P}_2=\frac{1}{2}\begin{bmatrix}1&2&1&-1\\1&2&3&-1\\0&-2&-2&2\\1&6&5&-3\end{bmatrix}$$

在进行受限等价变换后，系统（5.28）可以等价地变换为如下的 Weierstrass-Kronecker 标准型，即系统（5.29）：

$$\begin{cases}\begin{bmatrix}1&0\\0&1\end{bmatrix}{}_{0}^{C}\mathrm{D}_{t}^{(\alpha)}\overline{\boldsymbol{x}}_1(t)=\begin{bmatrix}1&-1\\1&-1\end{bmatrix}\overline{\boldsymbol{x}}_1(t)+\begin{bmatrix}-1\\1\end{bmatrix}\boldsymbol{u}(t) & (5.29.1)\\ \begin{bmatrix}0&1\\0&0\end{bmatrix}{}_{0}^{C}\mathrm{D}_{t}^{(\alpha)}\overline{\boldsymbol{x}}_2(t)=\begin{bmatrix}1&0\\0&1\end{bmatrix}\overline{\boldsymbol{x}}_2(t)+\begin{bmatrix}1\\1\end{bmatrix}\boldsymbol{u}(t) & (5.29.2)\\ \overline{\boldsymbol{y}}=\begin{bmatrix}1&2&0&2\end{bmatrix}\begin{bmatrix}\overline{\boldsymbol{x}}_1(t)\\\overline{\boldsymbol{x}}_2(t)\end{bmatrix}\end{cases}\tag{5.29}$$

其中，系统（5.29.1）是系统（5.29）的慢子系统部分，系统（5.29.2）是其快子系统部分，显然有

$$\boldsymbol{A}_1=\begin{bmatrix}1&-1\\1&-1\end{bmatrix},\ \overline{\boldsymbol{A}}_1=\boldsymbol{A}_1^{\mathrm{T}}=\begin{bmatrix}1&1\\-1&-1\end{bmatrix},\ \boldsymbol{C}_1=\begin{bmatrix}1&2\end{bmatrix},\ \overline{\boldsymbol{C}}_1=\boldsymbol{C}_1^{\mathrm{T}}=\begin{bmatrix}1\\2\end{bmatrix}$$

下面考虑该系统 $(\overline{\boldsymbol{A}}_1,\overline{\boldsymbol{C}}_1)$ 的能控性。

$$Q_C = \left[\overline{C}_1, \overline{A}_1\overline{C}_1\right] = \begin{bmatrix} 1 & 3 \\ 2 & -3 \end{bmatrix}$$

显然，$\operatorname{rank} Q_C = 2 = n_1$，$(\overline{A}_1, \overline{C}_1)$ 是能控的，因此，可以对其进行任意的极点配置。

系统稳定性要求任意期望极点 $\overline{\lambda}_i$ 满足 $\left|\arg(\overline{\lambda}_i)\right| \geqslant \dfrac{\alpha\pi}{2}$，为此，选择期望极点 $\overline{\lambda}_1 = -600 - 3\mathrm{i},\ \overline{\lambda}_2 = -600 + 3\mathrm{i}$。由于 $0 < \alpha < 1$，显然，它们均位于极点稳定区域。考虑到该例中的矩阵阶数较低，我们直接计算系统特征多项式，进行极点配置。

设系统增益矩阵 $L_1^{\mathrm{T}} = [l_1\ l_2]$，于是有

$$(\overline{A}_1 - \overline{C}_1 L_1^{\mathrm{T}}) = \begin{bmatrix} 1 & 1 \\ -1 & -1 \end{bmatrix} - \begin{bmatrix} 1 \\ 2 \end{bmatrix}[l_1\ l_2] = \begin{bmatrix} 1-l_1 & 1-l_2 \\ -1-2l_1 & -1-2l_2 \end{bmatrix}$$

其特征多项式为

$$\begin{aligned} \det(\lambda I - (\overline{A}_1 - \overline{C}_1 L_1^{\mathrm{T}})) &= \begin{bmatrix} \lambda + l_1 - 1 & l_2 - 1 \\ 2l_1 + 1 & \lambda + 2l_2 + 1 \end{bmatrix} \\ &= (\lambda + l_1 - 1)(\lambda + 2l_2 + 1) - (2l_1 + 1)(l_2 - 1) \\ &= \lambda^2 + (l_1 + 2l_2)\lambda + 3(l_1 - l_2) \end{aligned} \tag{*}$$

由期望极点构成的特征多项式为

$$(\lambda - \overline{\lambda}_1)(\lambda - \overline{\lambda}_2) = \lambda^2 + 1200\lambda + 360009 \tag{**}$$

比较（*）和（**）两式，可以得到

$$\begin{cases} l_1 + 2l_2 = 1200 \\ 3(l_1 - l_2) = 360009 \end{cases}$$

解得：$\begin{cases} l_1 = 80402 \\ l_2 = -39601 \end{cases}$。即有

$$L_1^{\mathrm{T}} = [l_1\ \ l_2] = [80402\ \ -39601],\ L_1 = [l_1\ \ l_2]^{\mathrm{T}} = \begin{bmatrix} 80402 \\ -39601 \end{bmatrix}$$

于是我们得到系统（5.29）的慢子系统的状态观测器方程：

$$ {}_0^C\mathrm{D}_t^{(\alpha)}\tilde{\boldsymbol{x}}_1(t)=\begin{bmatrix}1 & -1\\ 1 & -1\end{bmatrix}\tilde{\boldsymbol{x}}(t)+\begin{bmatrix}-1\\ 1\end{bmatrix}\boldsymbol{u}(t)+\begin{bmatrix}80402\\ -39601\end{bmatrix}(\bar{\boldsymbol{y}}-\tilde{\boldsymbol{y}}) \tag{5.30} $$

下面求原系统的系统增益矩阵 $\boldsymbol{L}$。由定理 5.9 证明过程中的关系：

$$ \boldsymbol{P}_1\boldsymbol{L}=\begin{bmatrix}\boldsymbol{L}_1\\ \boldsymbol{L}_2\end{bmatrix}=\begin{bmatrix}\boldsymbol{L}_1\\ \boldsymbol{0}\end{bmatrix}=\begin{bmatrix}80402\\ -39601\\ 0\\ 0\end{bmatrix} $$

可以得到

$$ \boldsymbol{L}=\boldsymbol{P}_1^{-1}\begin{bmatrix}80402\\ -39601\\ 0\\ 0\end{bmatrix}=\begin{bmatrix}1 & 0 & 2 & -1\\ 2 & 0 & 1 & 0\\ 1 & -2 & 0 & 0\\ -1 & 1 & 0 & 0\end{bmatrix}\begin{bmatrix}80402\\ -39601\\ 0\\ 0\end{bmatrix}=\begin{bmatrix}80402\\ 160804\\ 159604\\ -120003\end{bmatrix} \tag{5.31} $$

因此，原系统的状态观测器为

$$ \begin{cases}\begin{bmatrix}0 & 1 & 4 & 1\\ 3 & 2 & 2 & -1\\ 2 & 3 & -2 & -3\\ -2 & -2 & 1 & 2\end{bmatrix}{}_0^C\mathrm{D}_t^{(\alpha)}\begin{bmatrix}\hat{x}_1(t)\\ \hat{x}_2(t)\\ \hat{x}_3(t)\\ \hat{x}_4(t)\end{bmatrix}\\ =\begin{bmatrix}1 & 4 & -3 & -3\\ 3 & 5 & -2 & -4\\ -2 & -2 & 1 & 2\\ 0 & 0 & 0 & 0\end{bmatrix}\begin{bmatrix}\hat{x}_1(t)\\ \hat{x}_2(t)\\ \hat{x}_3(t)\\ \hat{x}_4(t)\end{bmatrix}+\begin{bmatrix}0\\ 1\\ -3\\ 2\end{bmatrix}u(t)+\begin{bmatrix}80402\\ 160804\\ 159604\\ -120003\end{bmatrix}(y-\hat{y})\\ \hat{\boldsymbol{y}}=\begin{bmatrix}0 & -1 & 6 & 3\end{bmatrix}\begin{bmatrix}\hat{x}_1(t)\\ \hat{x}_2(t)\\ \hat{x}_3(t)\\ \hat{x}_4(t)\end{bmatrix}\end{cases} \tag{5.32} $$

下面验证观测器（5.32）能正确观测原系统（5.28）的状态轨迹。由方程（5.13）、（5.23）可知，在被观测系统与其状态观测器中，控制输入 $\boldsymbol{u}(t)$ 及其响应是一样的，而误差式（5.24）中，$\boldsymbol{u}(t)$ 及其系统效应被完全抵消，因此，我们假定 $\boldsymbol{u}(t)=\mathbf{0}$。此外，设原系统的状态变量 $\boldsymbol{x}(t)=\boldsymbol{P}_2\bar{\boldsymbol{x}}(t)$，观测器的状态变量 $\hat{\boldsymbol{x}}(t)=\boldsymbol{P}_2\tilde{\boldsymbol{x}}(t)$，两变换矩阵相同，因此，我们只需验证等价变换后的 $\tilde{\boldsymbol{x}}(t)$ 能正确观测 $\bar{\boldsymbol{x}}(t)$ 即可。

取等价变换后的系统（5.29）的初值为 $\bar{\boldsymbol{x}}_0=[2,1,1,1]^{\mathrm{T}}$，慢子系统（5.29.1）的响应为

$$\bar{\boldsymbol{x}}_1(t)=\left[I+\frac{t^{\alpha}}{\Gamma(1+\alpha)}\begin{bmatrix}1 & -1\\1 & -1\end{bmatrix}\right]\begin{bmatrix}2\\1\end{bmatrix}=\begin{bmatrix}2\\1\end{bmatrix}+\frac{t^{\alpha}}{\Gamma(1+\alpha)}\begin{bmatrix}1\\1\end{bmatrix}$$

快子系统（5.29.2）的响应为

$$\bar{\boldsymbol{x}}_2(t)=-\begin{bmatrix}0 & 1\\0 & 0\end{bmatrix}{}_0^C\mathrm{D}_t^{(\alpha-1)}\delta(t)\begin{bmatrix}1\\1\end{bmatrix}=\frac{1}{\Gamma(1-\alpha)t^{\alpha}}\begin{bmatrix}-1\\0\end{bmatrix}$$

从而系统（5.29）的状态响应为

$$\begin{bmatrix}\bar{\boldsymbol{x}}_1(t)\\ \bar{\boldsymbol{x}}_2(t)\end{bmatrix}=\begin{bmatrix}2+\dfrac{t^{\alpha}}{\Gamma(1+\alpha)} & 1+\dfrac{t^{\alpha}}{\Gamma(1+\alpha)} & \dfrac{-1}{\Gamma(1-\alpha)t^{\alpha}} & 0\end{bmatrix}^{\mathrm{T}}$$

系统观测器（5.32）经等价变换后，任取其初值 $[\tilde{x}_{10}\ \ \tilde{x}_{20}\ \ \tilde{x}_{30}\ \ \tilde{x}_{40}]^{\mathrm{T}}$。其慢子系统方程为

$$\begin{bmatrix}1 & 0\\0 & 1\end{bmatrix}{}_0^C\mathrm{D}_t^{(\alpha)}\tilde{\boldsymbol{x}}_1(t)=\begin{bmatrix}-80401 & -160805\\3602 & 79201\end{bmatrix}\tilde{\boldsymbol{x}}_1(t)+\begin{bmatrix}321608\\-158404\end{bmatrix}+\frac{t^{\alpha}}{\Gamma(1+\alpha)}\begin{bmatrix}241206\\-118803\end{bmatrix}$$

其解为初值引起的响应 $\tilde{\boldsymbol{x}}_{1i}(t)$ 和输入引起的响应 $\tilde{\boldsymbol{x}}_{1u}(t)$ 叠加而成，即

$$\tilde{\boldsymbol{x}}_1(t)=\tilde{\boldsymbol{x}}_{1i}(t)+\tilde{\boldsymbol{x}}_{1u}(t)$$

对 $\boldsymbol{A}_1=\begin{bmatrix}-80401 & -160805\\3602 & 79201\end{bmatrix}$ 作约当分解，有

$$\tilde{\boldsymbol{x}}_{1i}(t)=\boldsymbol{V}\begin{bmatrix}\boldsymbol{E}_{(\alpha,1)}[(-600-3\mathrm{i})t^{\alpha}] & \mathbf{0}\\ \mathbf{0} & \boldsymbol{E}_{(\alpha,1)}[(-600+3\mathrm{i})t^{\alpha}]\end{bmatrix}\boldsymbol{V}^{-1}\begin{bmatrix}\hat{\boldsymbol{x}}_{10}\\ \hat{\boldsymbol{x}}_{20}\end{bmatrix}$$

矩阵 $\boldsymbol{V}$ 及其逆 $\boldsymbol{V}^{-1}$ 分别为

$$V=\begin{bmatrix}-\frac{401}{199}-\frac{3\mathrm{i}}{39602} & -\frac{401}{199}+\frac{3\mathrm{i}}{39602}\\ 1 & 1\end{bmatrix}$$

$$V^{-1}=\begin{bmatrix}\frac{19801\mathrm{i}}{3} & \frac{1}{2}+\frac{79801}{6}\mathrm{i}\\ -\frac{19801\mathrm{i}}{3} & \frac{1}{2}-\frac{79801}{6}\mathrm{i}\end{bmatrix}$$

于是

$$\tilde{\boldsymbol{x}}_{1u}(t)=\sum_{k=0}^{\infty}\int_0^t\frac{\boldsymbol{A}_1^k(t-\tau)^{(k+1)\alpha-1}}{\Gamma[(k+1)\alpha]}\begin{bmatrix}80402 & 160804\\ -39601 & -79202\end{bmatrix}\left[\begin{bmatrix}2\\ 1\end{bmatrix}+\frac{\tau^{\alpha}}{\Gamma(1+\alpha)}\begin{bmatrix}1\\ 1\end{bmatrix}\right]\mathrm{d}\tau$$

$$=\sum_{k=0}^{\infty}\frac{\boldsymbol{A}_1^k t^{(k+1)\alpha}}{\Gamma[k\alpha+\alpha+1]}\begin{bmatrix}321608\\ -158404\end{bmatrix}+\sum_{k=0}^{\infty}\frac{\boldsymbol{A}_1^k t^{(\alpha k+2\alpha)}}{\Gamma[\alpha k+2\alpha+1]}\begin{bmatrix}241206\\ -118803\end{bmatrix}$$

$$=t^{\alpha}\boldsymbol{V}\begin{bmatrix}\boldsymbol{E}_{(\alpha,\alpha+1)}((-600-3\mathrm{i})t^{\alpha}) & \boldsymbol{0}\\ \boldsymbol{0} & \boldsymbol{E}_{(\alpha,\alpha+1)}((-600+3\mathrm{i})t^{\alpha})\end{bmatrix}\boldsymbol{V}^{-1}\begin{bmatrix}321608\\ -158404\end{bmatrix}$$

$$+t^{2\alpha}\boldsymbol{V}\begin{bmatrix}\boldsymbol{E}_{(\alpha,2\alpha+1)}((-600-3\mathrm{i})t^{\alpha}) & \boldsymbol{0}\\ \boldsymbol{0} & \boldsymbol{E}_{(\alpha,2\alpha+1)}((-600+3\mathrm{i})t^{0.5})\end{bmatrix}\boldsymbol{V}^{-1}\begin{bmatrix}241206\\ -118803\end{bmatrix}$$

快子系统方程为

$$\begin{bmatrix}0 & 1\\ 0 & 0\end{bmatrix}{}_0^C\mathrm{D}_t^{(\alpha)}\tilde{\boldsymbol{x}}_2(t)=\begin{bmatrix}1 & 0\\ 0 & 1\end{bmatrix}\tilde{\boldsymbol{x}}_2(t)$$

解为 $\tilde{x}_3(t)=-\dfrac{\tilde{x}_{40}}{\Gamma(1-\alpha)t^{\alpha}}$， $\tilde{x}_4(t)=0$ 。

图 5-3~图 5-5 给出了 $\alpha=0.75$ ，观测器初值为 $\left(4,\frac{1}{2},3,\frac{1}{4}\right)^{\mathrm{T}}$ 时状态观测器的跟踪效果。显然，观测器状态响应 $\tilde{\boldsymbol{x}}(t)$ 的三个分量（ $\tilde{\boldsymbol{x}}_1(1)$，$\tilde{\boldsymbol{x}}_1(2)$ 是慢子系统的两个分量， $\tilde{\boldsymbol{x}}_2(1)$ 是快子系统的第一分量）均能正确快速跟踪被观测系统的状态变量 $\bar{x}(t)$ 。快子系统的第二个分量为 **0**，观测器的相应分量也为 **0**，这里图略。此外，观测器对原系统状态的观测不依赖于初值。

事实上，观测器慢子系统的状态变量 $\tilde{\boldsymbol{x}}_1(t)=\tilde{\boldsymbol{x}}_{1i}(t)+\tilde{\boldsymbol{x}}_{1u}(t)$，其中 $\tilde{\boldsymbol{x}}_{1i}(t)$ 和初值相关，但这部分在任何初值下都趋于 $\mathbf{0}$；由输入 $\boldsymbol{u}(t)$ 激发的 $\tilde{\boldsymbol{x}}_{1u}(t)$ 与初值无关，并趋向被观测系统慢子系统的状态变量。观测器快子系统的状态变量 $\tilde{\boldsymbol{x}}_2(t)$ 在任何初值下均趋于 $\mathbf{0}$，此即被观测系统快子系统的状态变化趋势。

经受限等价变换后的观测器能正确反映原系统经受限等价变换后的状态响应，因此，观测器（5.32）也能正确跟踪原系统（5.28）的状态响应。

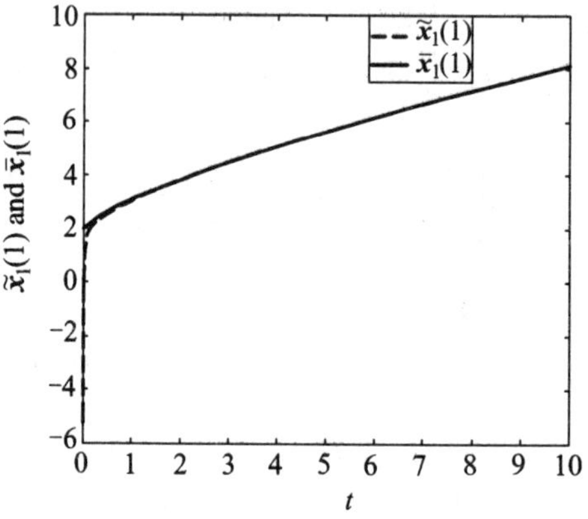

图 5-3　观测器对 $\bar{\boldsymbol{x}}_1(1)$ 的状态跟踪

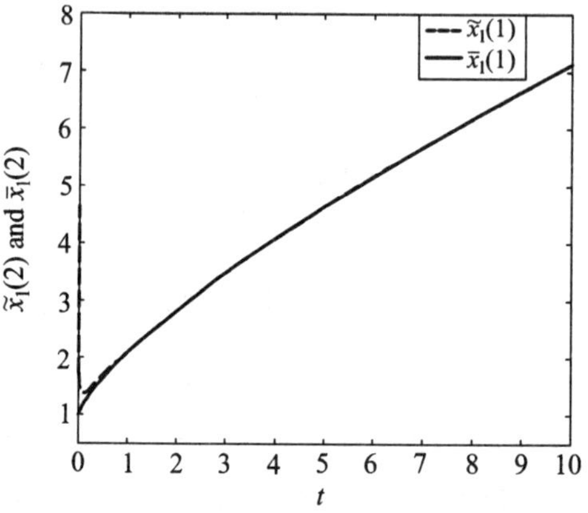

图 5-4　观测器对 $\bar{\boldsymbol{x}}_1(2)$ 的状态跟踪

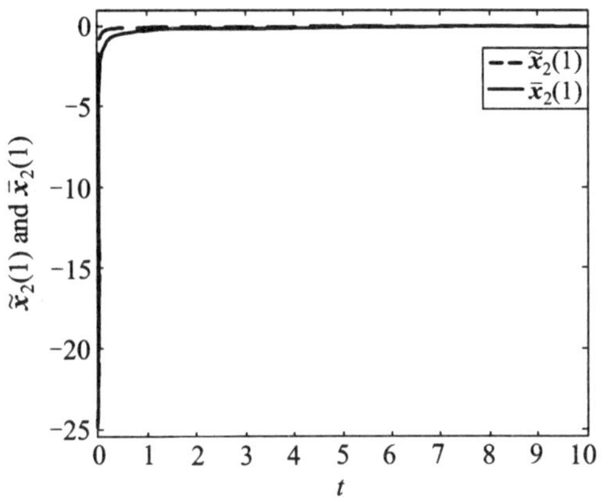

图 5-5 观测器对 $\bar{x}_2(1)$ 的状态跟踪

5.5 小 结

本章以第 4 章分数阶广义线性定常系统的解为基础，研究了分数阶广义线性定常系统的能控性、能观性以及系统观测器的设计问题。

本章的基本研究手段是将分数阶广义线性定常系统分解为慢子系统和快子系统，分别讨论两者的能控性和能观性。由于慢子系统的能控性和能观性结论是已有的，我们的工作主要集中在快子系统的能控性和能观性研究以及系统观测器的分析与设计上。

本章首先以线性系统的能控性和能观性概念为基础，研究证明了快子系统的能控性和能观性定理及其判据。然后，以此为基础将慢子系统和快子系统的能控性、能观性结论进行综合，得到了分数阶广义线性系统的能控性、能观性定理和判据。

其次，还研究了分数阶广义线性定常系统的对偶系统及其能控性、能观性关系，讨论了对偶系统的慢子系统和快子系统之间的等价形式，并指出对偶系统之间的能控性和能观性也具有内在的对偶关系，即分数阶广义线性定常系统的能控性等价于其对偶系统的能观性，而系统能观性等价于其对偶系统的能控性。这为简化系统能控性和能观性的研究提供了便利。

最后研究了分数阶广义线性定常系统的观测器设计的理论和方法。

在引入线性系统的渐近（内部）稳定性概念后，我们以分数阶线性系统的稳定性定理为基础，研究了正则分数阶广义线性定常系统的渐近稳定性并给出了两个稳定性判定定理。根据系统稳定性判定定理，我们探讨了分数阶广义线性定常系统观测器的存在条件，最后给出了系统观测器的具体设计方法，并针对实例设计了相应的系统观测器。

第6章 分数阶广义线性定常系统在电路中的应用

自从20世纪90年代，Westerlaud指出电容器和电感器的分数阶本质后[21,22]，学术界对分数阶电路的研究兴趣越来越浓厚。研究者们提出了大量的分数阶电路[112]，包括分数阶 RLC 电路、分数阶振荡电路、分数阶传输电路等[113-115]。这些研究的基本手段多是通过分数阶导数关系来描述分数阶电路元件的伏安特性，进而研究分数阶电路系统的时域、频域特性等性质。此外，关于分数阶电路元件的设计也激发了相关学者的研究兴趣[116]。

分数阶电路系统的建模思路一般是通过选取合适的状态变量，建立一组含有分数阶导数的微分方程，以此描述电路系统的运行特性。我们知道，在电路系统建模中，电路元件的伏安特性往往表现为以电流或电压为状态变量的微分方程。此外，状态变量还需满足基尔霍夫定律，这又表现为各电流或电压状态变量之间存在代数约束关系。这样建立的系统模型就是广义线性系统。由于分数阶电路系统的状态变量之间除了存在分数阶微分关系，也存在这种由基尔霍夫定律描述的代数约束关系，而且系统参数均为时不变的，因此，针对分数阶电路系统的建模就需要运用分数阶广义线性定常系统模型。本章以基本分数阶电路元件为基础，构建典型的分数阶电路系统，进而研究分数阶广义线性定常系统在分数阶电路系统建模中的应用，以便为分数阶电路系统的分析、控制和设计提供参考。

6.1 分数阶电路元件及其特性描述

分数阶电容和分数阶电感是分数阶电路系统的基本元件，它们所满足的伏安关系是进行系统建模的基础，本节主要介绍这两种器件及其相关特性。此外，为了便于研究，本书所采取的分数阶导数 $\frac{d^\alpha f(t)}{dt^\alpha}$，$\alpha \in (0,1)$ 均指 Caputo 意义下的分数阶导数。

6.1.1　分数阶电容及其特性

设分数阶电容器的阶次为 α，则在关联参考方向下，其伏安关系满足下式[23]：

$$i_C(t) = C_\alpha \frac{d^\alpha u_C(t)}{dt^\alpha} \tag{6.1}$$

$$u_C(t) = \frac{1}{C_\alpha} I^\alpha i_c(t) + u_C(0_-) \tag{6.2}$$

其中，分数阶电容器的电容为 C_α，为了保持量纲的统一，其单位一般为 $F/s^{1-\alpha}$；$i_C(t)$ 和 $u_C(t)$ 分别为分数阶电容器上的电流函数和电压函数；$u_C(0_-)$ 为分数阶电容器的初始电压值；阶次 $0<\alpha<1$，当 $\alpha=1$ 时，分数阶电容器便成为普通电容器模型。

对分数阶电容器的伏安关系施以拉普拉斯变换，可以得到它们的频域特性关系：

$$I_C(s) = C_\alpha(s^\alpha U_C(s) - s^{\alpha-1} u_C(0_-)) \tag{6.3}$$

$$U_C(s) = \frac{1}{C_\alpha}\frac{I_C(s)}{s^\alpha} + \frac{u_C(0_-)}{s} \tag{6.4}$$

本书中分数阶电容器的表示如图 6-1 所示（α 为分数阶导数阶数）。

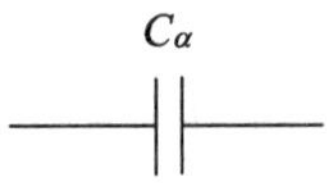

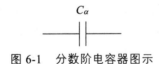

图 6-1　分数阶电容器图示

6.1.2　分数阶电感及其特性

现在讨论分数阶电感及其特性，假设分数阶电感的阶次为 β，则在关联参考方向下，其特性方程，即其伏安关系满足下式[23]：

$$u_I(t)=L_\beta\frac{\mathrm{d}^\beta i_I(t)}{\mathrm{d}t^\beta} \tag{6.5}$$

$$i_I(t)=\frac{1}{L_\beta}I^\beta u_I(t)+i_I(0_-) \tag{6.6}$$

上式中，分数阶电感器的电感值为 L_β，同样为了保持量纲的统一，其单位一般为 $\mathrm{H/s}^{1-\beta}$；$i_I(t)$ 和 $u_I(t)$ 分别为分数阶电感器上的电流函数和电压函数；$i_I(0_-)$ 为分数阶电感器的初始电流值；这里同样要求阶次 $0<\beta<1$，当 $\beta=1$ 时，分数阶电感器成为普通电感器。

对分数阶电感器的伏安关系施以拉普拉斯变换，同样可以得到它们的频域特性关系：

$$U_I(s)=L_\beta(s^\beta I_I(s)-s^{\beta-1}i_I(0_-)) \tag{6.7}$$

$$I_I(s)=\frac{1}{L_\beta}\frac{U_I(s)}{s^\beta}+\frac{i_I(0_-)}{s} \tag{6.8}$$

本书中分数阶电感器的表示如图 6-2 所示（β 为分数阶导数阶数）。

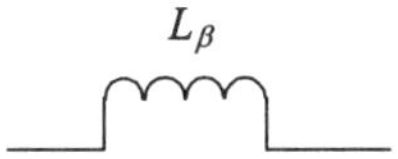

图 6-2　分数阶电感器图示

6.2　分数阶电路的广义线性系统建模

为了方便系统建模，本节讨论简单分数阶电路系统的建模问题。首先假设电路系统中的储能元件——电容器和电感器的分数阶阶数是同次的，再通过选取适当的状态变量（如电流、电压等），结合电路的基本定律以及上节所述分数阶电容器和电感器的基本特性来建立电路系统的数学模型。

6.2.1　分数阶电路的微分方程建模

首先看分数阶 RLC 串联电路系统，如图 6-3 所示。

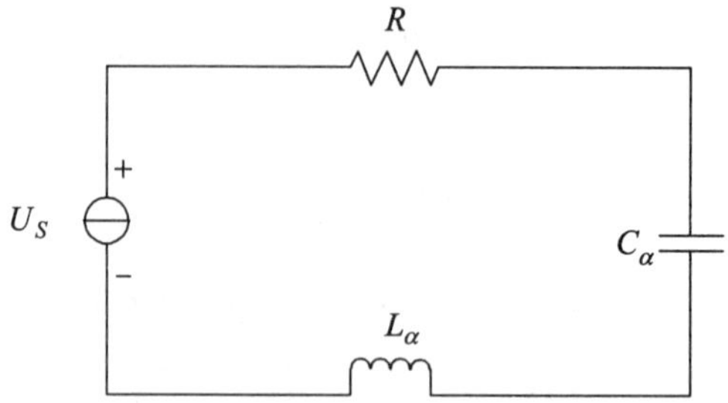

图 6-3　分数阶 RLC 串联电路

例 6.1　分数阶 RLC 串联电路的高阶微分方程建模。

解　设该分数阶 RLC 电路系统的电容和电感都是 $0<\alpha<1$ 阶的，取电容器的电压 u_C 为系统变量，利用基尔霍夫回路电压定理以及分数阶电容器和电感器的基本特性，可以建立以下模型：

$$L_\alpha C_\alpha \frac{\mathrm{d}^{2\alpha} u_C(t)}{\mathrm{d}t^{2\alpha}} + RC_\alpha \frac{\mathrm{d}^{\alpha} u_C(t)}{\mathrm{d}t^{\alpha}} + u_C(t) = u_S \tag{6.9}$$

需要注意，模型（6.9）中，$\frac{\mathrm{d}^{2\alpha} u_C(t)}{\mathrm{d}t^{2\alpha}}$ 是 Sequential 分数阶导数[36, 37]意义下的 Caputo 分数阶导数，也就是

$$\frac{\mathrm{d}^{2\alpha} u_C(t)}{\mathrm{d}t^{2\alpha}} = {}_0^C\mathrm{D}_t^{(\alpha)}\left[{}_0^C\mathrm{D}_t^{(\alpha)} u_C(t)\right]$$

可见，分数阶电路系统与整数阶电路系统建模既有共性，又有不同特点。

如果从状态空间角度出发，可以将上述分数阶电路系统模型（6.9）降阶成由分数阶微分方程组构成的状态空间模型。

例 6.2　分数阶 RLC 串联电路的“状态空间”建模。

解　在以上分数阶电路系统中，如果以电容电压 u_C 和电感电流 i_L 为状态变量，可得到相应的方程：

$$C_\alpha \frac{\mathrm{d}^{\alpha} u_C}{\mathrm{d}t^{\alpha}} = i_L \tag{6.10}$$

$$L_\alpha \frac{\mathrm{d}^{\alpha} i_L}{\mathrm{d}t^{\alpha}} = u_S - Ri_L - u_C \tag{6.11}$$

将以上两个方程变形整理后，可得

$$
\begin{cases}
\dfrac{\mathrm{d}^{\alpha}u_C}{\mathrm{d}t^{\alpha}}=0+\dfrac{1}{C_{\alpha}}i_L+0 \\
\dfrac{\mathrm{d}^{\alpha}i_L}{\mathrm{d}t^{\alpha}}=-\dfrac{1}{L_{\alpha}}u_C-\dfrac{R}{L_{\alpha}}i_L+\dfrac{1}{L_{\alpha}}u_S
\end{cases}
\tag{6.12}
$$

上述方程写成矩阵形式为

$$
\begin{bmatrix} \dfrac{\mathrm{d}^{\alpha}u_C}{\mathrm{d}t^{\alpha}} \\ \dfrac{\mathrm{d}^{\alpha}i_L}{\mathrm{d}t^{\alpha}} \end{bmatrix}=\begin{bmatrix} 0 & \dfrac{1}{C_{\alpha}} \\ -\dfrac{1}{L_{\alpha}} & -\dfrac{R}{L_{\alpha}} \end{bmatrix}\begin{bmatrix} u_C \\ i_L \end{bmatrix}+\begin{bmatrix} 0 \\ \dfrac{1}{L_{\alpha}} \end{bmatrix}u_S
\tag{6.13}
$$

令 $x_1=u_C$， $x_2=i_L$，则上述矩阵形式可以改写成：

$$
\begin{bmatrix} \dfrac{\mathrm{d}^{\alpha}x_1}{\mathrm{d}t^{\alpha}} \\ \dfrac{\mathrm{d}^{\alpha}x_2}{\mathrm{d}t^{\alpha}} \end{bmatrix}=\begin{bmatrix} 0 & \dfrac{1}{C_{\alpha}} \\ -\dfrac{1}{L_{\alpha}} & -\dfrac{R}{L_{\alpha}} \end{bmatrix}\begin{bmatrix} x_1 \\ x_2 \end{bmatrix}+\begin{bmatrix} 0 \\ \dfrac{1}{L_{\alpha}} \end{bmatrix}u_S
\tag{6.14}
$$

进一步，令

$$
\boldsymbol{x}=\begin{bmatrix} x_1 \\ x_2 \end{bmatrix},\ {}_0^C\mathrm{D}_t^{(\alpha)}\boldsymbol{x}=\begin{bmatrix} \dfrac{\mathrm{d}^{\alpha}x_1}{\mathrm{d}t^{\alpha}} \\ \dfrac{\mathrm{d}^{\alpha}x_2}{\mathrm{d}t^{\alpha}} \end{bmatrix},\ \boldsymbol{A}=\begin{bmatrix} 0 & \dfrac{1}{C_{\alpha}} \\ -\dfrac{1}{L_{\alpha}} & -\dfrac{R}{L_{\alpha}} \end{bmatrix},\ \boldsymbol{B}=\begin{bmatrix} 0 \\ \dfrac{1}{L_{\alpha}} \end{bmatrix}
$$

则上式简写成

$$
{}_0^C\mathrm{D}_t^{(\alpha)}\boldsymbol{x}=\boldsymbol{A}\boldsymbol{x}+\boldsymbol{B}u_S
\tag{6.15}
$$

模型（6.14）或（6.15）是分数阶电路系统的状态空间模型，它本质上是一个分数阶线性系统。

从例 6.1 和例 6.2 的建模过程可以看出，对于分数阶电路系统而言，通过建立系统的“分数阶状态空间模型”来研究电路系统有相对优势。原因在于，建立分数阶电路系统的“高阶微分方程模型”时，需要涉及分数阶导数的“叠加”，但是由于分数阶导数并不具有整数阶导数“阶数可加性”的良好性质，因此，建立系统高阶微分方程模型时，又要借助

Sequential 分数阶导数的概念（如例 6.1 中的 2α 阶 Sequential 分数阶导数），这就增加了系统建模的复杂性。而从例 6.2 的建模过程可见，建立系统的“分数阶状态空间模型”没有分数阶导数阶数“叠加”的问题，建模过程更加自然、便捷。另外，状态空间方法所建立的系统模型不仅形式简洁，而且能够对系统的不同状态空间变量进行全面的刻画，这些都体现了用“分数阶状态空间模型”研究分数阶电路系统的优点。

6.2.2　三类分数阶电路系统的广义系统模型

在第 6.2.1 节，我们对简单的分数阶 RLC 串联电路系统进行了分数阶建模，分别建立了该分数阶电路系统的高阶微分方程模型和分数阶状态空间模型，并且对比总结了用状态空间模型描述分数阶电路系统的优点。一般而言，电路系统的各元件之间的连接方式往往既有串联又有并联，所以，电路分支会变多，节点情况会更加复杂。因此，描述分数阶电路系统的状态空间方程常常不仅有各状态变量之间的微分约束，也会含有相应的代数约束，而且系统参数都是时不变的。此时，电路系统的“分数阶状态空间模型”实际上是一个“分数阶广义线性定常系统”。因此，对于这类分数阶电路系统的研究，就需要运用分数阶广义线性定常系统的相关理论。

本节建立三种典型的分数阶电路系统的分数阶广义线性定常系统模型，即分数阶 RC 电路系统、分数阶 RL 电路系统以及含理性运算放大器的分数阶 LC 电路系统，以便为后续讨论做铺垫。

例 6.3　广义系统模型 I——分数阶 RC 电路系统。

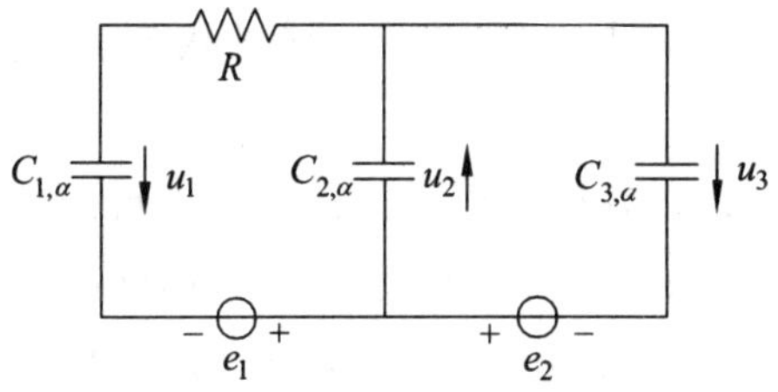

图 6-4　分数阶 RC 电路系统

解　考虑图 6-4 所示的分数阶 RC 混联电路。设从左至右的三个分数

阶电容分别是 $C_{1,\alpha},C_{2,\alpha},C_{3,\alpha}$，它们都是 $0<\alpha<1$ 阶的，分别以 u_1,u_2,u_3 为状态变量，可以建立如下电路系统模型：

$$\begin{cases} e_1 = u_1 + u_2 + RC_{1,\alpha}\dfrac{\mathrm{d}^\alpha u_1}{\mathrm{d}t^\alpha} \\ C_{1,\alpha}\dfrac{\mathrm{d}^\alpha u_1}{\mathrm{d}t^\alpha} + C_{3,\alpha}\dfrac{\mathrm{d}^\alpha u_3}{\mathrm{d}t^\alpha} - C_{2,\alpha}\dfrac{\mathrm{d}^\alpha u_2}{\mathrm{d}t^\alpha} = 0 \\ e_2 = u_2 + u_3 \end{cases} \tag{6.16}$$

上述模型（6.16）可以写成广义系统的矩阵形式：

$$\begin{bmatrix} RC_{1,\alpha} & 0 & 0 \\ C_{1,\alpha} & -C_{2,\alpha} & C_{3,\alpha} \\ 0 & 0 & 0 \end{bmatrix}\begin{bmatrix} \dfrac{\mathrm{d}^\alpha u_1}{\mathrm{d}t^\alpha} \\ \dfrac{\mathrm{d}^\alpha u_2}{\mathrm{d}t^\alpha} \\ \dfrac{\mathrm{d}^\alpha u_3}{\mathrm{d}t^\alpha} \end{bmatrix} = \begin{bmatrix} -1 & -1 & 0 \\ 0 & 0 & 0 \\ 0 & -1 & -1 \end{bmatrix}\begin{bmatrix} u_1 \\ u_2 \\ u_3 \end{bmatrix} + \begin{bmatrix} 1 & 0 \\ 0 & 0 \\ 0 & 1 \end{bmatrix}\begin{bmatrix} e_1 \\ e_2 \end{bmatrix} \tag{6.17}$$

令

$$\boldsymbol{X} = \begin{bmatrix} u_1 \\ u_2 \\ u_3 \end{bmatrix},\ \boldsymbol{U} = \begin{bmatrix} e_1 \\ e_2 \end{bmatrix},\ \boldsymbol{E} = \begin{bmatrix} RC_{1,\alpha} & 0 & 0 \\ C_{1,\alpha} & -C_{2,\alpha} & C_{3,\alpha} \\ 0 & 0 & 0 \end{bmatrix}$$

$$\boldsymbol{A} = \begin{bmatrix} -1 & -1 & 0 \\ 0 & 0 & 0 \\ 0 & -1 & -1 \end{bmatrix},\ \boldsymbol{B} = \begin{bmatrix} 1 & 0 \\ 0 & 0 \\ 0 & 1 \end{bmatrix}$$

上述矩阵形式可以写成：

$$\boldsymbol{E}\,{}_0^C\mathrm{D}_t^{(\alpha)}\boldsymbol{X} = \boldsymbol{AX} + \boldsymbol{BU} \tag{6.18}$$

这是分数阶广义线性系统的标准形式。

例 6.4 广义系统模型 II——分数阶 RL 电路系统。

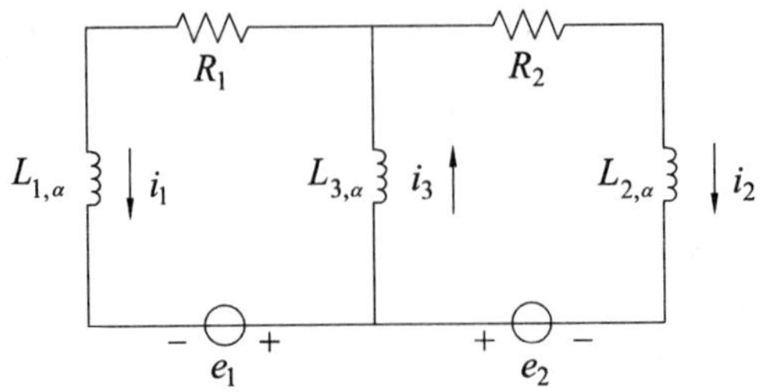

图 6-5　分数阶 RL 电路系统

解　考虑图 6-5 所示的分数阶 RL 混联电路。设从左至右的三个分数阶电感分别是 $L_{1,\alpha},L_{2,\alpha},L_{3,\alpha}$，它们都是 $0<\alpha<1$ 阶的，分别以 i_1,i_2,i_3 为状态变量，可以建立如下电路系统模型：

$$\begin{cases} e_1 = R_1 i_1 + L_{1,\alpha}\dfrac{\mathrm{d}^\alpha i_1}{\mathrm{d}t^\alpha} + L_{3,\alpha}\dfrac{\mathrm{d}^\alpha i_3}{\mathrm{d}t^\alpha} \\ e_2 = R_2 i_2 + L_{2,\alpha}\dfrac{\mathrm{d}^\alpha i_2}{\mathrm{d}t^\alpha} + L_{3,\alpha}\dfrac{\mathrm{d}^\alpha i_3}{\mathrm{d}t^\alpha} \\ i_1 + i_2 - i_3 = 0 \end{cases} \tag{6.19}$$

上述模型（6.19）可以写成广义系统的矩阵形式：

$$\begin{bmatrix} L_{1,\alpha} & 0 & L_{3,\alpha} \\ 0 & L_{2,\alpha} & L_{3,\alpha} \\ 0 & 0 & 0 \end{bmatrix}\begin{bmatrix} \dfrac{\mathrm{d}^\alpha i_1}{\mathrm{d}t^\alpha} \\ \dfrac{\mathrm{d}^\alpha i_2}{\mathrm{d}t^\alpha} \\ \dfrac{\mathrm{d}^\alpha i_3}{\mathrm{d}t^\alpha} \end{bmatrix} = \begin{bmatrix} -R_1 & 0 & 0 \\ 0 & -R_2 & 0 \\ 1 & 1 & -1 \end{bmatrix}\begin{bmatrix} i_1 \\ i_2 \\ i_3 \end{bmatrix} + \begin{bmatrix} 1 & 0 \\ 0 & 1 \\ 0 & 0 \end{bmatrix}\begin{bmatrix} e_1 \\ e_2 \end{bmatrix} \tag{6.20}$$

令

$$\boldsymbol{X} = \begin{bmatrix} i_1 \\ i_2 \\ i_3 \end{bmatrix},\ \boldsymbol{U} = \begin{bmatrix} e_1 \\ e_2 \end{bmatrix},\ \boldsymbol{E} = \begin{bmatrix} L_{1,\alpha} & 0 & L_{3,\alpha} \\ 0 & L_{2,\alpha} & L_{3,\alpha} \\ 0 & 0 & 0 \end{bmatrix}$$

$$\boldsymbol{A} = \begin{bmatrix} -R_1 & 0 & 0 \\ 0 & -R_2 & 0 \\ 1 & 1 & -1 \end{bmatrix},\ \boldsymbol{B} = \begin{bmatrix} 1 & 0 \\ 0 & 1 \\ 0 & 0 \end{bmatrix}$$

上述矩阵形式可以写成分数阶广义线性系统的标准形式：

$$\boldsymbol{E}\,{}_0^C\mathrm{D}_t^{(\alpha)}\boldsymbol{X}=\boldsymbol{AX}+\boldsymbol{BU} \tag{6.21}$$

下面建立一个典型的分数阶广义线性系统的快子系统模型。

例 6.5 广义系统模型Ⅲ——含理想运算放大器的分数阶 LC 电路系统。

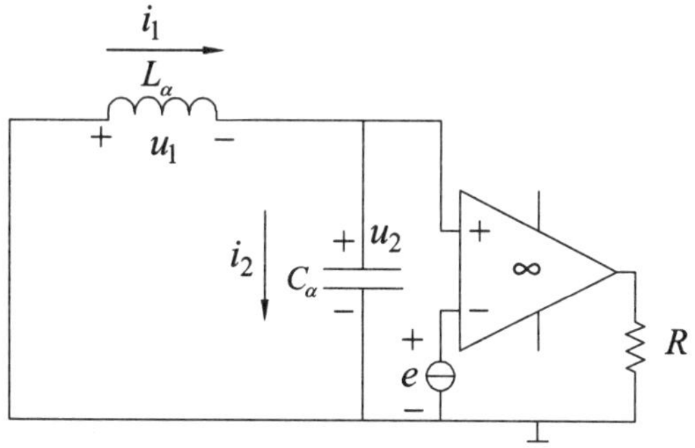

图 6-6 含理想运算放大器的分数阶 LC 电路系统

解 考虑图 6-6 所示的含有理想运算放大器的分数阶 LC 串联电路。设分数阶电感、电容上的参数及状态变量分别是 L_α,u_1,i_1 和 C_α,u_2,i_2，其中 $0<\alpha<1$，电压源是 $e(t)$。分别以 $u_1,u_2,i_1,i_2,e(t)$ 为变量，可以建立该电路系统的分数阶广义线性系统快子系统模型。

由分数阶电路元件的微分关系有

$$\begin{cases}u_1=L_\alpha\dfrac{\mathrm{d}^\alpha i_1}{\mathrm{d}t^\alpha}\\ i_2=C_\alpha\dfrac{\mathrm{d}^\alpha u_2}{\mathrm{d}t^\alpha}\end{cases} \tag{6.22}$$

由于理想运算放大器的“虚断”，无电流进入放大器，因此，$i_1=i_2$；
由于理想运算放大器的“虚短”，同相、反相输入端电位相同，因此，$u_2=e(t)$。

综合以上方程，我们得到该含有理想运算放大器的分数阶 LC 串联电路系统模型：

$$\begin{cases} u_1 = L_\alpha \dfrac{\mathrm{d}^\alpha i_1}{\mathrm{d}t^\alpha} \\ i_2 = i_1 = C_\alpha \dfrac{\mathrm{d}^\alpha u_2}{\mathrm{d}t^\alpha} \\ u_2 = e(t) \end{cases} \tag{6.23}$$

将上述方程改写成矩阵形式，得到

$$\begin{bmatrix} 0 & L_\alpha & 0 \\ 0 & 0 & C_\alpha \\ 0 & 0 & 0 \end{bmatrix} \begin{bmatrix} \dfrac{\mathrm{d}^\alpha u_1}{\mathrm{d}t^\alpha} \\ \dfrac{\mathrm{d}^\alpha i_1}{\mathrm{d}t^\alpha} \\ \dfrac{\mathrm{d}^\alpha u_2}{\mathrm{d}t^\alpha} \end{bmatrix} = \begin{bmatrix} 1 & 0 & 0 \\ 0 & 1 & 0 \\ 0 & 0 & 1 \end{bmatrix} \begin{bmatrix} u_1 \\ i_1 \\ u_2 \end{bmatrix} + \begin{bmatrix} 0 \\ 0 \\ -1 \end{bmatrix} e(t) \tag{6.24}$$

显然，上述形式可以简洁地表示成：

$$\boldsymbol{E}\, {}_0^C\mathrm{D}_t^{(\alpha)} \boldsymbol{X} = \boldsymbol{AX} + \boldsymbol{BU} \tag{6.25}$$

其中

$$\boldsymbol{E} = \begin{bmatrix} 0 & L_\alpha & 0 \\ 0 & 0 & C_\alpha \\ 0 & 0 & 0 \end{bmatrix},\ \boldsymbol{A} = \begin{bmatrix} 1 & 0 & 0 \\ 0 & 1 & 0 \\ 0 & 0 & 1 \end{bmatrix},\ \boldsymbol{B} = \begin{bmatrix} 0 \\ 0 \\ -1 \end{bmatrix},\ \boldsymbol{X} = \begin{bmatrix} u_1 \\ i_1 \\ u_2 \end{bmatrix},\ \boldsymbol{U} = e(t)$$

从上述三个模型可以看出，分数阶电路系统的状态空间模型往往要用分数阶广义线性定常系统来刻画。一般来说，用各个元件的电压 u 作为状态变量进行建模时，分数阶电容器上的电流变量表现为电压 u 的分数阶微分方程，而基尔霍夫闭合回路电压定律则表现为电压变量之间的代数方程，从而电路模型为分数阶广义线性定常系统。同样地，如果用各个元件上的电流 i 作为状态变量进行建模，分数阶电感器上的电压变量表现为分数阶微分方程形式，而基尔霍夫节点电流定律则表现为各电流变量之间的代数方程，从而电路模型仍然为分数阶广义线性定常系统。

直观地来看，对于分数阶 RC 电路，如果它至少包含一个仅由理想电压源和分数阶电容器构成的网孔，则该电路系统为分数阶广义线性定常系统。类似地，对于分数阶 RL 电路，如果它至少包含一个有流经分数阶电感器的电流分支，该电路系统也为分数阶广义线性定常系统。

6.3 分数阶电路广义线性系统的解

本节主要围绕 6.2 节建立的三个基本分数阶电路广义系统,讨论分数阶电路广义系统的求解问题。首先讨论分数阶电路广义系统的正则性问题,然后分别探讨三个基本分数阶电路广义系统模型的求解。

6.3.1 分数阶电路广义系统的正则性

我们知道,广义系统的正则性是系统存在唯一解的前提条件,因此,在讨论分数阶电路广义线性系统的解之前,需要验证系统的正则性。

借助于计算机软件比如 Matlab, Maple 等工具的符号计算功能,在对分数阶广义电路系统进行建模后可以方便地计算矩阵对 $(\boldsymbol{E},\boldsymbol{A})$ 对应的行列式 $\det(s^{\alpha}\boldsymbol{E}-\boldsymbol{A})$,从而判断系统的正则性(即判断行列式是否恒为 0),进一步为明确系统存在唯一解提供依据。

我们以分数阶 RL 电路的广义系统模型(6.21)为例,验证模型(6.21)的正则性。

$$\begin{aligned}\det(s^{\alpha}\boldsymbol{E}-\boldsymbol{A})&=\begin{vmatrix}s^{\alpha}L_{1,\alpha}+R_1 & 0 & s^{\alpha}L_{3,\alpha}\\ 0 & s^{\alpha}L_{2,\alpha}+R_2 & s^{\alpha}L_{3,\alpha}\\ -1 & -1 & 1\end{vmatrix}\\ &=R_1R_2+L_{1,\alpha}R_2s^{\alpha}+L_{2,\alpha}R_1s^{\alpha}+L_{3,\alpha}R_1s^{\alpha}+L_{3,\alpha}R_2s^{\alpha}+L_{1,\alpha}L_{2,\alpha}s^{2\alpha}\\ &\quad+L_{1,\alpha}L_{3,\alpha}s^{2\alpha}+L_{2,\alpha}L_{3,\alpha}s^{2\alpha}\\ &=R_1R_2+(L_{1,\alpha}R_2+L_{2,\alpha}R_1+L_{3,\alpha}R_1+L_{3,\alpha}R_2)s^{\alpha}+(L_{1,\alpha}L_{2,\alpha}+L_{1,\alpha}L_{3,\alpha}\\ &\quad+L_{2,\alpha}L_{3,\alpha})(s^{\alpha})^2\end{aligned}$$

显然, $\det(s^{\alpha}\boldsymbol{E}-\boldsymbol{A})$ 是一个关于 s^{α} 的二次多项式,式中的所有参数均为正数,因此, $\det(s^{\alpha}\boldsymbol{E}-\boldsymbol{A})$ 不恒为 0,于是矩阵对 $(\boldsymbol{E},\boldsymbol{A})$ 是正则的,原系统存在唯一解。

在 6.2 节,我们分别介绍了三种基本的分数阶电路广义线性定常系统模型——分数阶 RC 混联电路系统、分数阶 RL 混联电路系统和含有理想运算放大器的分数阶 LC 电路系统的广义线性系统模型。下面进一步以第 4 章分数阶广义系统的运动分析为基础,分别讨论这三种基本分数阶电路广义系统模型的求解问题。

6.3.2　分数阶 RC 电路的广义系统模型求解

对 6.2 节中的例 6.3，我们建立了图 6-4 所示的分数阶 RC 电路系统的广义系统模型（6.18）：

$$\boldsymbol{E}\,{}_{0}^{C}\mathrm{D}_{t}^{(\alpha)}\boldsymbol{X}=\boldsymbol{A}\boldsymbol{X}+\boldsymbol{B}\boldsymbol{U}$$

其中

$$\boldsymbol{X}=\begin{bmatrix}u_1\\u_2\\u_3\end{bmatrix},\ \boldsymbol{U}=\begin{bmatrix}e_1\\e_2\end{bmatrix},\ \boldsymbol{E}=\begin{bmatrix}RC_{1,\alpha}&0&0\\C_{1,\alpha}&-C_{2,\alpha}&C_{3,\alpha}\\0&0&0\end{bmatrix}$$

$$\boldsymbol{A}=\begin{bmatrix}-1&-1&0\\0&0&0\\0&-1&-1\end{bmatrix},\ \boldsymbol{B}=\begin{bmatrix}1&0\\0&0\\0&1\end{bmatrix}$$

6.2.3 节已述，该分数阶广义线性定常系统的矩阵展开形式为式（6.17）：

$$\begin{bmatrix}RC_{1,\alpha}&0&0\\C_{1,\alpha}&-C_{2,\alpha}&C_{3,\alpha}\\0&0&0\end{bmatrix}\begin{bmatrix}\dfrac{\mathrm{d}^{\alpha}u_1}{\mathrm{d}t^{\alpha}}\\\dfrac{\mathrm{d}^{\alpha}u_2}{\mathrm{d}t^{\alpha}}\\\dfrac{\mathrm{d}^{\alpha}u_3}{\mathrm{d}t^{\alpha}}\end{bmatrix}=\begin{bmatrix}-1&-1&0\\0&0&0\\0&-1&-1\end{bmatrix}\begin{bmatrix}u_1\\u_2\\u_3\end{bmatrix}+\begin{bmatrix}1&0\\0&0\\0&1\end{bmatrix}\begin{bmatrix}e_1\\e_2\end{bmatrix}$$

为了求解该系统，首先验证其正则性，即考察 $\det(s^{\alpha}\boldsymbol{E}-\boldsymbol{A})$ 是否恒为零。

$$\det(s^{\alpha}\boldsymbol{E}-\boldsymbol{A})=\begin{vmatrix}s^{\alpha}RC_{1,\alpha}+1&1&0\\s^{\alpha}C_{1,\alpha}&-s^{\alpha}C_{2,\alpha}&s^{\alpha}C_{3,\alpha}\\0&1&1\end{vmatrix}$$

$$\overline{\overline{c_2-c_3}}\begin{vmatrix}s^{\alpha}RC_{1,\alpha}+1&1&0\\s^{\alpha}C_{1,\alpha}&-s^{\alpha}(C_{2,\alpha}+C_{3,\alpha})&s^{\alpha}C_{3,\alpha}\\0&0&1\end{vmatrix}$$

$$=\begin{vmatrix}s^{\alpha}RC_{1,\alpha}+1&1\\s^{\alpha}C_{1,\alpha}&-s^{\alpha}(C_{2,\alpha}+C_{3,\alpha})\end{vmatrix}$$

$$=-s^{\alpha}(s^{\alpha}RC_{1,\alpha}+1)(C_{2,\alpha}+C_{3,\alpha})-s^{\alpha}C_{1,\alpha}$$

$$=-s^{\alpha}\left[(s^{\alpha}RC_{1,\alpha}+1)(C_{2,\alpha}+C_{3,\alpha})+C_{1,\alpha}\right]$$

显然，$\det(s^{\alpha}\boldsymbol{E}-\boldsymbol{A})=-s^{\alpha}\left[(s^{\alpha}RC_{1,\alpha}+1)(C_{2,\alpha}+C_{3,\alpha})+C_{1,\alpha}\right]$不恒为零，该系统是正则的。

其次，进行受限等价变换。将系统方程（6.17）变换为魏尔斯特拉斯标准型。为了将矩阵对$(\boldsymbol{E},\boldsymbol{A})$变换成形如$\left(\begin{bmatrix}\boldsymbol{I} & \boldsymbol{0}\\ \boldsymbol{0} & \boldsymbol{N}\end{bmatrix},\begin{bmatrix}\boldsymbol{A}_1 & \boldsymbol{0}\\ \boldsymbol{0} & \boldsymbol{I}\end{bmatrix}\right)$的魏尔斯特拉斯标准型，我们考虑通过线性变换，将上面的$(s^{\alpha}\boldsymbol{E}-\boldsymbol{A})$变换成$\begin{bmatrix}s^{\alpha}\boldsymbol{I}-\boldsymbol{A}_1 & \boldsymbol{0}\\ \boldsymbol{0} & s^{\alpha}\boldsymbol{N}-\boldsymbol{I}\end{bmatrix}$的形式。这样，不仅可以得到矩阵$\boldsymbol{A}_1$和$\boldsymbol{N}$，还可以通过矩阵的初等变换和初等矩阵的关系，得到变换矩阵$\boldsymbol{P}_1, \boldsymbol{P}_2$。

$$
(s^{\alpha}\boldsymbol{E}-\boldsymbol{A})=\begin{bmatrix}s^{\alpha}RC_{1,\alpha}+1 & 1 & 0\\ s^{\alpha}C_{1,\alpha} & -s^{\alpha}C_{2,\alpha} & s^{\alpha}C_{3,\alpha}\\ 0 & 1 & 1\end{bmatrix}
$$

$$
\xrightarrow[c_2-c_3]{}\begin{bmatrix}s^{\alpha}RC_{1,\alpha}+1 & 1 & 0\\ s^{\alpha}C_{1,\alpha} & -s^{\alpha}(C_{2,\alpha}+C_{3,\alpha}) & s^{\alpha}C_{3,\alpha}\\ 0 & 0 & 1\end{bmatrix}
$$

$$
\xrightarrow[(-1)\times c_3]{}\begin{bmatrix}s^{\alpha}RC_{1,\alpha}+1 & 1 & 0\\ s^{\alpha}C_{1,\alpha} & -s^{\alpha}(C_{2,\alpha}+C_{3,\alpha}) & -s^{\alpha}C_{3,\alpha}\\ 0 & 0 & -1\end{bmatrix}
$$

$$
\xrightarrow[c_3-\frac{C_{3,\alpha}}{(C_{2,\alpha}+C_{3,\alpha})}\times c_2]{}\begin{bmatrix}s^{\alpha}RC_{1,\alpha}+1 & 1 & \dfrac{-C_{3,\alpha}}{(C_{2,\alpha}+C_{3,\alpha})}\\ s^{\alpha}C_{1,\alpha} & -s^{\alpha}(C_{2,\alpha}+C_{3,\alpha}) & 0\\ 0 & 0 & -1\end{bmatrix}
$$

$$
\xrightarrow{r_1-r_3\times\frac{C_{3,\alpha}}{(C_{2,\alpha}+C_{3,\alpha})}}\begin{bmatrix}s^{\alpha}RC_{1,\alpha}+1 & 1 & 0\\ s^{\alpha}C_{1,\alpha} & -s^{\alpha}(C_{2,\alpha}+C_{3,\alpha}) & 0\\ 0 & 0 & -1\end{bmatrix}
$$

$$
\xrightarrow{\substack{r_1\times\frac{1}{RC_{1,\alpha}}\\ r_2\times\left(-\frac{1}{C_{2,\alpha}+C_{3,\alpha}}\right)}}\begin{bmatrix}s^{\alpha}+\dfrac{1}{RC_{1,\alpha}} & \dfrac{1}{RC_{1,\alpha}} & 0\\ s^{\alpha}\dfrac{-C_{1,\alpha}}{C_{2,\alpha}+C_{3,\alpha}} & s^{\alpha} & 0\\ 0 & 0 & -1\end{bmatrix}
$$

$$\xrightarrow{r_2+r_1\frac{C_{1,\alpha}}{C_{2,\alpha}+C_{3,\alpha}}}\begin{bmatrix} s^\alpha+\frac{1}{RC_{1,\alpha}} & \frac{1}{RC_{1,\alpha}} & 0 \\ \frac{1}{R(C_{2,\alpha}+C_{3,\alpha})} & s^\alpha+\frac{1}{R(C_{2,\alpha}+C_{3,\alpha})} & 0 \\ 0 & 0 & -1 \end{bmatrix}$$

进一步，由于

$$\begin{bmatrix} s^\alpha+\frac{1}{RC_{1,\alpha}} & \frac{1}{RC_{1,\alpha}} & 0 \\ \frac{1}{R(C_{2,\alpha}+C_{3,\alpha})} & s^\alpha+\frac{1}{R(C_{2,\alpha}+C_{3,\alpha})} & 0 \\ 0 & 0 & -1 \end{bmatrix}=\begin{bmatrix} s^\alpha \boldsymbol{I}-\boldsymbol{A}_1 & \boldsymbol{0} \\ \boldsymbol{0} & s^\alpha \boldsymbol{N}-\boldsymbol{I} \end{bmatrix}$$

显然，矩阵

$$\boldsymbol{A}_1=\begin{bmatrix} -\frac{1}{RC_{1,\alpha}} & -\frac{1}{RC_{1,\alpha}} \\ -\frac{1}{R(C_{2,\alpha}+C_{3,\alpha})} & -\frac{1}{R(C_{2,\alpha}+C_{3,\alpha})} \end{bmatrix}=-\begin{bmatrix} \frac{1}{RC_{1,\alpha}} & \frac{1}{RC_{1,\alpha}} \\ \frac{1}{R(C_{2,\alpha}+C_{3,\alpha})} & \frac{1}{R(C_{2,\alpha}+C_{3,\alpha})} \end{bmatrix}$$

$$\boldsymbol{N}=[0]$$

将上述行初等变换转化为矩阵 $(s^\alpha \boldsymbol{E}-\boldsymbol{A})$ 左乘相应的初等矩阵，列初等变换转化为矩阵 $(s^\alpha \boldsymbol{E}-\boldsymbol{A})$ 右乘相应的初等矩阵，我们不难得到受限等价变换的变换矩阵：

$$\boldsymbol{P}_1=\begin{bmatrix} \frac{1}{RC_{1,\alpha}} & 0 & -\frac{C_{3,\alpha}}{RC_{1,\alpha}(C_{2,\alpha}+C_{3,\alpha})} \\ \frac{1}{R(C_{2,\alpha}+C_{3,\alpha})} & -\frac{1}{(C_{2,\alpha}+C_{3,\alpha})} & -\frac{C_{3,\alpha}}{R(C_{2,\alpha}+C_{3,\alpha})^2} \\ 0 & 0 & 1 \end{bmatrix}$$

$$\boldsymbol{P}_2=\begin{bmatrix} 1 & 0 & 0 \\ 0 & 1 & -\frac{C_{3,\alpha}}{(C_{2,\alpha}+C_{3,\alpha})} \\ 0 & -1 & -\frac{C_{2,\alpha}}{(C_{2,\alpha}+C_{3,\alpha})} \end{bmatrix}$$

在变换矩阵的作用下，系统（6.17）等价地变换为如下系统：

$$\begin{bmatrix} \boldsymbol{I}_{2\times2} & \boldsymbol{0} \\ \boldsymbol{0} & \boldsymbol{0} \end{bmatrix} \begin{bmatrix} \dfrac{\mathrm{d}^\alpha x_1}{\mathrm{d}t^\alpha} \\ \dfrac{\mathrm{d}^\alpha x_2}{\mathrm{d}t^\alpha} \\ \dfrac{\mathrm{d}^\alpha x_3}{\mathrm{d}t^\alpha} \end{bmatrix} = \begin{bmatrix} \boldsymbol{A}_1 & \boldsymbol{0} \\ \boldsymbol{0} & \boldsymbol{I}_{1\times1} \end{bmatrix} \begin{bmatrix} x_1 \\ x_2 \\ x_3 \end{bmatrix} + \boldsymbol{B}_1 \begin{bmatrix} e_1 \\ e_2 \end{bmatrix} \tag{6.26}$$

上式中

$$\begin{bmatrix} x_1 \\ x_2 \\ x_3 \end{bmatrix} = \boldsymbol{P}_2^{-1}\boldsymbol{X} = \boldsymbol{P}_2^{-1} \begin{bmatrix} u_1 \\ u_2 \\ u_3 \end{bmatrix}$$

$$\boldsymbol{A}_1 = -\begin{bmatrix} \dfrac{1}{RC_{1,\alpha}} & \dfrac{1}{RC_{1,\alpha}} \\ \dfrac{1}{R(C_{2,\alpha}+C_{3,\alpha})} & \dfrac{1}{R(C_{2,\alpha}+C_{3,\alpha})} \end{bmatrix}$$

$$\boldsymbol{B}_1 = \boldsymbol{P}_1\boldsymbol{B} = \begin{bmatrix} \dfrac{1}{RC_{1,\alpha}} & -\dfrac{C_{3,\alpha}}{R(C_{1,\alpha}C_{2,\alpha}+C_{1,\alpha}C_{3,\alpha})} \\ \dfrac{1}{R(C_{2,\alpha}+C_{3,\alpha})} & -\dfrac{C_{3,\alpha}}{R(C_{2,\alpha}+C_{3,\alpha})^2} \end{bmatrix}$$

由 4.3 节可知，系统（6.26）的解为

$$\boldsymbol{X} = \boldsymbol{P}_2 \begin{bmatrix} x_1 \\ x_2 \\ x_3 \end{bmatrix} = \boldsymbol{P}_2 \begin{bmatrix} \boldsymbol{x}_{1i}(t,\boldsymbol{x}_{10}) + \boldsymbol{x}_{1u}(t,\boldsymbol{u}) \\ \boldsymbol{x}_{2i}(t,\boldsymbol{x}_{30}) + \boldsymbol{x}_{2u}(t,\boldsymbol{u}) \end{bmatrix} \tag{6.27}$$

其第一部分的解中：

$\boldsymbol{x}_{1i}(t,\boldsymbol{x}_{10}) = \varPhi_0(t)\boldsymbol{x}_{10} = \sum_{k=0}^{\infty}\dfrac{\boldsymbol{A}_1^k t^{k\alpha}}{\Gamma(k\alpha+1)}\boldsymbol{x}_{10} = \boldsymbol{E}_\alpha(\boldsymbol{A}_1 t^\alpha)\boldsymbol{x}_{10}$，是慢子系统对初值的响应，

$\boldsymbol{x}_{1u}(t,\boldsymbol{u})=\int_0^t \Phi(t-\tau)\boldsymbol{B}_1\boldsymbol{U}(\tau)\mathrm{d}\tau$，是慢子系统对输入 $\boldsymbol{u}(t)$的响应，其中，

$$\Phi(t)=\sum_{k=0}^{\infty}\frac{\boldsymbol{A}_1^{\ k}t^{(k+1)\alpha-1}}{\Gamma[(k+1)\alpha]},$$

它们都是二维向量，两者之和对应于式（6.27）中向量 $\boldsymbol{x}$ 的前两个分量 x_1, x_2。

由于 $\boldsymbol{N}=[0]$，关于其第二部分，快子系统部分的解如下：

$\boldsymbol{x}_{2i}(t,\ \boldsymbol{x}_{30})=\boldsymbol{0}$，这是快子系统对初值的响应；

$\boldsymbol{x}_{2u}(t,\boldsymbol{u})=-\boldsymbol{B}_2\boldsymbol{U}(t)$，是快子系统对输入的响应，

它们都是一维向量，两者之和对应于式（6.27）中向量 $\boldsymbol{x}$ 的第三个分量 x_3。

此外，由 $\boldsymbol{B}_2=[0\ 1]$ 可知，$\boldsymbol{x}_{2u}(t,\boldsymbol{u})=-\boldsymbol{u}_2(t)=-\boldsymbol{e}_2(t)$，因此，系统经过结构分解后的状态变量 x_3 受外部输入 $\boldsymbol{e}_2(t)$ 的控制。

假设该分数阶 RC 电路系统的参数为：$R=2\Omega$，$C_{1,\alpha}=C_{2,\alpha}=C_{3,\alpha}=5\,\mathrm{F/s^{1-\alpha}}$，取分数阶导数的阶数 $\alpha=0.5$，等价变换后的系统初值 $\boldsymbol{x_0}=\begin{bmatrix}x_{10}\\x_{20}\\x_{30}\end{bmatrix}=\begin{bmatrix}2\\1\\1\end{bmatrix}$，控制输入 $\boldsymbol{U}=\begin{bmatrix}1\\2\end{bmatrix}$。

系统（6.17）在变换矩阵 $\boldsymbol{P}_1$ 和 $\boldsymbol{P}_2$ 的作用下，经过受限等价变换后，等价地变换为魏尔斯特拉斯标准型（6.26），其中，矩阵 $\boldsymbol{A}_1$ 和 $\boldsymbol{B}_1$ 如下：

$$\boldsymbol{A}_1=-\begin{bmatrix}\frac{1}{10}&\frac{1}{10}\\\frac{1}{20}&\frac{1}{20}\end{bmatrix},\quad \boldsymbol{B}_1=\begin{bmatrix}\frac{1}{10}&-\frac{1}{20}\\\frac{1}{20}&-\frac{1}{40}\end{bmatrix}$$

通过 Matlab 编程，对矩阵 $\boldsymbol{A}_1$ 进行约当标准型分解，可得

$$\boldsymbol{A}_1=\boldsymbol{V}\begin{bmatrix}0&0\\0&-\frac{3}{20}\end{bmatrix}\boldsymbol{V}^{-1},\ \boldsymbol{V}=\begin{bmatrix}-1&2\\1&1\end{bmatrix}$$

由此可以计算出：

$$
\boldsymbol{A}_1^k=\boldsymbol{V}\begin{bmatrix}0 & 0\\ 0 & -\dfrac{3}{20}\end{bmatrix}^k\boldsymbol{V}^{-1}=\boldsymbol{V}\begin{bmatrix}0 & 0\\ 0 & \left(-\dfrac{3}{20}\right)^k\end{bmatrix}\boldsymbol{V}^{-1}=\begin{bmatrix}\dfrac{2}{3}\left(-\dfrac{3}{20}\right)^k & \dfrac{2}{3}\left(-\dfrac{3}{20}\right)^k\\ \dfrac{1}{3}\left(-\dfrac{3}{20}\right)^k & \dfrac{1}{3}\left(-\dfrac{3}{20}\right)^k\end{bmatrix}
\tag{6.28}
$$

然后将上式以及初值 $\boldsymbol{x_0}=\begin{bmatrix}x_{10}\\ x_{20}\end{bmatrix}=\begin{bmatrix}2\\ 1\end{bmatrix}$、控制输入 $\boldsymbol{U}=\begin{bmatrix}1\\ 2\end{bmatrix}$ 代入 $\boldsymbol{x}_{1i}(t,x_{10})$ 和 $\boldsymbol{x}_{1u}(t,u)$ 的表达式，可以得到该系统的解析解（6.27）中的 $[x_1,x_2]^{\mathrm{T}}$：

$$
\begin{aligned}
\begin{bmatrix}x_1\\ x_2\end{bmatrix}&=\boldsymbol{x}_1=\boldsymbol{x}_{1i}(t,\boldsymbol{x}_{10})+\boldsymbol{x}_{1u}(t,\boldsymbol{u})\\
&=\begin{bmatrix}2.0+\displaystyle\sum_{k=1}^{\infty}2\left(-\frac{3}{20}t^{\frac{1}{2}}\right)^k\frac{1}{\Gamma\left(\frac{1}{2}k+1\right)}\\ 1.0+\displaystyle\sum_{k=1}^{\infty}\left(-\frac{3}{20}t^{\frac{1}{2}}\right)^k\frac{1}{\Gamma\left(\frac{1}{2}k+1\right)}\end{bmatrix}\\
&=\begin{bmatrix}2\displaystyle\sum_{k=0}^{\infty}\left(-\frac{3}{20}t^{\frac{1}{2}}\right)^k\frac{1}{\Gamma\left(\frac{1}{2}k+1\right)}\\ \displaystyle\sum_{k=0}^{\infty}\left(-\frac{3}{20}t^{\frac{1}{2}}\right)^k\frac{1}{\Gamma\left(\frac{1}{2}k+1\right)}\end{bmatrix}\\
&=\begin{bmatrix}2E_{\frac{1}{2}}\left(-\dfrac{3}{20}t^{\frac{1}{2}}\right)\\ E_{\frac{1}{2}}\left(-\dfrac{3}{20}t^{\frac{1}{2}}\right)\end{bmatrix}
\end{aligned}
\tag{6.29}
$$

其中 $E_{\frac{1}{2}}\left(-\dfrac{3}{20}t^{\frac{1}{2}}\right)$ 是第 2.2.3 节介绍的 Mittag-Leffler 函数。此外，由于 $x_{2i}(t,x_{30})=0$，$x_{2u}(t,u)=-2$，故有：$x_3=x_{2i}(t,x_{30})+x_{2u}(t,u)=-2$。

图 6-7 和图 6-8 分别给出了上述解 x_1 和 x_2 在 $t=30\ \text{s}$ 内的响应曲线，x_1，x_2 的单位均是伏。

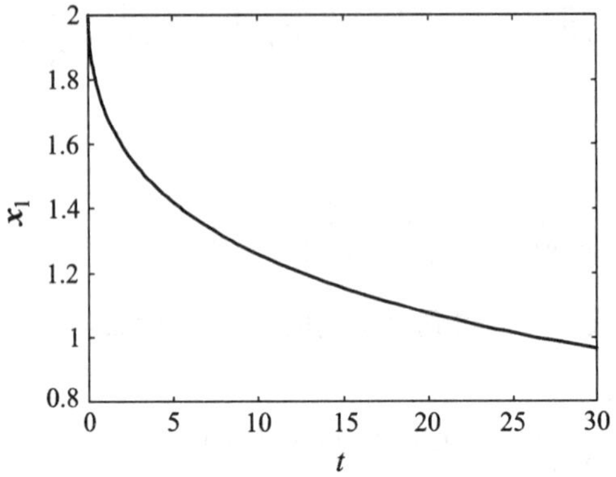

图 6-7　$\boldsymbol{x}_1$ 的响应曲线

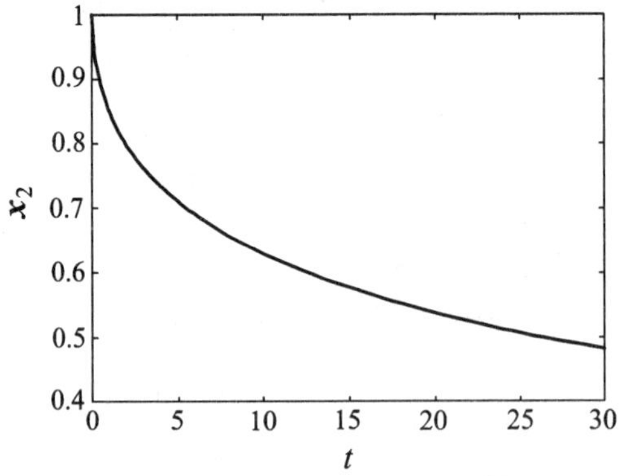

图 6-8　$\boldsymbol{x}_2$ 的响应曲线

下面通过数值解法验证上述解析解的正确性。考虑到 x_1, x_2 的倍数关系，仅需验证其中一个即可，我们主要验证解 $x_2=E_{\frac{1}{2}}\left(-\frac{3}{20}t^{\frac{1}{2}}\right)$ 的正确性。由于 x_2 的初值非零，因此，其分数阶导数的计算不能直接用适合于数值计算的 Grünwald-Letnikov 分数阶导数定义。我们首先针对系统方程，作出辅助函数，将变量的初值归零，然后用 G-L 分数阶导数定义进行微分方程的数值求解。

将上述系统参数代入方程（6.26）后，（6.26）的前两个方程是关于变量 x_1, x_2 的方程，其形式为

$$\begin{cases}\dfrac{d^{0.5}x_1}{dt^{0.5}} = -\dfrac{1}{10}x_1 - \dfrac{1}{10}x_2, x_1(0)=2 \\ \dfrac{d^{0.5}x_2}{dt^{0.5}} = -\dfrac{1}{20}x_1 - \dfrac{1}{20}x_2, x_2(0)=1\end{cases} \tag{6.30}$$

由方程（6.30）并考虑到 x_1, x_2 的初值，显然有 $x_1 = 2x_2$。将其代入方程（6.30）的第二式，有

$$\frac{d^{0.5}x_2}{dt^{0.5}} = -\frac{3}{20}x_2, x_2(0)=1 \tag{6.31}$$

先作辅助函数 $y = x_2 - 1$，于是 $x_2 = y+1$。将其代入式（6.31），式（6.31）等价地转化为式（6.32）：

$$\frac{d^{0.5}y}{dt^{0.5}} = -\frac{3}{20}y - \frac{3}{20}, y(0)=0 \tag{6.32}$$

系统（6.32）的状态变量 y 已经是零初值的，因此，下一步可以对系统（6.32）用 G-L 分数阶导数定义进行离散计算。将公式（2.40）代入上式，则有

$$y(t) = \frac{-1}{\dfrac{1}{h^{0.5}} + \dfrac{3}{20}}\left[\frac{3}{20} + \frac{1}{h^{0.5}}\sum_{j=1}^{\left[\frac{t}{h}\right]} w_j f(t-jh)\right] \tag{6.33}$$

其中 h 是计算步长；计算系数 w_j 时采用递推形式计算：$w_0 = 1, w_j = \left(1 - \dfrac{\alpha+1}{j}\right)$，$j = 2,3,\cdots$ α 是导数阶数，这里 $\alpha = 0.5$。

利用 Matlab 编程，时间取前 30 s，步长 h 取 0.001，可以得到系统的变量 y 的数值结果。注意到 $x_2 = y+1$ 的关系，将 y 的数值结果加 1，即可得到原系统变量 x_2 的数值结果。表 6-1 列出了第 2 s, 4 s, 6 s, …, 30 s 时变量 x_2 的数值解、解析解结果以及两者比较的差值。

表 6-1　x_2 的数值解和解析解比较

时间 t/s	数值解	解析解	绝对误差（10^{-3}）
2	0.995278977286736	0.994670047618361	0.608929668375557
4	0.991173130169418	0.990796504242218	0.376625927200669
6	0.988438292975577	0.988143340255794	0.294952719782637
8	0.986245324384164	0.985994979242011	0.250345142153274
10	0.984364510147293	0.984143235572738	0.221274574554342
12	0.982693209434557	0.982492790473761	0.200418960796256
14	0.981175047740785	0.980990526234903	0.184521505881552
16	0.979775129033565	0.979603243190511	0.171885843053832
18	0.978470078757652	0.978308548319914	0.161530437738366
20	0.977243333786610	0.977090490900568	0.152842886042226
22	0.976082651274841	0.975937232540657	0.145418734184388
24	0.974978678941983	0.974839700228323	0.138978713660309
26	0.973924081501859	0.973790758533952	0.133322967906579
28	0.972912979725363	0.972784675526529	0.128304198833917
30	0.971940575400325	0.971816764263626	0.123811136699237

由表 6-1 可知，系统变量 x_2 的数值解和解析解的值十分一致，绝对误差小至 10^{-4}，并且随着时间的增加，误差呈现出越来越小的趋势。可见，变量 x_2 的解（数值解和解析解）是正确的，所以变量 x_1 的解也是正确的。图 6-9 和图 6-10 分别给出了 $\alpha = 0.5$ 时 x_2 的解析解、数值解以及两者误差曲线。图 6-11 和图 6-12 分别给出了几种不同分数阶导数下，x_2 的解（数值解和解析解曲线重合）以及解析解和数值解的误差变化曲线，证明了解析解（6.29）的正确性。

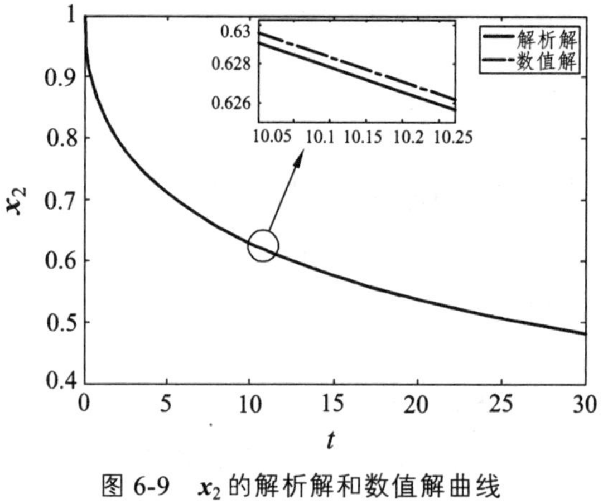

图 6-9　x_2 的解析解和数值解曲线

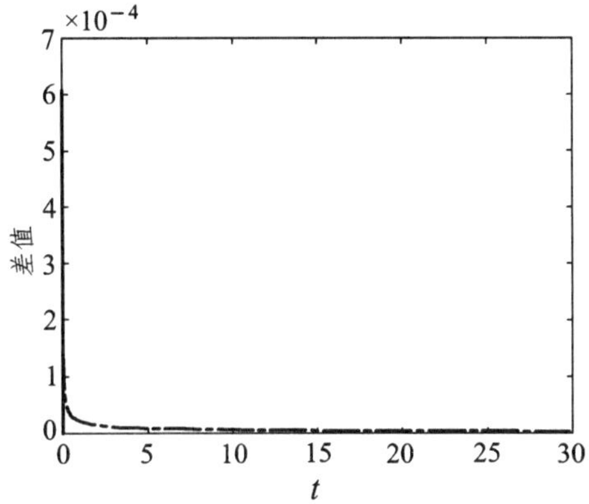

图 6-10　x_2 的解析解和数值解误差曲线

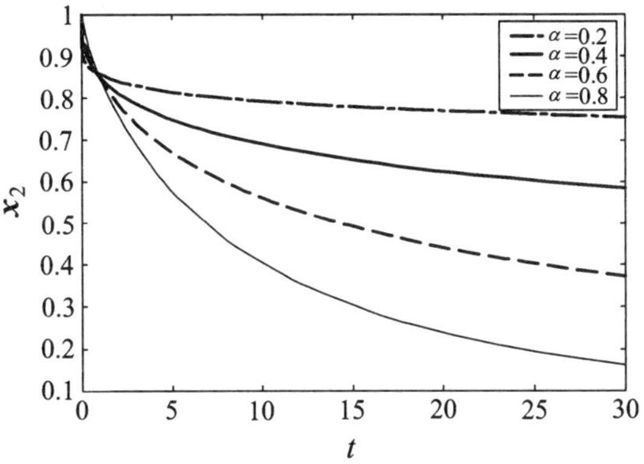

图 6-11　不同导数阶次下 x_2 的曲线

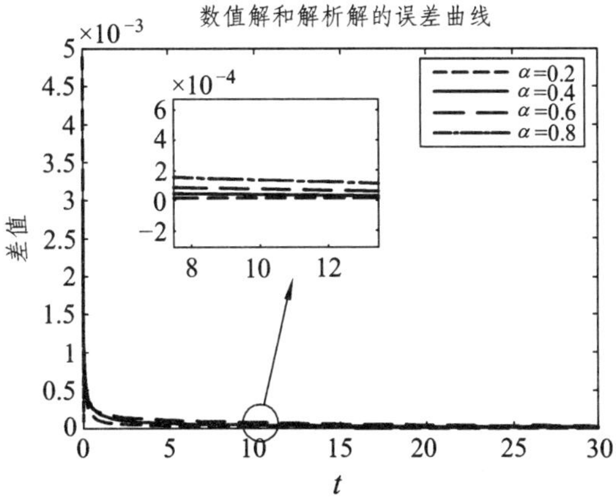

图 6-12　不同阶次下 x_2 的解析解、数值解误差曲线

6.3.3 分数阶 RL 电路的广义系统求解

如图 6-5 所示，分数阶 RL 电路广义系统，设从左至右的三个分数阶电感分别是 $L_{1,\alpha},L_{2,\alpha},L_{3,\alpha}$，它们都是 $0<\alpha<1$ 阶的。分别以 i_1,i_2,i_3 为状态变量，建立如下电路系统模型（6.21）:

$$\boldsymbol{E}\,{}_0^C\mathrm{D}_t^{(\alpha)}\boldsymbol{X}=\boldsymbol{A}\boldsymbol{X}+\boldsymbol{B}\boldsymbol{U},\quad \boldsymbol{X}(0)=\boldsymbol{x}_0$$

其中

$$\boldsymbol{X}=\begin{bmatrix} i_1\\ i_2\\ i_3\end{bmatrix},\ \boldsymbol{U}=\begin{bmatrix} e_1\\ e_2\end{bmatrix},\ \boldsymbol{E}=\begin{bmatrix} L_{1,\alpha} & 0 & L_{3,\alpha}\\ 0 & L_{2,\alpha} & L_{3,\alpha}\\ 0 & 0 & 0\end{bmatrix}$$

$$\boldsymbol{A}=\begin{bmatrix} -R_1 & 0 & 0\\ 0 & -R_2 & 0\\ 1 & 1 & -1\end{bmatrix},\ \boldsymbol{B}=\begin{bmatrix} 1 & 0\\ 0 & 1\\ 0 & 0\end{bmatrix}$$

上述模型（6.21）可以写成广义系统的矩阵形式:

$$\begin{bmatrix} L_{1,\alpha} & 0 & L_{3,\alpha}\\ 0 & L_{2,\alpha} & L_{3,\alpha}\\ 0 & 0 & 0\end{bmatrix}\begin{bmatrix} \dfrac{\mathrm{d}^\alpha i_1}{\mathrm{d}t^\alpha}\\ \dfrac{\mathrm{d}^\alpha i_2}{\mathrm{d}t^\alpha}\\ \dfrac{\mathrm{d}^\alpha i_3}{\mathrm{d}t^\alpha}\end{bmatrix}=\begin{bmatrix} -R_1 & 0 & 0\\ 0 & -R_2 & 0\\ 1 & 1 & -1\end{bmatrix}\begin{bmatrix} i_1\\ i_2\\ i_3\end{bmatrix}+\begin{bmatrix} 1 & 0\\ 0 & 1\\ 0 & 0\end{bmatrix}\begin{bmatrix} e_1\\ e_2\end{bmatrix}$$

首先考察该系统的正则性。

$$\begin{aligned}\det(s^\alpha\boldsymbol{E}-\boldsymbol{A})&=\begin{vmatrix} s^\alpha L_{1,\alpha}+R_1 & 0 & s^\alpha L_{3,\alpha}\\ 0 & s^\alpha L_{2,\alpha}+R_2 & s^\alpha L_{3,\alpha}\\ -1 & -1 & 1\end{vmatrix}\\
&=\begin{vmatrix} s^\alpha L_{1,\alpha}+s^\alpha L_{3,\alpha}+R_1 & s^\alpha L_{3,\alpha} & s^\alpha L_{3,\alpha}\\ s^\alpha L_{3,\alpha} & s^\alpha L_{2,\alpha}+s^\alpha L_{3,\alpha}+R_2 & s^\alpha L_{3,\alpha}\\ 0 & 0 & 1\end{vmatrix}\\
&=(s^\alpha L_{3,\alpha}+s^\alpha L_{1,\alpha}+R_1)(s^\alpha L_{3,\alpha}+s^\alpha L_{2,\alpha}+R_2)-(s^\alpha L_{3,\alpha})^2\\
&=(s^\alpha L_{1,\alpha}+s^\alpha L_{2,\alpha}+R_1+R_2)s^\alpha L_{3,\alpha}+(s^\alpha L_{1,\alpha}+R_1)(s^\alpha L_{2,\alpha}+R_2)\end{aligned}$$

上式不恒为 0，因此，该系统的正则性得以验证，系统存在唯一解。

利用 6.2 节中的初等变换方法对矩阵对 $(\boldsymbol{E},\boldsymbol{A})$ 进行受限等价变换，可以将广义系统方程（6.21）变换为魏尔斯特拉斯标准型。记 $\Delta = L_{1,\alpha}L_{2,\alpha} + L_{1,\alpha}L_{3,\alpha} + L_{2,\alpha}L_{3,\alpha}$，有

$$(s^{\alpha}\boldsymbol{E}-\boldsymbol{A})=\begin{bmatrix} s^{\alpha}L_{1,\alpha}+R_1 & 0 & s^{\alpha}L_{3,\alpha} \\ 0 & s^{\alpha}L_{2,\alpha}+R_2 & s^{\alpha}L_{3,\alpha} \\ -1 & -1 & 1 \end{bmatrix}$$

$$\longrightarrow\begin{bmatrix} s^{\alpha}+\dfrac{R_1(L_{2,\alpha}+L_{3,\alpha})}{\Delta} & -\dfrac{R_1L_{3,\alpha}}{\Delta} & 0 \\ -\dfrac{R_2L_{3,\alpha}}{\Delta} & s^{\alpha}+\dfrac{R_2(L_{1,\alpha}+L_{3,\alpha})}{\Delta} & 0 \\ 0 & 0 & -1 \end{bmatrix}$$

$$=\begin{bmatrix} s^{\alpha}\boldsymbol{I}_2-\boldsymbol{A}_1 & \boldsymbol{0} \\ \boldsymbol{0} & s^{\alpha}\boldsymbol{N}-\boldsymbol{I}_1 \end{bmatrix}$$

显然

$$\boldsymbol{A}_1=\begin{bmatrix} -\dfrac{R_1(L_{2,\alpha}+L_{3,\alpha})}{\Delta} & \dfrac{R_1L_{3,\alpha}}{\Delta} \\ \dfrac{R_2L_{3,\alpha}}{\Delta} & -\dfrac{R_2(L_{1,\alpha}+L_{3,\alpha})}{\Delta} \end{bmatrix},\ \boldsymbol{N}=[0],\ \boldsymbol{I}_1=[1],\ \boldsymbol{I}_2=\begin{bmatrix} 1 & 0 \\ 0 & 1 \end{bmatrix}$$

该受限等价变换中用到的变换矩阵为

$$\boldsymbol{P}=\begin{bmatrix} 1 & 0 & \dfrac{R_1L_{2,\alpha}L_{3,\alpha}}{\Delta} \\ 0 & 1 & \dfrac{R_2L_{1,\alpha}L_{3,\alpha}}{\Delta} \\ 0 & 0 & 1 \end{bmatrix}$$

$$\boldsymbol{Q}=\frac{1}{\Delta}\begin{bmatrix} \dfrac{L_{1,\alpha}L_{2,\alpha}+L_{1,\alpha}L_{3,\alpha}}{L_{1,\alpha}} & -L_{3,\alpha} & L_{2,\alpha}L_{3,\alpha} \\ -L_{3,\alpha} & \dfrac{L_{1,\alpha}L_{2,\alpha}+L_{2,\alpha}L_{3,\alpha}}{L_{2,\alpha}} & L_{1,\alpha}L_{3,\alpha} \\ L_{2,\alpha} & L_{1,\alpha} & -L_{1,\alpha}L_{2,\alpha} \end{bmatrix}$$

由 4.3 节可知，该电路系统的解为（其正确性已在 6.3.2 节通过数值算法加以验证）：

$$\boldsymbol{x}(t,\boldsymbol{x}_0,\boldsymbol{u})=\boldsymbol{Q}\begin{bmatrix}x_1\\x_2\\x_3\end{bmatrix}=\boldsymbol{Q}\begin{bmatrix}\boldsymbol{x}_{1i}(t,\boldsymbol{x}_{10})+\boldsymbol{x}_{1u}(t,\boldsymbol{u})\\\boldsymbol{x}_{2i}(t,\boldsymbol{x}_{30})+\boldsymbol{x}_{2u}(t,\boldsymbol{u})\end{bmatrix}\tag{6.34}$$

其第一部分的解中：

$\boldsymbol{x}_{1i}(t,x_{10})=\varPhi_0(t)\boldsymbol{x}_{10}=\sum_{k=0}^{\infty}\frac{\boldsymbol{A}_1^k t^{k\alpha}}{\Gamma(k\alpha+1)}\boldsymbol{x}_{10}=\boldsymbol{E}_\alpha(\boldsymbol{A}_1 t^\alpha)\boldsymbol{x}_{10}$，是慢子系统对初值的响应，

$\boldsymbol{x}_{1u}(t,\boldsymbol{u})=\int_0^t\varPhi(t-\tau)\boldsymbol{B}_1\boldsymbol{u}(\tau)\mathrm{d}\tau$，是慢子系统对输入 $\boldsymbol{u}(t)$的响应，其中，

$\varPhi(t)=\sum_{k=0}^{\infty}\frac{\boldsymbol{A}_1^k t^{(k+1)\alpha-1}}{\Gamma[(k+1)\alpha]}$， $\boldsymbol{B}_1=\begin{bmatrix}1&0\\0&1\end{bmatrix}$；

它们都是二维向量，两者之和对应于式（6.34）中向量 $\boldsymbol{x}$ 的前两个分量 x_1,x_2。

同样，由于 $\boldsymbol{N}=[0]$，在其第二部分，快子系统部分的解如下：

$x_{2i}(t,x_{30})=0$，是快子系统对初值的响应；

$x_{2u}(t,\boldsymbol{u})=-B_2\boldsymbol{u}(t)$，是快子系统对输入的响应，此处，$\boldsymbol{B}_2=[0\ \ 0]$，

$x_{2u}(t,\boldsymbol{u})=-\boldsymbol{B}_2\boldsymbol{u}(t)=0$，

它们都是一维向量，两者之和对应于系统全响应式（6.34）中向量 $\boldsymbol{x}$ 的第三个分量 x_3。

设该电路的参数如下：$R_1=R_2=5\,\Omega, L_{1,\alpha}=L_{2,\alpha}=1\,\mathrm{H/s^{1-\alpha}}, L_{3,\alpha}=2\mathrm{H/s^{1-\alpha}}$，

分数阶导数的阶数为 α，等价变换后的系统初值 $\boldsymbol{x_0}=\begin{bmatrix}x_{10}\\x_{20}\\x_{30}\end{bmatrix}=\begin{bmatrix}1\\3\\0\end{bmatrix}$，控制输入 $\boldsymbol{U}=\begin{bmatrix}e_1\\e_2\end{bmatrix}=\begin{bmatrix}2\\4\end{bmatrix}$。

系统（6.21）在变换矩阵 $\boldsymbol{P}$ 和 $\boldsymbol{Q}$ 的作用下，经过受限等价变换后，等价地变换为魏尔斯特拉斯标准型，其中，矩阵 $\boldsymbol{A}_1$ 和 $\boldsymbol{B}_1, \boldsymbol{B}_2$ 如下：

$$\boldsymbol{A}_1=\begin{bmatrix}-3 & 2\\ 2 & -3\end{bmatrix}，\ \boldsymbol{B}_1=\begin{bmatrix}1 & 0\\ 0 & 1\end{bmatrix}，\ \boldsymbol{B}_2=\begin{bmatrix}0 & 0\end{bmatrix}$$

对矩阵 A_1 进行约当标准型分解，可得

$$\boldsymbol{A}_1=\boldsymbol{V}\begin{bmatrix}-5 & 0\\ 0 & -1\end{bmatrix}\boldsymbol{V}^{-1},\ \boldsymbol{V}=\begin{bmatrix}-1 & 1\\ 1 & 1\end{bmatrix}$$

由此可以计算出：

$$\boldsymbol{A}_1^k=\boldsymbol{V}\begin{bmatrix}-5 & 0\\ 0 & -1\end{bmatrix}^k\boldsymbol{V}^{-1}=\boldsymbol{V}\begin{bmatrix}(-5)^k & 0\\ 0 & (-1)^k\end{bmatrix}\boldsymbol{V}^{-1}$$

$$=\begin{bmatrix}\dfrac{(-1)^k}{2}+\dfrac{(-5)^k}{2} & \dfrac{(-1)^k}{2}-\dfrac{(-5)^k}{2}\\ \dfrac{(-1)^k}{2}-\dfrac{(-5)^k}{2} & \dfrac{(-1)^k}{2}+\dfrac{(-5)^k}{2}\end{bmatrix} \tag{6.35}$$

将其代入 $\boldsymbol{x}_{1i}$ 和 $\boldsymbol{x}_{1u}$ 的表达式，可得

$$\boldsymbol{x}_{1i}(t,\boldsymbol{x}_{10})=\varPhi_0(t)\boldsymbol{x}_{10}=\sum_{k=0}^{\infty}\frac{\boldsymbol{A}_1{}^k t^{k\alpha}}{\Gamma(k\alpha+1)}\begin{bmatrix}1\\ 3\end{bmatrix}=\begin{bmatrix}2E_\alpha(-t^\alpha)-E_\alpha(-5t^\alpha)\\ 2E_\alpha(-t^\alpha)+E_\alpha(-5t^\alpha)\end{bmatrix} \tag{6.36}$$

$$\boldsymbol{x}_{1u}(t,\boldsymbol{u})=\int_0^t\sum_{k=0}^{\infty}\frac{\boldsymbol{A}_1{}^k(t-\tau)^{(k+1)\alpha-1}}{\Gamma[(k+1)\alpha]}\boldsymbol{B}_1\boldsymbol{u}(\tau)\mathrm{d}\tau=\begin{bmatrix}-3E_\alpha(-t^\alpha)+\dfrac{1}{5}E_\alpha(-5t^\alpha)+\dfrac{14}{5}\\ -3E_\alpha(-t^\alpha)-\dfrac{1}{5}E_\alpha(-5t^\alpha)+\dfrac{16}{5}\end{bmatrix} \tag{6.37}$$

$$\boldsymbol{x}_{2i}(t,x_{30})=\boldsymbol{0},\ \boldsymbol{x}_{2u}(t,\boldsymbol{u})=-\boldsymbol{B}_2\boldsymbol{u}(t)=\boldsymbol{0} \tag{6.38}$$

将式（6.36）到式（6.38）的相关项相加，可得原系统的全响应：

$$
\begin{aligned}
\boldsymbol{X}=\begin{bmatrix} i_1 \\ i_2 \\ i_3 \end{bmatrix}&=\boldsymbol{Qx}(t,\boldsymbol{x}_0,\boldsymbol{u})=\boldsymbol{Q}\begin{bmatrix} x_1 \\ x_2 \\ x_3 \end{bmatrix} \\
&=\begin{bmatrix} \frac{3}{5} & -\frac{2}{5} & \frac{2}{5} \\ -\frac{2}{5} & \frac{3}{5} & \frac{2}{5} \\ \frac{1}{5} & \frac{1}{5} & -\frac{1}{5} \end{bmatrix}\begin{bmatrix} -E_\alpha(-t^\alpha)-\frac{4}{5}E_\alpha(-5t^\alpha)+\frac{14}{5} \\ -E_\alpha(-t^\alpha)+\frac{4}{5}E_\alpha(-5t^\alpha)+\frac{16}{5} \\ 0 \end{bmatrix} \\
&=\begin{bmatrix} \frac{2}{5}-\frac{1}{5}E_\alpha(-t^\alpha)-\frac{4}{5}E_\alpha(-5t^\alpha) \\ \frac{4}{5}-\frac{1}{5}E_\alpha(-t^\alpha)+\frac{4}{5}E_\alpha(-5t^\alpha) \\ \frac{6}{5}-\frac{2}{5}E_\alpha(-t^\alpha) \end{bmatrix}
\end{aligned}
\tag{6.39}
$$

图 6-13 给出了导数阶数为 0.5 的系统全响应曲线图像，图 6-14~6-16 分别给出了导数阶数为 $\alpha=0.2, \alpha=0.5, \alpha=0.8$ 等情况下的 i_1, i_2, i_3 的响应曲线图像。

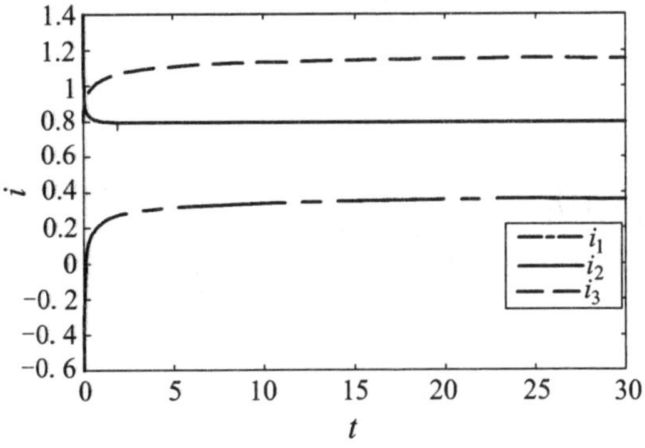

图 6-13　$\alpha=0.5$ 的系统全响应图像

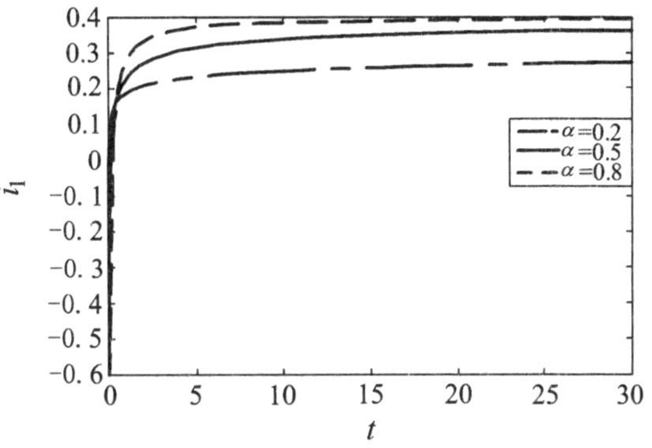

图 6-14　不同阶导数下 i_1 的图像

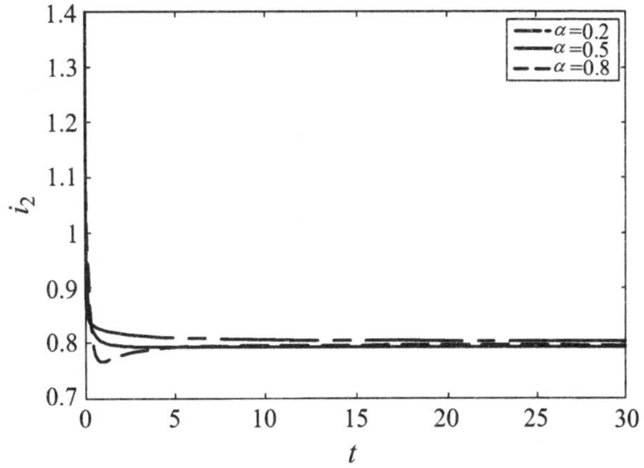

图 6-15　不同阶导数下 i_2 的图像

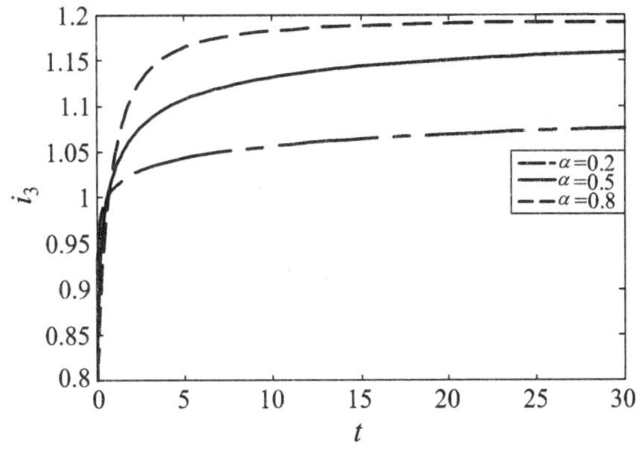

图 6-16　不同阶导数下 i_3 的图像

6.3.4 含理想运算放大器的分数阶 LC 电路的广义系统求解

对图 6-6 所示的含有理想运算放大器的分数阶 LC 串联电路，设分数阶电感、电容上的参数及状态变量分别是 L_α, u_1, i_1 和 C_α, u_2, i_2，其中 $0<\alpha<1$，电压源函数是 $e(t)$。分别以 $u_1, u_2, i_1, i_2, e(t)$ 为变量，在 6.2 节我们建立了如下的分数阶广义系统模型（6.25）:

$$\boldsymbol{E}\,{}_0^C\mathrm{D}_t^{(\alpha)}\boldsymbol{X}=\boldsymbol{AX}+\boldsymbol{BU},\ \ \boldsymbol{X}(0)=\boldsymbol{x}_0$$

上述模型的矩阵形式表示为（6.24）:

$$\begin{bmatrix}0 & L_\alpha & 0\\ 0 & 0 & C_\alpha\\ 0 & 0 & 0\end{bmatrix}\frac{\mathrm{d}^\alpha}{\mathrm{d}t^\alpha}\begin{bmatrix}u_1\\ i_1\\ u_2\end{bmatrix}=\begin{bmatrix}1 & 0 & 0\\ 0 & 1 & 0\\ 0 & 0 & 1\end{bmatrix}\begin{bmatrix}u_1\\ i_1\\ u_2\end{bmatrix}+\begin{bmatrix}0\\ 0\\ -1\end{bmatrix}e(t)$$

注意到该模型中的系数矩阵$\begin{bmatrix}0 & L_\alpha & 0\\ 0 & 0 & C_\alpha\\ 0 & 0 & 0\end{bmatrix}$是一个幂零矩阵 $\boldsymbol{N}$，$\begin{bmatrix}1 & 0 & 0\\ 0 & 1 & 0\\ 0 & 0 & 1\end{bmatrix}$是单位矩阵 $\boldsymbol{I}$，因此，该模型可以改写为

$$\boldsymbol{N}\,{}_0^C\mathrm{D}_t^{(\alpha)}\boldsymbol{X}=\boldsymbol{IX}+\boldsymbol{BU},\ \ \boldsymbol{X}(0)=\boldsymbol{x}_0 \tag{6.40}$$

显然，模型（6.40）是广义系统快子系统的标准形式，因此，它是正则的，并且不需要再进行受限等价变换。

下面考虑这个系统的解，这里仅有快子系统部分，其解为

$$\boldsymbol{x}(t,\boldsymbol{x}_0,\boldsymbol{u})=\boldsymbol{x}_i(t,\boldsymbol{x}_0)+\boldsymbol{x}_u(t,\boldsymbol{u}) \tag{6.41}$$

系统对初值的响应和系统对输入的响应分别为

$$\begin{aligned}\boldsymbol{x}_i(t,\boldsymbol{x}_0)&=-\boldsymbol{N}\,{}_0^C\mathrm{D}_t^{(\alpha-1)}\delta(t)\boldsymbol{x}_0-\boldsymbol{N}^2\,{}_0^C\mathrm{D}_t^{(2\alpha-1)}\delta(t)\boldsymbol{x}_0\\ &=-{}_0^C\mathrm{D}_t^{(\alpha-1)}\delta(t)\begin{bmatrix}0 & L_\alpha & 0\\ 0 & 0 & C_\alpha\\ 0 & 0 & 0\end{bmatrix}\boldsymbol{x}_0-{}_0^C\mathrm{D}_t^{(2\alpha-1)}\delta(t)\begin{bmatrix}0 & 0 & L_\alpha C_\alpha\\ 0 & 0 & 0\\ 0 & 0 & 0\end{bmatrix}\boldsymbol{x}_0\end{aligned}$$

$$
=\begin{bmatrix} -{}_0^C\mathrm{D}_t^{(\alpha-1)}\delta(t)L_\alpha x_2(0)-{}_0^C\mathrm{D}_t^{(2\alpha-1)}\delta(t)L_\alpha C_\alpha x_3(0) \\ -{}_0^C\mathrm{D}_t^{(\alpha-1)}\delta(t)C_\alpha x_3(0) \\ 0 \end{bmatrix}
$$

（6.42）

$$
\begin{aligned}
\boldsymbol{x}_u(t,\boldsymbol{u}) &= -\sum_{k=0}^{h-1}\boldsymbol{N}^k\boldsymbol{B}\left[{}_0^C\mathrm{D}_t^{(k\alpha)}\boldsymbol{u}(t)+\sum_{i=0}^{l_k-1}{}_0^C\mathrm{D}_t^{(k\alpha-1-i)}\delta(t)\boldsymbol{u}^{(i)}(0)\right] \\
&= -\boldsymbol{B}u(t)-\boldsymbol{NB}\left[{}_0^C\mathrm{D}_t^{(\alpha)}\boldsymbol{u}(t)+{}_0^C\mathrm{D}_t^{(\alpha-1)}\delta(t)\boldsymbol{u}(0)\right] \\
&\quad -\boldsymbol{N}^2\boldsymbol{B}\left[{}_0^C\mathrm{D}_t^{(2\alpha)}\boldsymbol{u}(t)+{}_0^C\mathrm{D}_t^{(2\alpha-1)}\delta(t)\boldsymbol{u}(0)+\varepsilon(2\alpha-1){}_0^C\mathrm{D}_t^{(2\alpha-2)}\delta(t)\boldsymbol{u}'(0)\right] \\
&= \begin{bmatrix}0\\0\\e(t)\end{bmatrix}-\begin{bmatrix}0 & L_\alpha & 0\\0 & 0 & C_\alpha\\0 & 0 & 0\end{bmatrix}\begin{bmatrix}0\\0\\-1\end{bmatrix}\left[{}_0^C\mathrm{D}_t^{(\alpha)}e(t)+{}_0^C\mathrm{D}_t^{(\alpha-1)}\delta(t)e(0)\right] \\
&\quad -\begin{bmatrix}0 & L_\alpha & 0\\0 & 0 & C_\alpha\\0 & 0 & 0\end{bmatrix}^2\begin{bmatrix}0\\0\\-1\end{bmatrix}\left[{}_0^C\mathrm{D}_t^{(2\alpha)}e(t)+{}_0^C\mathrm{D}_t^{(2\alpha-1)}\delta(t)e(0)+\varepsilon(2\alpha-1){}_0^C\mathrm{D}_t^{(2\alpha-2)}\delta(t)e'(0)\right] \\
&= \begin{bmatrix}0\\0\\e(t)\end{bmatrix}+\begin{bmatrix}0\\C_\alpha\\0\end{bmatrix}\left[{}_0^C\mathrm{D}_t^{(\alpha)}e(t)+{}_0^C\mathrm{D}_t^{(\alpha-1)}\delta(t)e(0)\right] \\
&\quad +\begin{bmatrix}C_\alpha L_\alpha\\0\\0\end{bmatrix}\left[{}_0^C\mathrm{D}_t^{(2\alpha)}e(t)+{}_0^C\mathrm{D}_t^{(2\alpha-1)}\delta(t)e(0)+\varepsilon(2\alpha-1){}_0^C\mathrm{D}_t^{(2\alpha-2)}\delta(t)e'(0)\right] \\
&= \begin{bmatrix} C_\alpha L_\alpha\left[{}_0^C\mathrm{D}_t^{(2\alpha)}e(t)+{}_0^C\mathrm{D}_t^{(2\alpha-1)}\delta(t)e(0)+\varepsilon(2\alpha-1){}_0^C\mathrm{D}_t^{(2\alpha-2)}\delta(t)e'(0)\right] \\ C_\alpha\left[{}_0^C\mathrm{D}_t^{(\alpha)}e(t)+{}_0^C\mathrm{D}_t^{(\alpha-1)}\delta(t)e(0)\right] \\ e(t) \end{bmatrix}
\end{aligned}
$$

（6.43）

上式中，$\varepsilon(2\alpha-1)$是单位阶跃函数；当$2\alpha>1$时，${}_0^C\mathrm{D}_t^{(2\alpha-2)}\delta(t)\boldsymbol{u}'(0)$会出现在系统对输入的响应中，而当$2\alpha<1$时，系统对输入的响应不含有

${}_0^C\mathrm{D}_t^{(2\alpha-2)}\delta(t)\boldsymbol{u}'(0)$。

设该电路的参数如下：$C_\alpha = 4\,\mathrm{F/s}^{1-\alpha}$，$L_\alpha = 3\,\mathrm{H/s}^{1-\alpha}$；取分数阶导数的阶数 $\alpha = 0.4$；系统在零初值条件下，输入取控制系统的典型输入信号，正弦型函数信号 $u = e(t) = \begin{cases} \sin 2t, t \geqslant 0 \\ 0, \quad t < 0 \end{cases}$。因此，当 $t > 0$ 时，可以得到系统解：

$$\boldsymbol{x}(t, \boldsymbol{x}_0, \boldsymbol{u}) = \boldsymbol{x}_i(t, \boldsymbol{x}_0) + \boldsymbol{x}_u(t, \boldsymbol{u})$$

$$= \begin{bmatrix} C_\alpha L_\alpha \left[{}_0^C\mathrm{D}_t^{(2\alpha)} e(t) + {}_0^C\mathrm{D}_t^{(2\alpha-1)} \delta(t) e(0) + \varepsilon(2\alpha - 1) {}_0^C\mathrm{D}_t^{(2\alpha-2)} \delta(t) e'(0) \right] \\ C_\alpha \left[{}_0^C\mathrm{D}_t^{(\alpha)} e(t) + {}_0^C\mathrm{D}_t^{(\alpha-1)} \delta(t) e(0) \right] \\ e(t) \end{bmatrix}$$

$$= \begin{bmatrix} 12\, {}_0^C\mathrm{D}_t^{(0.8)} (\sin 2t) \\ 4\, {}_0^C\mathrm{D}_t^{(0.4)} (\sin 2t) \\ \sin 2t \end{bmatrix} \tag{6.44}$$

所求解的正确性可以直接将上式中的各个分量代入系统（6.24）或（6.25）进行验证。式（6.44）中的分数阶导数采用 Caputo 分数阶导数，系统响应的前两个分量分别为

$$x_1 = 12\, {}_0^C\mathrm{D}_t^{(0.8)} (\sin 2t) = \frac{12t^{0.2}}{\mathrm{j}} [E_{1,1.2}(2\mathrm{j}t) - E_{1,1.2}(-2\mathrm{j}t)] \tag{6.45}$$

$$x_2 = 4\, {}_0^C\mathrm{D}_t^{(0.4)} (\sin 2t) = \frac{4t^{0.6}}{\mathrm{j}} [E_{1,1.6}(2\mathrm{j}t) - E_{1,1.6}(-2\mathrm{j}t)] \tag{6.46}$$

系统全响应：

$$\boldsymbol{x}(t, \boldsymbol{x}_0, \boldsymbol{u}) = \begin{bmatrix} \dfrac{12t^{0.2}}{\mathrm{j}} \left[E_{1,1.2}(2\mathrm{j}t) - E_{1,1.2}(-2\mathrm{j}t) \right] \\ \dfrac{4t^{0.6}}{\mathrm{j}} \left[E_{1,1.6}(2\mathrm{j}t) - E_{1,1.6}(-2\mathrm{j}t) \right] \\ \sin 2t \end{bmatrix} \tag{6.47}$$

图 6-17 显示了在 0.4 阶导数下全响应 x_1, x_2 和 x_3 的图像。图 6-18~6-20 给出了不同阶次下，系统的响应曲线 x_1, x_2 和 x_3。从图可以看出，系统的控制输入是正弦型曲线；当 $t>0$ 时，系统状态变量 x_3，也就是电路变量 u_3 实时反映系统的控制输入，即 $u_3=\sin 2t$，该变量不依赖于导数阶数。通过观察不同导数阶次下的系统状态变量 x_1 和 x_2（即电路中的 u_1 和 i_1）曲线，不难发现，它们仍然为正弦型曲线；其相位和频率与导数阶次关系密切，其振幅则由系统参数 C_α, L_α 和导数阶次 α 共同决定，并且导数阶次越大，它们的振幅越大（图 6-20 中 x_3 在不同导数阶数 α 下的图像相同，故未标出 α 的值。）

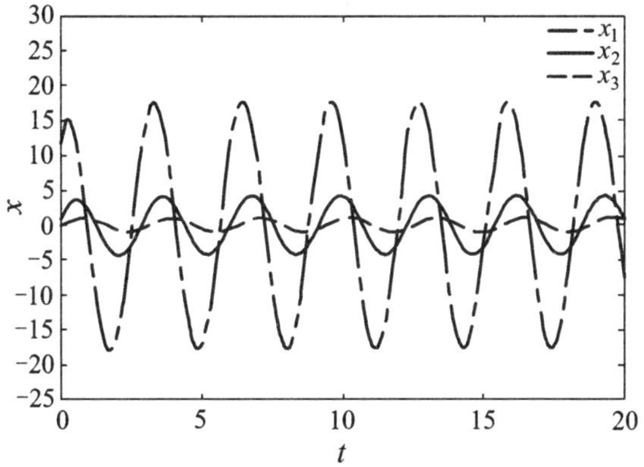

图 6-17　0.4 阶导数下的全响应图像

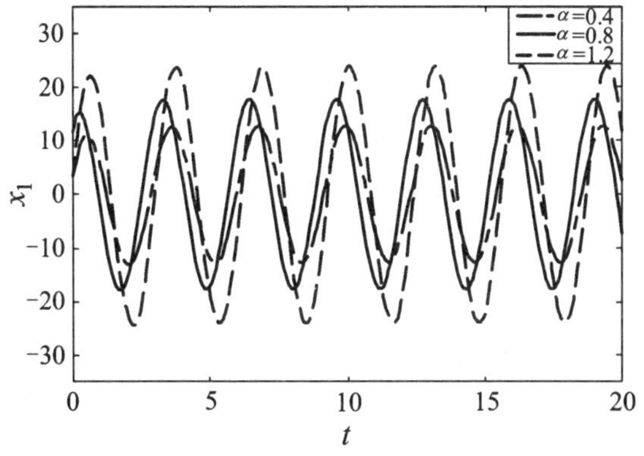

图 6-18　不同阶导数下 x_1 的图像

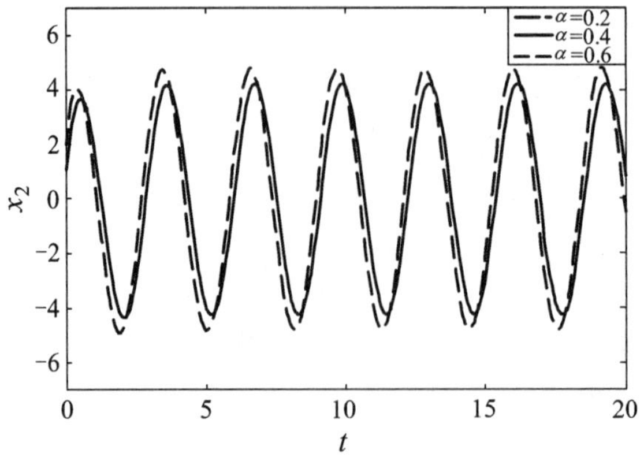

图 6-19　不同阶导数下 x_2 的图像

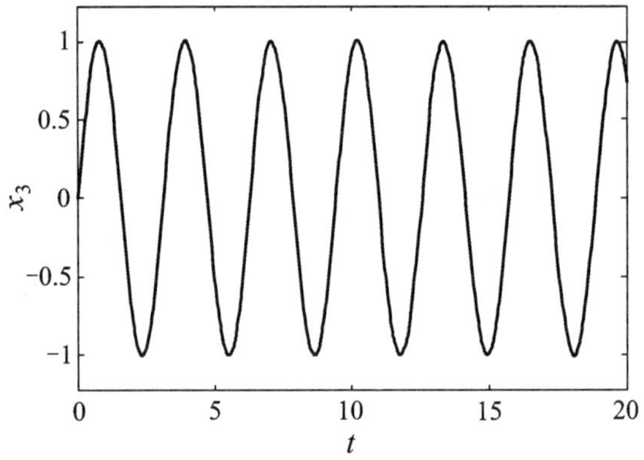

图 6-20　不同阶导数下 x_3 的图像

6.4　分数阶电路广义线性系统的能控性、能观性

第 5 章探讨了分数阶广义线性定常系统的能控性和能观性问题，给出了系统能控性和能观性的基本概念，研究了相应的能控性、能观性判断准则及判据。本节利用相关研究结论，针对分数阶电路广义系统的能控性和能观性问题进行分析探究。

判断系统能控性和能观性的关键是考虑系统能控性或能观性矩阵的秩是否满足相应条件。我们知道，线性系统在经过初等变换后，其能控性和能观性不会改变，而对分数阶广义线性系统进行受限等价变换时的变换时矩阵都是非奇异的，因此，对分数阶广义线性系统进行受限等价变换的本质就是在原系统矩阵的左、右两边分别进行一系列初等变换(即各乘以一系列初等矩阵)，也就是说，分数阶广义线性系统经过受限等价变换后，其能控性、能观性均不变。基于这个事实，为了方便起见，本节举例讨论经受限等价变换后的分数阶电路广义系统的能控性、能观性问题。

6.4.1 分数阶 RC 电路的广义系统能控性

图 6-4 所示的分数阶 RC 电路系统的广义系统模型（6.18）:

$$\boldsymbol{E}\,{}_0^C\mathrm{D}_t^{(\alpha)}\boldsymbol{X}=\boldsymbol{A}\boldsymbol{X}+\boldsymbol{B}\boldsymbol{U},\ \ \boldsymbol{X}(0)=\boldsymbol{x}_0$$

其中

$$\boldsymbol{X}=\begin{bmatrix}u_1\\u_2\\u_3\end{bmatrix},\ \boldsymbol{U}=\begin{bmatrix}e_1\\e_2\end{bmatrix},\ \boldsymbol{E}=\begin{bmatrix}RC_{1,\alpha}&0&0\\C_{1,\alpha}&-C_{2,\alpha}&C_{3,\alpha}\\0&0&0\end{bmatrix}$$

$$\boldsymbol{A}=\begin{bmatrix}-1&-1&0\\0&0&0\\0&-1&-1\end{bmatrix},\ \boldsymbol{B}=\begin{bmatrix}1&0\\0&0\\0&1\end{bmatrix}$$

其矩阵展开形式可以表示成（6.17）形式:

$$\begin{bmatrix}RC_{1,\alpha}&0&0\\C_{1,\alpha}&-C_{2,\alpha}&C_{3,\alpha}\\0&0&0\end{bmatrix}\begin{bmatrix}\dfrac{\mathrm{d}^\alpha u_1}{\mathrm{d}t^\alpha}\\\dfrac{\mathrm{d}^\alpha u_2}{\mathrm{d}t^\alpha}\\\dfrac{\mathrm{d}^\alpha u_3}{\mathrm{d}t^\alpha}\end{bmatrix}=\begin{bmatrix}-1&-1&0\\0&0&0\\0&-1&-1\end{bmatrix}\begin{bmatrix}u_1\\u_2\\u_3\end{bmatrix}+\begin{bmatrix}1&0\\0&0\\0&1\end{bmatrix}\begin{bmatrix}e_1\\e_2\end{bmatrix}$$

经过受限等价变换后，系统（6.17）等价地变换为

$$\begin{cases}{}_0^C\mathrm{D}_t^{(\alpha)}\boldsymbol{x}_1(t)=\boldsymbol{A}_1\boldsymbol{x}_1(t)+\boldsymbol{B}_1\boldsymbol{u}(t),\ \ \boldsymbol{x}_1(0)=\boldsymbol{x}_{10} & (6.48.1)\\ \boldsymbol{N}\,{}_0^C\mathrm{D}_t^{(\alpha)}\boldsymbol{x}_2(t)=\boldsymbol{x}_2(t)+\boldsymbol{B}_2\boldsymbol{u}(t),\ \ \boldsymbol{x}_2(0)=\boldsymbol{x}_{20} & (6.48.2)\end{cases}\tag{6.48}$$

其中，

$$A_1=-\begin{bmatrix}\dfrac{1}{RC_{1,\alpha}} & \dfrac{1}{RC_{1,\alpha}}\\ \dfrac{1}{R(C_{2,\alpha}+C_{3,\alpha})} & \dfrac{1}{R(C_{2,\alpha}+C_{3,\alpha})}\end{bmatrix}$$

$$B_1=\begin{bmatrix}\dfrac{1}{RC_{1,\alpha}} & -\dfrac{C_{3,\alpha}}{R(C_{1,\alpha}C_{2,\alpha}+C_{1,\alpha}C_{3,\alpha})}\\ \dfrac{1}{R(C_{2,\alpha}+C_{3,\alpha})} & -\dfrac{C_{3\alpha}}{R(C_{2,\alpha}+C_{3,\alpha})^2}\end{bmatrix}$$

$$N=[0]$$

$$B_2=[0\ \ 1]$$

由定理 5.2，我们分别判断慢子系统和快子系统的能控性矩阵 Q_{C1},Q_{C2}。

$$Q_{C_1}=[B_1,A_1B_1]$$

$$=\begin{bmatrix}\dfrac{1}{RC_{1,\alpha}} & -\dfrac{C_{3,\alpha}}{RC_{1,\alpha}(C_{2,\alpha}+C_{3,\alpha})} & -\dfrac{(C_{1,\alpha}+C_{2,\alpha}+C_{3,\alpha})}{(RC_{1,\alpha})^2(C_{2,\alpha}+C_{3,\alpha})} & \dfrac{C_{3,\alpha}(C_{1,\alpha}+C_{2,\alpha}+C_{3,\alpha})}{(C_{1,\alpha}R(C_{2,\alpha}+C_{3,\alpha}))^2}\\ \dfrac{1}{R(C_{2,\alpha}+C_{3,\alpha})} & -\dfrac{C_{3,\alpha}}{R(C_{2,\alpha}+C_{3,\alpha})^2} & -\dfrac{(C_{1,\alpha}+C_{2,\alpha}+C_{3,\alpha})}{C_{1,\alpha}R^2(C_{2,\alpha}+C_{3,\alpha})^2} & \dfrac{C_{3,\alpha}(C_{1,\alpha}+C_{2,\alpha}+C_{3,\alpha})}{C_{1,\alpha}R^2(C_{2,\alpha}+C_{3,\alpha})^3}\end{bmatrix}$$

此矩阵虽然复杂，但显然 Q_{C_1} 的两行不对应成比例，因此

$$\operatorname{rank} Q_{C_1}=\operatorname{rank}[B_1,A_1B_1]=2=n_1$$

慢子系统（6.48.1）是能控的。

对快子系统（6.48.2），由推论 5.1 可知

$$\operatorname{rank}[N,B_2]=\operatorname{rank}[0\quad 0\quad 1]=1=n_2$$

该部分也是能控的。

综上所述，分数阶 RC 电路系统的广义系统（6.17）是能控的。

6.4.2 分数阶 RL 电路的广义系统能控性

对图 6-5 所示的分数阶 RL 电路广义系统，我们建立了如下分数阶广义线性系统模型（6.21）:

$$\boldsymbol{E}\,{}_0^C\mathrm{D}_t^{(\alpha)}\boldsymbol{X}=\boldsymbol{AX}+\boldsymbol{BU},\ \ \boldsymbol{X}(0)=\boldsymbol{x}_0$$

其中

$$\boldsymbol{X}=\begin{bmatrix} i_1\\ i_2\\ i_3\end{bmatrix},\ \boldsymbol{U}=\begin{bmatrix} e_1\\ e_2\end{bmatrix},\ \boldsymbol{E}=\begin{bmatrix} L_{1,\alpha} & 0 & L_{3,\alpha}\\ 0 & L_{2,\alpha} & L_{3,\alpha}\\ 0 & 0 & 0\end{bmatrix}$$

$$\boldsymbol{A}=\begin{bmatrix} -R_1 & 0 & 0\\ 0 & -R_2 & 0\\ 1 & 1 & -1\end{bmatrix},\ \boldsymbol{B}=\begin{bmatrix} 1 & 0\\ 0 & 1\\ 0 & 0\end{bmatrix}$$

上述模型（6.21）可以写成广义系统的矩阵形式（6.20）:

$$\begin{bmatrix} L_{1,\alpha} & 0 & L_{3,\alpha}\\ 0 & L_{2,\alpha} & L_{3,\alpha}\\ 0 & 0 & 0\end{bmatrix}\begin{bmatrix} \dfrac{\mathrm{d}^\alpha i_1}{\mathrm{d}t^\alpha}\\ \dfrac{\mathrm{d}^\alpha i_2}{\mathrm{d}t^\alpha}\\ \dfrac{\mathrm{d}^\alpha i_3}{\mathrm{d}t^\alpha}\end{bmatrix}=\begin{bmatrix} -R_1 & 0 & 0\\ 0 & -R_2 & 0\\ 1 & 1 & -1\end{bmatrix}\begin{bmatrix} i_1\\ i_2\\ i_3\end{bmatrix}+\begin{bmatrix} 1 & 0\\ 0 & 1\\ 0 & 0\end{bmatrix}\begin{bmatrix} e_1\\ e_2\end{bmatrix}$$

经过受限等价变换，系统（6.20）等价地变换为

$$\begin{cases} {}_0^C\mathrm{D}_t^{(\alpha)}\boldsymbol{x}_1(t)=\boldsymbol{A}_1\boldsymbol{x}_1(t)+\boldsymbol{B}_1\boldsymbol{u}(t),\quad \boldsymbol{x}_1(0)=\boldsymbol{x}_{10} & (6.49.1)\\ \boldsymbol{N}\,{}_0^C\mathrm{D}_t^{(\alpha)}\boldsymbol{x}_2(t)=\boldsymbol{x}_2(t)+\boldsymbol{B}_2\boldsymbol{u}(t),\ \ \boldsymbol{x}_2(0)=\boldsymbol{x}_{20} & (6.49.2)\end{cases}$$

（6.49）

模型中，记 $\Delta=L_{1,\alpha}L_{2,\alpha}+L_{1,\alpha}L_{3,\alpha}+L_{2,\alpha}L_{3,\alpha}$ ，则

$$\boldsymbol{A}_1=\frac{1}{\Delta}\begin{bmatrix} -R_1(L_{2,\alpha}+L_{3,\alpha}) & R_1L_{3,\alpha}\\ R_2L_{3,\alpha} & -R_2(L_{1,\alpha}+L_{3,\alpha})\end{bmatrix}$$

$$N=[0]$$

$$B_1=\frac{1}{\Delta}\begin{bmatrix} L_{2,\alpha}+L_{3,\alpha} & -L_{3,\alpha} \\ -L_{3,\alpha} & L_{1,\alpha}+L_{3,\alpha} \end{bmatrix}$$

$$B_2=\frac{1}{\Delta}\begin{bmatrix} L_{2,\alpha} & L_{1,\alpha} \end{bmatrix}$$

针对慢子系统和快子系统的能控性矩阵 Q_{C1}, Q_{C2} 的秩讨论如下：

（1）慢子系统的能控性。

能控矩阵 $Q_{C_1}=[B_1, A_1B_1]$，先考察 $B_1=\frac{1}{\Delta}\begin{bmatrix} L_{2,\alpha}+L_{3,\alpha} & -L_{3,\alpha} \\ -L_{3,\alpha} & L_{1,\alpha}+L_{3,\alpha} \end{bmatrix}$。

显然，这里要求分母 $\Delta=L_{1,\alpha}L_{2,\alpha}+L_{1,\alpha}L_{3,\alpha}+L_{2,\alpha}L_{3,\alpha}\neq 0$，而如果 B_1 的两行元素对应成比例，则有

$$\frac{L_{2,\alpha}+L_{3,\alpha}}{L_{3,\alpha}}=\frac{L_{3,\alpha}}{L_{1,\alpha}+L_{3,\alpha}}$$

整理后可得

$$\Delta=L_{1,\alpha}L_{2,\alpha}+L_{1,\alpha}L_{3,\alpha}+L_{2,\alpha}L_{3,\alpha}=0$$

它不满足分母 $\Delta\neq 0$ 的要求。可见，B_1 的两行元素不会对应成比例，于是

$$\operatorname{rank} Q_{C_1}=\operatorname{rank}[B_1, A_1B_1]=2$$

慢子系统是能控的。

（2）快子系统的能控性。

易知

$$\operatorname{rank}[N, B_2]=\operatorname{rank}\frac{1}{\Delta}\begin{bmatrix} 0 & L_{2,\alpha} & L_{1,\alpha} \end{bmatrix}$$

在 $L_{1,\alpha}, L_{2,\alpha}$ 两者之一不为 0 的情况下，

$$\operatorname{rank}[N, B_2]=1=n_2$$

故快子系统是能控的。

综合（1）、（2）可知，该系统在 $L_{1,\alpha} \neq 0$ 或 $L_{2,\alpha} \neq 0$ 时，是能控的。

6.4.3 分数阶 RC 电路广义系统的能观性

研究探讨分数阶电路广义系统的能观性，也可以直接对经过受限等价变换后的系统的魏尔斯特拉斯标准型进行分析研究。此外，还有两点需要说明：其一，探讨系统的能观性时，系统控制输入的影响可以忽略，因此，分数阶广义电路系统的控制输入变量 $\boldsymbol{u}(t)$ 应予以置零。其二，系统能观性刻画的是通过系统输出重建和反馈系统初始状态的能力，这就要求通过适当选取系统状态变量进行线性组合来表征系统输出，构成系统的输出变量 $\boldsymbol{y}(t)$。综合这两者因素，探讨分数阶电路广义系统的能观性问题时，需要对电路系统模型增加输出部分。作为示例，我们对广义系统模型 I，即分数阶 RC 电路的广义系统模型进行重构，并分析探究系统能观性。

图 6-21 所示的分数阶 RC 电路广义系统，各参数已经标明，从左至右的三个分数阶电容分别是 $C_{1,\alpha}, C_{2,\alpha}, C_{3,\alpha}$，它们都是 $0<\alpha<1$ 阶的。选择 u_1, u_2, u_3 为状态变量，$\boldsymbol{y}=\boldsymbol{u}_1+\boldsymbol{u}_2$ 为输出变量，原输入控制变量为 $\boldsymbol{U}=\begin{bmatrix} e_1 & e_2 \end{bmatrix}^{\mathrm{T}}$，令其为 $\mathbf{0}$。

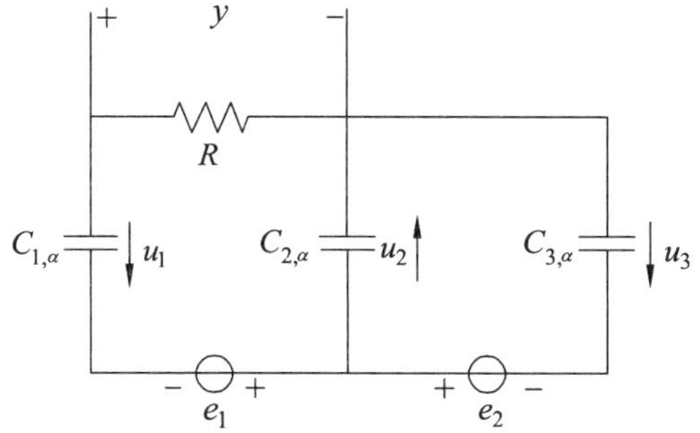

图 6-21 带输出的分数阶 RC 电路广义系统

针对该分数阶 RC 电路系统，我们建立如下广义系统模型：

$$\begin{cases} \boldsymbol{E}\,{}_0^C\mathrm{D}_t^{(\alpha)}\boldsymbol{x}=\boldsymbol{A}\boldsymbol{x},\ \boldsymbol{x}(0)=\boldsymbol{x}_0 \\ \boldsymbol{y}(t)=\boldsymbol{C}\boldsymbol{x} \end{cases} \tag{6.50}$$

其中

$$\boldsymbol{x}=\begin{bmatrix}u_1\\u_2\\u_3\end{bmatrix},\ \boldsymbol{E}=\begin{bmatrix}RC_{1,\alpha} & 0 & 0\\ C_{1,\alpha} & -C_{2,\alpha} & C_{3,\alpha}\\ 0 & 0 & 0\end{bmatrix},\ \boldsymbol{A}=\begin{bmatrix}-1 & -1 & 0\\ 0 & 0 & 0\\ 0 & -1 & -1\end{bmatrix},\ \boldsymbol{C}=\begin{bmatrix}1 & 1 & 0\end{bmatrix}$$

于是该广义系统的矩阵展开形式可以表示为

$$\begin{bmatrix}RC_{1,\alpha} & 0 & 0\\ C_{1,\alpha} & -C_{2,\alpha} & C_{3,\alpha}\\ 0 & 0 & 0\end{bmatrix}\begin{bmatrix}\dfrac{\mathrm{d}^{\alpha}u_1}{\mathrm{d}t^{\alpha}}\\ \dfrac{\mathrm{d}^{\alpha}u_2}{\mathrm{d}t^{\alpha}}\\ \dfrac{\mathrm{d}^{\alpha}u_3}{\mathrm{d}t^{\alpha}}\end{bmatrix}=\begin{bmatrix}-1 & -1 & 0\\ 0 & 0 & 0\\ 0 & -1 & -1\end{bmatrix}\begin{bmatrix}u_1\\u_2\\u_3\end{bmatrix},\ y=\begin{bmatrix}1 & 1 & 0\end{bmatrix}\begin{bmatrix}u_1\\u_2\\u_3\end{bmatrix}\tag{6.51}$$

系统（6.51）同样可以经过受限等价变换，得到其标准形式：

$$\begin{cases}{}_{0}^{C}\mathrm{D}_t^{(\alpha)}\boldsymbol{x}_1(t)=\boldsymbol{A}_1\boldsymbol{x}_1(t),\ \ \boldsymbol{x}_1(0)=\boldsymbol{x}_{10} & (6.52.1)\\ \boldsymbol{N}\,{}_{0}^{C}\mathrm{D}_t^{(\alpha)}\boldsymbol{x}_2(t)=\boldsymbol{x}_2(t),\ \ \boldsymbol{x}_2(0)=\boldsymbol{x}_{20} & (6.52.2)\\ \boldsymbol{y}=\boldsymbol{C}\boldsymbol{P}_2\begin{bmatrix}\boldsymbol{x}_1\\ \boldsymbol{x}_2\end{bmatrix}=\boldsymbol{C}'\begin{bmatrix}\boldsymbol{x}_1\\ \boldsymbol{x}_2\end{bmatrix} & (6.52.3)\end{cases}\tag{6.52}$$

式中

$$\boldsymbol{A}_1=-\begin{bmatrix}\dfrac{1}{RC_{1,\alpha}} & \dfrac{1}{RC_{1,\alpha}}\\ \dfrac{1}{R(C_{2,\alpha}+C_{3,\alpha})} & \dfrac{1}{R(C_{2,\alpha}+C_{3,\alpha})}\end{bmatrix}$$

$$\boldsymbol{N}=\begin{bmatrix}0\end{bmatrix}$$

$$\boldsymbol{C}'=\boldsymbol{C}\boldsymbol{P}_2=\begin{bmatrix}1 & 1 & 0\end{bmatrix}\begin{bmatrix}1 & 0 & 0\\ 0 & 1 & -\dfrac{C_{3,\alpha}}{(C_{2,\alpha}+C_{3,\alpha})}\\ 0 & -1 & -\dfrac{C_{2,\alpha}}{(C_{2,\alpha}+C_{3,\alpha})}\end{bmatrix}=\begin{bmatrix}1 & 1 & -\dfrac{C_{3,\alpha}}{(C_{2,\alpha}+C_{3,\alpha})}\end{bmatrix}=\begin{bmatrix}\boldsymbol{C}_1' & \boldsymbol{C}_2'\end{bmatrix}$$

由定理 5.4 可知，该系统的能观性取决于慢子系统和快子系统的能观性矩阵的秩。我们将两者分别计算如下：

$$\begin{aligned}\operatorname{rank} \boldsymbol{Q}_{O_1} &= \operatorname{rank}\begin{bmatrix} \boldsymbol{C}_1' \\ \boldsymbol{C}_1'\boldsymbol{A}_1 \end{bmatrix} \\ &= \operatorname{rank}\begin{bmatrix} 1 & 1 \\ -\dfrac{1}{RC_{1,\alpha}} - \dfrac{1}{R(C_{2,\alpha}+C_{3,\alpha})} & -\dfrac{1}{RC_{1,\alpha}} - \dfrac{1}{R(C_{2,\alpha}+C_{3,\alpha})} \end{bmatrix} \\ &= 1 < n_1 = 2\end{aligned}$$

故慢子系统部分不是能观的；

$$\operatorname{rank} \boldsymbol{Q}_{O_2} = \operatorname{rank}\begin{bmatrix} \boldsymbol{C}_2 \\ \boldsymbol{C}_2\boldsymbol{N} \\ \vdots \\ \boldsymbol{C}_2\boldsymbol{N}^{h-1} \end{bmatrix} = \operatorname{rank}\begin{bmatrix} \boldsymbol{C}_2' \\ \boldsymbol{0} \end{bmatrix} = \operatorname{rank}\begin{bmatrix} -\dfrac{\boldsymbol{C}_{3,\alpha}}{(\boldsymbol{C}_{2,\alpha}+\boldsymbol{C}_{3,\alpha})} \\ 0 \end{bmatrix} = 1 = n_2$$

显然，快子系统部分是能观的。

综上所述，系统（6.50）和（6.51）是部分能观、不完全能观的。

6.5 小　结

本章从应用角度，研究了分数阶广义线性定常系统在一类逐渐被人们关注的新型机电系统——分数阶电路系统中的应用。

首先介绍两种分数阶电路元件，即分数阶电容器和分数阶电感器，给出了它们的分数阶特性描述。通过具体的例子，说明了对分数阶电路系统建立分数阶状态空间模型具有诸如可以避免引入 Sequential 分数阶导数等优点。而分数阶电路系统的内在特点决定了其状态空间模型又常常表现为分数阶广义线性定常系统。

其次，本章主要研究了三种典型的分数阶电路广义线性定常系统，即分数阶 RC 电路系统、分数阶 RL 电路系统和含理想运算放大器的分数阶 LC 电路系统。本章在对三种电路系统建立分数阶广义线性定常系统模型的基础上，利用第 4 章和第 5 章的研究理论和结果，讨论了三种系统状态空间模型的解析解，通过与数值解对比验证了所得解析解的正确性，通过图示直观地反映了三种系统的运行规律。另外，还研究了三种分数阶电路系统的能控性和能观性等基本控制问题。

第7章 结论与展望

7.1 主要结论

分数阶广义线性系统在以智能材料、新电池装置和分数阶电路为代表的新型机电系统中有着广泛的应用。本书围绕最基本的分数阶广义线性系统，即分数阶广义线性定常系统的基础性控制问题展开研究。

本书主要研究了分数阶广义线性定常系统的解的存在唯一性、系统解（包括经典解和分布解）的具体形式、系统的能控性、能观性及观测器设计等控制问题，并将研究结果用于分数阶电路广义系统的系统建模和分析。本书的主要创新点包括以下方面：

（1）在控制系统的解的存在唯一性方面，完善了 Khalil 教授将系统在紧致子集上的局部 Lipschitz 性质推广为全局 Lipschitz 性质的过程。Khalil 教授的推广思路是利用有限覆盖定理,将紧致集合分解为有限个开邻域的并集，再根据所考察的两点是否同属于同一个开邻域的情况分析并证明全局 Lipschitz 性质，然而我们指出其证明过程并不严密。我们利用拓扑学中的 Lebesgue 数理论，完善了证明过程，给出了将系统在紧致子集上的局部 Lipschitz 性质推广为全局 Lipschitz 性质的严密证明。

（2）研究了分数阶广义线性定常系统的解的存在性和唯一性条件等解的基础理论。首先，针对分数阶广义线性定常系统的系统矩阵为方阵的情况进行讨论，得到系统矩阵为方阵时，系统存在唯一解的条件，即系统矩阵对满足正则性。其次，针对系统矩阵非方阵的情形，利用受限等价变换，将分数阶广义线性定常系统分解为克罗内克尔标准型。由于克罗内克尔标准型由多个具有不同结构特点的矩阵块构成，本书针对标准型中的各个矩阵块的特殊结构，分别讨论相应子系统的解的存在性和唯一性问题。由克罗内克尔标准型中非方阵矩阵块构成的子系统，其解的存在性和唯一性都是易于讨论的。而由方阵构成的子系统的解的存在性和唯一性，在前述研究工作中已经得到解决。将所有子系统的解的存在性和唯一性条件进行综合，得到整个分数阶广义线性定常系统的解的存在唯一性条件，即系数矩阵为方阵，且由系数矩阵构成的矩阵对是正则的。

（3）给出了分数阶广义线性定常系统经典解和分布解的具体形式和结构。分数阶广义线性定常系统的初值是否相容，决定了其解的形式是经典解还是分布解。当初值相容时，系统解为经典解，本书利用矩阵对的受限等价变换和魏尔斯特拉斯标准型，给出了系统经典解的形式。当系统初值不相容时，系统的解表现为分布解，其分布解源于对狄拉克函数及其导数施行拉普拉斯变换。本书在将分数阶广义线性系统分解为慢子系统和快子系统后，利用狄拉克函数的 Caputo 分数阶导数及其 Laplace（逆）变换求解得到了分数阶广义线性定常系统的分布解。解的形式和结构表明：分数阶广义线性定常系统的分布解是系统对初值的（零输入）响应和系统对输入的（零状态）响应的叠加。线性系统的本质特性——线性叠加原理在分数阶广义线性定常系统中仍然成立。本书通过相关实例，验证了所求解的正确性。

（4）将求解非线性微分方程的 Adomian 分解法用于求解分数阶广义线性系统的一般形式，即分数阶微分代数方程。考虑到广义线性系统的代数约束是线性的，因此，本书首先研究如何用 Adomian 分解法求解具有线性代数约束的整数阶微分代数方程。为了确定约束关系为代数约束的变量，本书将变量之间的代数约束关系转化为变量分量之间的约束关系，从而确定各变量之间的迭代关系，完成求解计算。在此基础上，本书还分析探究了将 Adomian 分解法用于求解分数阶微分代数方程的关键问题和具体求解方法。最后通过数值算例，验证了本书所提方法的正确性。

（5）以分数阶广义线性定常系统的分布解为基础，研究了分数阶广义线性定常系统的完全能控性、能观性，并讨论了系统观测器设计。本书在对系统进行等价变换后，分别讨论慢子系统和快子系统的能控性和能观性，进而得到整个系统的完全能控性和能观性条件。本书引入了慢子系统、快子系统的能控性矩阵和能观性矩阵概念，证明了系统完全能控和能观的条件是两个子系统的能控性矩阵和能观性矩阵均为行满秩或列满秩。针对分数阶广义线性定常系统观测器的设计问题，我们首先研究了系统稳定性条件，基于此得到系统观测器的存在条件，最后给出了具体的观测器设计方法和验证实例。

（6）在应用部分，本书首先介绍了分数阶电容和分数阶电感的概念及其特性方程，然后利用分数阶电容及分数阶电感构成了分数阶电路系统。由于基尔霍夫定律本质上是关于电压或电流的线性代数方程，因此，分数阶电路系统的数学建模常需要用到分数阶广义线性定常系统。本书将理论部分的研究结论应用于三种典型的分数阶电路广义系统，分析讨论了这三种电路系统的解、能控性和能观性等问题。

7.2 展 望

虽然本书针对分数阶广义线性定常系统的解的存在唯一性、能控性、能观性等基础控制问题做了一定程度的研究，并得到了一些初步的研究成果，但是关于分数阶广义线性系统的研究还可以做进一步的加强和拓展。值得深入思考的研究可以从以下两方面进行：

（1）可以尝试从几何理论的角度深化对分数阶广义线性系统的研究。研究广义线性系统的重要手段是用所有可达状态变量的集合构成线性子空间，即状态可达子空间 R_t。然后利用可达子空间 R_t 与能控性矩阵、能观性矩阵的象子空间或核子空间的关系刻画系统的能控性、能观性等基本控制性能。而目前从几何角度，针对分数阶广义线性系统的状态可达集，以及状态可达空间的研究还面临着许多困难。如果在这一方面有所突破，那么将会为分数阶广义线性系统的 S-能控（观）性、R-能控（观）性、I-能控（观）性等研究工作奠定基础，进而促进这些研究取得有意义的结果。

（2）可以展开关于分数阶广义线性定常系统反馈控制的研究。本书针对分数阶广义线性定常系统的运动分析和能控性、能观性等基本控制问题进行了研究，然而总体而言这部分属于控制系统的分析研究。如果想进一步将研究工作拓展到控制系统的设计和综合方面，以便更好地对系统进行控制和应用奠定基础，那么进行分数阶广义线性系统的反馈控制研究将是一个较好的切入点。因为，一方面，控制系统的反馈控制是进一步实现系统镇定、极点配置、系统解耦乃至最优控制等系统设计、综合和应用工作的基础；另一方面，分数阶广义线性系统的反馈控制比一般的线性系统和广义系统都要复杂，而关于这方面的研究几乎没有，所以进行分数阶线性系统的反馈控制研究既有理论意义，又有应用价值。

参考文献

[1] 吴光强，黄焕军，叶光湖. 基于分数阶微积分的汽车空气悬架半主动控制[J]. 农业机械学报，2014，45(07)：19-25.

[2] 李晓磊，程致灏，邵翔宇，等. 基于分数阶模型的磁流变阻尼器振动系统的预测控制[J]. 南京信息工程大学学报（自然科学版），2018，10(02)：160-165.

[3] 刘晓梅，李洪友，黄宜坚. 磁流变阻尼器的分数阶 Bingham 模型研究[J]. 机电工程，2015，32(03)：338-342.

[4] 陈丙三，江吉彬，黄宜坚，等. 基于分数阶微积分的磁流变液黏弹性模拟[J]. 机械工程材料，2012，36(07)：63-66+71.

[5] 汤琴，黄宜坚. 磁流变液动态性能分数阶建模研究[J]. 中国机械工程，2011，22(18)：2241-2245.

[6] 陈丙三，刘成武，江吉彬，等. 基于分数阶的磁流变液黏弹性研究[J]. 机械科学与技术，2013，32(09)：1378-1384.

[7] 刘晓梅，徐西鹏，黄宜坚，等. 一种磁流变阻尼器的分数阶微分模型[J]. 仪器仪表学报，2009，30(12)：2659-2663.

[8] EHSANI M, GAA YM, A EMADI，著. 现代电动汽车、混合动力电动汽车和燃料电池车——基本原理、理论和设计[M]. 倪光正，等译. 北京：机械工业出版社，2010. 10.

[9] 陈清泉，孙逢春，祝嘉光. 现代电动汽车技术[M]. 北京：北京理工大学出版社，2004. 07.

[10] 王芳，夏军. 电动汽车动力电池系统安全分析与设计[M]. 北京：科学出版社有限责任公司，2017. 03.

[11] 张厚明，赫荣亮，周禛. 电动汽车产业发展趋势展望与对策[J]. 中国国情国力，2019(06)：61-64.

[12] 程振彪. 我国应更加重视燃料电池汽车发展（连载）[J]. 汽车科技，

2017(01)：2-20.
[13] 商云龙. 车用锂离子动力电池状态估计与均衡管理系统优化设计与实现[D]. 济南：山东大学，2017，51.
[14] 胡晓松，唐小林. 电动车辆锂离子动力电池建模方法综述[J]. 机械工程学报，2017，53(16)：20-31.
[15] 王宝金. 基于分数阶理论的锂离子电池建模与状态估计研究[D]. 哈尔滨：哈尔滨工业大学，2016.
[16] HU M H, LI Y X, LI S X, et al. Lithium-ion battery modeling and parameter identification based on fractional theory[J]. Energy, 2018, 165.
[17] ZHONG Q S, ZHONG F L, CHENG J, et al. State of charge estimation of lithium-ion batteries using fractional order sliding mode observer[J]. ISA Transactions, 2016.
[18] ZHU Q, XU M G, LIU W Q, et al. A state of charge estimation method for lithium-ion batteries based on fractional order adaptive extended kalman filter[J]. Energy, 2019, 187.
[19] MU H, XIONG R, ZHENG H F, et al. A novel fractional order model based state-of-charge estimation method for lithium-ion battery[J]. Applied Energy, 2017.
[20] 张一帆，孙涛. 锂电池分数阶等效电路模型的对比研究[J]. 农业装备与车辆工程，2019，57(06)：46-49.
[21] WESTERLUND S, EKSTAM L. Capacitor theory[J]. IEEE Transactions on Dielectrics and Electrical Insulation, 1994, 1 (5): 826-839.
[22] WESTERLUND S. Dead matter has memory![J]. Physica Scripta, 1991, 43 (2): 174.
[23] PETRÁŠ I, CHEN Y Q, COOPMANS C. Fractional-order memristive systems[C]//2009 IEEE Conference on Emerging Technologies & Factory Automation. IEEE, 2009: 1-8.
[24] JESUS I S, MACHADO J A T. Development of fractional order capacitors based on electrolyte processes[J]. Nonlinear Dynamics,

2009, 56 (2): 45-55.

[25] KACZOREK T. Positivity and reachability of fractional electrical circuits[J]. Acta Mechanica et Automatica, 2011, 5 (2): 42-51.

[26] 卢曰海，丘东元，张波，等. 大功率分数阶电感的电路实现[J]. 电源学报，2018，16(05)：147-152+166.

[27] MATINGON D. Stability results for fractional differential equations with applications to control processing[J]. Computational Engineering in Systems Applications, 1996, 2: 963-968.

[28] MATIGNON D. Stability properties for generalized fractional differential systems[C]. ESAIM: proceedings. EDP Sciences, 1998, 5: 145-158.

[29] HWANG C, CHENG Y C. A numerical algorithm for stability testing of fractional delay systems[J]. Automatica, 2006, 42 (5): 825-831.

[30] 曾庆山，冯冬青，曹广益. 基于分数阶微分方程描述的系统的能控性和能观性判据[J]. 郑州大学学报（工学版），2004，25(1)：66-69.

[31] ZENG Q S, CAO G Y, ZHU X J. Controllability, observability and stability for a class of fractional-order linear time-invariant control systems[J]. Journal of Shanghai Jiaotong University (Science) , 2004, 9 (2): 20-24.

[32] DENG W, LI C, LÜ J. Stability analysis of linear fractional differential system with multiple time delays[J]. Nonlinear Dynamics, 2007, 48 (4): 409-416.

[33] LAKSHMIKANTHAM V, VATSALA A S. Basic theory of fractional differential equations[J]. Nonlinear Analysis: Theory, Methods & Applications, 2008, 69 (8): 2677-2682.

[34] BĂLEANU D, MUSTAFA O G. On the global existence of solutions to a class of fractional differential equations[J]. Computers & Mathematics with Applications, 2010, 59 (5): 1835-1841.

[35] DAFTARDAR-GEJJI V, BABAKHANI A. Analysis of a system of fractional differential equations[J]. Journal of Mathematical Analysis and Applications, 2004, 293 (2): 511-522.

[36] PODLUBNY I. Fractional differential equations: an introduction to fractional derivatives, fractional differential equations, to methods of their solution and some of their applications[M]. Elsevier, 1998.

[37] 陈文，孙洪广，李西成. 力学与工程问题的分数阶导数建模[M]. 北京：科学出版社，2010.

[38] MILLER K S, ROSS B. An introduction to the fractional calculus and fractional differential equations[M]. Wiley, 1993.

[39] Fractals and fractional calculus in continuum mechanics[M]. Berlin: Springer, 2014.

[40] 牛江川，申永军，杨绍普，等. 位移反馈分数阶 PID 控制对单自由度线性振子的影响[J]. 控制理论与应用，2016，33(09)：1265-1271.

[41] N'DOYE I, ZASADZINSKI M, DAROUACH M, et al. Stabilization of singular fractional-order systems: an LMI approach[C]//18th Mediterranean Conference on Control and Automation, MED'10. IEEE, 2010: 209-213.

[42] ZHANG H, WU D, CAO J, et al. Stability analysis for fractional-order linear singular delay differential systems[J]. Discrete Dynamics in Nature and Society, 2014, 1-8.

[43] JI Y, QIU J. Stabilization of fractional-order singular uncertain systems[J]. ISA transactions, 2015, 56: 53-64.

[44] LIN C, CHEN B, SHI P, et al. Necessary and sufficient conditions of observer-based stabilization for a class of fractional-order descriptor systems[J]. Systems & Control Letters, 2018, 112: 31-35.

[45] LIU S, ZHOU X F, LI X, et al. Asymptotical stability of Riemann-Liouville fractional singular systems with multiple time-varying delays[J]. Applied Mathematics Letters, 2017, 65: 32-39.

[46] YAO Y U, ZHUANG J, CHANG-YIN S U N. Sufficient and necessary condition of admissibility for fractional-order singular system[J]. Acta automatica sinica, 2013, 39 (12): 2160-2164.

[47] MARIR S, CHADLI M, BOUAGADA D. New admissibility conditions

for singular linear continuous-time fractional-order systems[J]. Journal of the Franklin Institute, 2017, 354 (2): 752-766.

[48] KACZOREK T, ROGOWSKI K. Fractional linear systems and electrical circuits[M]. Cham, Switzerland: Springer International Publishing, 2015.

[49] FENG Z, CHEN N. On the existence and uniqueness of the solution of linear fractional differential-algebraic system[J]. Mathematical Problems in Engineering, 2016, 1-9.

[50] BATIHA I, EL-KHAZALI R, ALSAEDI A, et al. The general solution of singular fractional-order linear time-invariant continuous systems with regular pencils[J]. Entropy, 2018, 20 (6): 400-410.

[51] N'DOYE I, DAROUACH M, ZASADZINSKI M, et al. Observers design for singular fractional-order systems[C]//2011 50th IEEE Conference on Decision and Control and European Control Conference. IEEE, 2011: 4017-4022.

[52] CAMPBELL S L V. Singular systems of differential equations II[M]. Pitman Publishing, 1982.

[53] 宋晓秋. 微分代数系统的数值仿真算法[J]. 计算机工程与设计，2000，21(5)：58-60.

[54] 潘振宽，洪嘉振. 多体系统动力学微分/代数方程组数值方法[J]. 力学进展，1996，26(1)：28-40.

[55] AYAZ F. Applications of differential transform method to differential-algebraic equations[J]. Applied Mathematics and Computation, 2004, 152 (3): 649-657.

[56] ADOMIAN G, RACH R. Inversion of nonlinear stochastic operators[J]. Journal of Mathematical Analysis and Applications, 1983, 91(1): 39-46.

[57] 郑大钟. 线性系统理论[M]. 北京：清华大学出版社，2005.

[58] DORF R C, BISHOP R H. Modern control systems[M]. New Jersey: Pearson Prentice Hall, 2011.

[59] 杨冬梅，张庆灵，姚波. 广义系统[M]. 北京：科学出版社，2004.

[60] DUAN G R. Analysis and design of descriptor linear systems[M]. Springer Science & Business Media, 2010.

[61] GÓMEZ-AGUILAR J F. Fundamental solutions to electrical circuits of non-integer order via fractional derivatives with and without singular kernels[J]. The European Physical Journal Plus, 2018, 133 (5): 197.

[62] GUÍA M, GÓMEZ F, ROSALES J. Analysis on the time and frequency domain for the RC electric circuit of fractional order[J]. Central European Journal of Physics, 2013, 11 (10): 1366-1371.

[63] GILL V, MODI K, SINGH Y. Analytic solutions of fractional differential equation associated with RLC electrical circuit[J]. Journal of Statistics and Management Systems, 2018, 21 (4): 575-582.

[64] GÓMEZ-AGUILAR J F, YÉPEZ-MARTÍNEZ H, ESCOBAR- JIMÉNEZ R F, et al. Analytical and numerical solutions of electrical circuits described by fractional derivatives[J]. Applied Mathematical Modelling, 2016, 40 (21-22): 9079-9094.

[65] GÓMEZ-AGUILAR J F, CÓRDOVA-FRAGA T, ESCALANTE-MARTÍNEZ J E, et al. Electrical circuits described by a fractional derivative with regular Kernel[J]. Revista mexicana de física, 2016, 62 (2): 144-154.

[66] GÓMEZ - AGUILAR J F, ATANGANA A, MORALES - DELGADO V F. Electrical circuits RC, LC, and RL described by Atangana-Baleanu fractional derivatives[J]. International Journal of Circuit Theory and Applications, 2017, 45 (11): 1514-1533.

[67] YANG X J, MACHADO J A T, CATTANI C, et al. On a fractal LC-electric circuit modeled by local fractional calculus[J]. Communications in Nonlinear Science and Numerical Simulation, 2017, 47: 200-206.

[68] ABRO K A, MEMON A A, UQAILI M A. A comparative mathematical analysis of RL and RC electrical circuits via Atangana-Baleanu and Caputo-Fabrizio fractional derivatives[J]. The European Physical Journal Plus, 2018, 133 (3): 113-128.

[69] 吴强，黄建华. 分数阶微积分[M]. 北京：清华大学出版社，2016.
[70] DE OLIVEIRA Valério D P M. Fractional robust system control[J]. Universidade Técnica de Lisboa, 2005.
[71] CAPUTO M. Linear models of dissipation whose Q is almost frequency independent-II[J]. Geophysical Journal International, 1967, 13 (5): 529-539.
[72] CAPUTO M. Elasticitá e dissipazione (Elasticity and anelastic dissipation) [J]. Zanichelli, Bologna, 1969.
[73] GRÜNWALD A K. Über “begrenzte” derivation und deren anwendung, Z. angew[J]. Math. und Phys, 1867, 12: 441-480.
[74] LETNIKOV A V. Theory of differentiation with an arbtraly indicator[J]. Matem Sbornik, 1868, 3: 1-68.
[75] DAI L. Singular control systems[M]. Berlin: Springer-verlag, 1989.
[76] YAN Z, DUAN G. Time domain solution to descriptor variable systems[J]. IEEE transactions on automatic control, 2005, 50 (11): 1796-1799.
[77] FLETCHER L R. Eigenstructure assignment by output feedback in descriptor systems[C]//IEE Proceedings D (Control Theory and Applications). IET Digital Library, 1988, 135 (4): 302-308.
[78] KACZOREK T. Singular fractional linear systems and electrical circuits[J]. International Journal of Applied Mathematics and Computer Science, 2011, 21 (2): 379-384.
[79] 王振滨. 分数阶线性系统及其应用[D]. 上海：上海交通大学，2004.
[80] 于凤敏，于南翔，汪纪锋. 分数阶线性定常系统的能控性研究[J]. 重庆邮电大学学报（自然科学版），2007，19(5)：647-648.
[81] 曾庆山，曹广益. 分数阶线性系统的能观性研究[J]. 系统工程与电子技术，2004，26(11)：1647-1650.
[82] KHALIL H K. Nonlinear systems[M]. New Jersy: Upper Saddle River, 2002.

[83] KHALIL, H. K，著. 非线性系统[M]. 朱义胜，等译. 北京：电子工业出版社，2005
[84] 张筑生. 数学分析讲[M]. 北京：北京大学出版社，1990.
[85] E. 克雷斯齐格，蒋正新，孙善伟. 泛函分析导论及应用[M]. 北京：北京航空学院出版社，1987.
[86] RUDIN W. Principles of mathematical analysis[M]. New York: McGraw-hill, 1964.
[87] MUNKRES J. Topology[M]. New York: Pearson Education, 2014.
[88] ADAMS C, FRANZOSA R. Introduction to topology: pure and applied[M]. New York: Dorsey Press, 2008.
[89] 程其襄，张奠宙，魏国强，等. 实变函数与泛函分析基础[M]. 2 版：北京：高等教育出版社，2003.
[90] 匡继昌. 实分析与泛函分析[M]. 北京：高等教育出版社，2002.
[91] 谢惠民，恽自求，易法槐，等. 数学分析习题课讲义(上册)[M]. 北京：高等教育出版社，2003.
[92] KACZOREK T. Selected problems of fractional systems theory[M]. Springer Science & Business Media, 2011.
[93] KACZOREK T. Drazin inverse matrix method for fractional descriptor continuous-time linear systems[J]. Bulletin of the Polish Academy of Sciences Technical Sciences, 2014, 62 (3): 409-412.
[94] KACZOREK T. Singular fractional linear systems and electrical circuits[J]. International Journal of Applied Mathematics and Computer Science, 2011, 21 (2): 379-384.
[95] KUNKEL P, MEHRMANN V. Differential-algebraic equations: analysis and numerical solution[M]. European Mathematical Society, 2006.
[96] GANTMAKHER F R. The theory of matrices[M]. American Mathematical Soc, 1959.
[97] SAJEWSKI Ł. Descriptor fractional continuous-time linear system and its solution-comparison of three different methods[C]//International

Conference Automation. Springer, Cham, 2017: 45-57.

[98] DEBNATH L, BHATTA D. Integral transforms and their applications[M]. Chapman and Hall/CRC, 2014.

[99] DAVIES B. Integral transforms and their applications[M]. Springer Science & Business Media, 2012.

[100] CHEN C T. Linear system theory and design[M]. New York: Oxford University Press, Inc., 1998.

[101] BRENAN K E, CAMPBELL S L, PETZOLD L R. Numerical solution of initial-value problems in differential-algebraic equations[M]. Siam, 1996.

[102] ASCHER U M, PETZOLD L R. Computer methods for ordinary differential equations and differential-algebraic equations[M]. Siam, 1998.

[103] ADOMIAN G, RACH R. Inversion of nonlinear stochastic operators[J]. Journal of Mathematical Analysis and Applications, 1983, 91 (1): 39-46.

[104] ADOMIAN G. Nonlinear stochastic operator equations[M]. Pittsburgh: Academic press, 2014.

[105] ARORA H L, ABDELWAHID F I. Solution of non-integer order differential equations via the Adomian decomposition method[J]. Applied Mathematics Letters, 1993, 6 (1): 21-23.

[106] SHAWAGFEH N T. Analytical approximate solutions for nonlinear fractional differential equations[J]. Applied Mathematics and Computation, 2002, 131 (2-3): 517-529.

[107] DAFTARDAR-GEJJI V, JAFARI H. Adomian decomposition: a tool for solving a system of fractional differential equations[J]. Journal of Mathematical Analysis and Applications, 2005, 301 (2): 508-518.

[108] WANG Y , ZHAO Z , LI C , et al. Adomian's method applied to Navier-Stokes equation with a fractional order[C]// ASME 2009 International Design Engineering Technical Conferences and

Computers and Information in Engineering Conference. 2009.

[109] LI C, WANG Y. Numerical algorithm based on Adomian decomposition for fractional differential equations[J]. Computers & Mathematics with Applications, 2009, 57 (10): 1672-1681.

[110] MATIGNON D, D'ANDREA-NOVEL B. Observer-based controllers for fractional differential systems[C]//Proceedings of the 36th IEEE Conference on Decision and Control. IEEE, 1997, 5: 4967-4972.

[111] ZHAN T, MA S. Reduced-order observer design with unknown input for fractional order descriptor nonlinear systems: [J]. Transactions of the Institute of Measurement and Control, 2019, 41 (13): 3705-3713.

[112] ELWAKIL A S. Fractional-order circuits and systems: An emerging interdisciplinary research area[J]. IEEE Circuits and Systems Magazine, 2010, 10 (4): 40-50.

[113] RADWAN A G, Salama K N. Fractional-order RC and RL circuits[J]. Circuits, Systems, and Signal Processing, 2012, 31 (6): 1901-1915.

[114] SHI L, QIU L, HUANG X, et al. Characterization of Si-BCB transmission line at millimeter-wave frequency by compact fractional-order equivalent circuit model[J]. International Journal of RF and Microwave Computer - Aided Engineering, 2019, 29(6): e21685.

[115] 马龙. 分数阶电路的性质及综合方法研究[D]. 北京：华北电力大学，2018.

[116] 何清平，刘佐濂，杨汝. 分数阶模拟电容和模拟电感的设计[J]. 深圳大学学报：理工版，2017(5)：516-520.